U0309796

高等学校应用型通信技术系列教材

光纤通信技术

强世锦 李方健 黄艳华 何川 编著

清华大学出版社

北京

内 容 简 介

本书重点介绍光纤通信的基本原理,是一本基础性教材。全书共分 9 章,前 4 章为基础篇,介绍光和光电子的基础知识、理想的传输介质——光纤、各种常用的无源器件和有源器件的基本原理;后 5 章为系统、网络及应用篇,介绍典型的光纤通信系统的构成、特点和应用。参考学时为 70 学时。

本书注重基础理论与概念、技术应用与操作,以及指标要求的介绍,内容上避繁求明,深入浅出,通俗易懂。通过对核心技术的深入阐述,使读者能迅速了解光纤通信的技术主体。本书在每章前、后分别设有内容提要、小结和习题与思考题。书后的附录中列出了光通信专业缩略语。

本书可作为高职高专通信、光电子、电子、信息工程专业的教材,也可供应用型本科、电大、函大及自考等相关专业的学生选用,还可作为相关专业技术人员的参考书。

本书封面贴有清华大学出版社防伪标签,无标签者不得销售。

版权所有,侵权必究。侵权举报电话: 010-62782989 13701121933

图书在版编目(CIP)数据

光纤通信技术/强世锦等编著. —北京:清华大学出版社,2011.2(2020.1 重印)
(高等学校应用型通信技术系列教材)
ISBN 978-7-302-24518-6

Ⅰ. ①光… Ⅱ. ①强… Ⅲ. ①光纤通信-高等学校-教材 Ⅳ. ①TN929.11

中国版本图书馆 CIP 数据核字(2011)第 007577 号

责任编辑:刘 青
责任校对:袁 芳
责任印制:杨 艳

出版发行:清华大学出版社
　　　　　网　　　址:http://www.tup.com.cn,http://www.wqbook.com
　　　　　地　　　址:北京清华大学学研大厦 A 座　　　　　邮　　编:100084
　　　　　社 总 机:010-62770175　　　　　邮　　购:010-62786544
　　　　　投稿与读者服务:010-62776969,c-service@tup.tsinghua.edu.cn
　　　　　质 量 反 馈:010-62772015,zhiliang@tup.tsinghua.edu.cn
印 装 者:北京九州迅驰传媒文化有限公司
经　　销:全国新华书店
开　　本:185mm×260mm　　　印　张:16.75　　　字　数:372 千字
版　　次:2011 年 2 月第 1 版　　　印　次:2020 年 1 月第 7 次印刷
定　　价:35.00 元

产品编号:021457-02

Publication Elucidation

出版说明

　　随着我国国民经济的持续增长,信息化的全面推进,通信产业实现了跨越式发展。在未来几年内,通信技术的创新将为通信产业的良性、可持续发展注入新的活力。市场、业务、技术等的持续拉动,法制建设的不断深化,这些也都为通信产业创造了良好的发展环境。

　　通信产业的持续快速发展,有力地推动了我国信息化水平的不断提高和信息技术的广泛应用,同时刺激了市场需求和人才需求。通信业务量的持续增长和新业务的开通,通信网络融合及下一代网络的应用,新型通信终端设备的市场开发与应用等,对生产制造、技术支持和营销服务等岗位的应用型高技能人才在新技术适应能力上也提出了新的要求。为了培养适应现代通信技术发展的应用型、技术型高级专业人才,高等学校通信技术专业的教学改革和教材建设就显得尤为重要。为此,清华大学出版社组织了国内近20所优秀的高职高专院校,在认真分析、讨论国内通信技术的发展现状、从业人员应具备的行业知识体系与实践能力,以及对通信技术人才教育教学的要求等前提下,成立了系列教材编审委员会,研究和规划通信技术系列教材的出版。编审委员会根据教育部最新文件政策,以充分体现应用型人才培养目标为原则,对教材体系进行规划,同时对系列教材选题进行评审,并推荐各院校办学特色鲜明、内容质量优秀的教材选题。本系列教材涵盖了专业基础课、专业课,同时加强实训、实验环节,对部分重点课程将加强教学资源建设,以更贴近教学实际,更好地服务于院校教学。

　　教材的建设是一项艰巨、复杂的任务,出版高质量的教材一直是我们的宗旨。随着通信技术的不断进步和更新,教学改革的不断深入,新的课程和新的模式也将不断涌现,我们将密切关注技术和教学的发展,及时对教材体系进行完善和补充,吸纳优秀和特色教材,以满足教学需要。欢迎专家、教师对我们的教材出版提出宝贵意见,并积极参加教材的建设。

清华大学出版社

2006 年 6 月

PREFACE 前言

　　光纤通信自问世以来就以它自身的优越性以及其他相关学科的支持,成为现代通信网络中传输信息的最佳选择。光纤通信是信息社会的支柱,是"信息高速公路"的骨干网,是用户的接入网,也是通信系统发展的主体。光纤通信技术在 20 多年中发展迅速,越来越引起人们的兴趣,受到普遍关注。

　　本书共分 9 章两个部分。第一部分为基础篇,涉及前 4 章的内容。第1章是绪论,介绍光纤通信的概念、光信号的频谱、光纤通信的优点及光波技术基础;第 2 章介绍光纤与光缆的结构与简单的制造工艺、光纤传输特性,以及光纤中的光学现象;第 3 章介绍构成光纤通信系统的无源器件,如光纤连接器、波分复用器、光开关、光滤波器等;第 4 章阐述半导体的发光机理,介绍 LD 和 LED 发光器件的基本工作原理以及两种常用的光检测器,同时阐述光迁通信中的另一个重要器件——光放大器,以 EDFA 为例介绍其工作原理。第二部分为系统、网络及应用篇,涉及后 5 章的内容。第 5 章着重介绍 IM-DD 光纤通信系统的构成、特点和应用;第 6 章详细阐述 SDH 体制所涉及的各种复用技术;第 7 章对 SDH 光同步数字传送网的组成结构、特点和应用所涉及的技术作深入、详细的阐述;第 8 章介绍光传输设备的结构和功能,以及维护、安装与调试事项(可作为选学内容);第 9 章介绍常用的光纤通信仪表,如光功率计、光衰减器、波长测试仪、OTDR、光谱分析仪、误码分析仪、抖动分析仪和数字传输分析仪等的工作原理及测试。

　　本书有以下几个特点。

　　(1)侧重物理概念的阐述,力求通俗易懂,尤其是在介绍光纤导光原理中涉及波动理论方面的知识以及激光原理中有关原子能级的概念时,尽量避免过多的数学描述,而采用形象的物理感性描述。

　　(2)在光纤及其相关器件的介绍中加入实际的产品图片,以代替烦琐的文字描述,使学生能在比较经济的教学条件下获得尽可能多的感性认识。

　　(3)通过介绍光纤通信系统的组成,使学生建立起光纤传输体系的整体框架概念,为进一步学习光纤通信系统相关设备的技术奠定基础。

　　(4)学生在学习这门课程之前,对于光纤通信及相关的常用仪器等方面的知识几乎是空白的。通过本书对光纤通信常用测量仪表的工作原理及测试的介绍,学生将对光纤通信仪器有基本的认知。

本书由强世锦组织编写,其中第 1 章和第 4 章由强世锦编写,第 2 章和第 3 章由黄艳华编写,第 5 章由李方健编写,第 6 章和第 7 章由李方健和强世锦共同完成,第 8 章和第 9 章由何川编写。全书由强世锦完成统稿和定稿。

本书能够编写完成,在于编写组成员齐心协力、团结互助,大家孜孜不倦、不厌其烦地反复修改,为此深感欣慰。另外,由衷地感谢清华大学出版社的编辑,他们本着严谨的治学态度,对书稿给予了中肯的意见,为我们提供了极大的支持和帮助,使本书终于顺利完稿。由于编者水平有限,书中不妥之处在所难免,恳请广大读者批评指正。

编　者

2010 年 8 月

CONTENTS 目录

CHAPTER 1————

第 1 章

绪 论

内容提要：
- 光纤通信的概念及技术的发展
- 光纤通信的特点
- 光纤通信系统的基本组成
- 光波的特性

1.1 光纤通信的发展概况

伴随社会的进步与发展，以及人们日益增长的物质与文化需求，通信向大容量、长距离的方向发展是必然趋势。光波具有极高的频率（大约 3 亿兆赫［兹］），也就是说，它具有极高的宽带可以容纳巨大的通信信息，所以用光波作为载体来通信是人们追求的目标。烽火台和旗语都可以看做是原始形式的光通信。

1880 年，贝尔发明了用光波作为载波传送话音的"光电话"，如图 1.1 所示。这种光电话利用太阳光或弧光灯作为光源，通过透镜把光束聚焦在送话器前的振动镜片上，使光强度随话音的变化而变化，实现话音对光强度的调制。在接收端，用抛物镜把从大气传来的光束反射到硅光电池上，使光信号变换为电流，然后传送到受话器。由于这种光电话的传输距离很短，没有实用价值，但光电话的发明证实了用光波作为载波传送信息具有可行性，关键在于要找到理想的光源和传输介质。

1960 年，美国人梅曼发明了第一台红宝石激光器，给光纤通信带来了新的希望。和普通光相比，激光是一种高度相干光，它的特性和无线电波相似，是一种理想的光载波。随后，各种激光器相继问世。在此期间，美国麻省理工学院利用氦—氖（He-Ne）激光器和二氧化碳（CO_2）激光器模拟无线电通信进行了大气激光通信的研究，证实采用承载信息的光波，通过大气的传播，能实现点对点的通信，但是通信能力和质量受气候的影响十分严重。大气信道衰减的随机变化量大，譬如，雨能造成 30dB/km 的衰减，浓雾的衰减高达 120dB/km，灰尘和自然辐射也会造成对光能的吸收和散射，使光能迅速衰减；再有，大气的密度和温度不均匀（湍流现象），使介质折射率发生不均匀的随机变化，使接收光斑发生闪烁和漂移，使通信的距离和稳定性受到极大的限制，要建立"全天候"大气激光通信有许多问题需要探索。

大气激光通信的研究受阻之后，为了克服大气对激光束的影响，人们想到把激光束

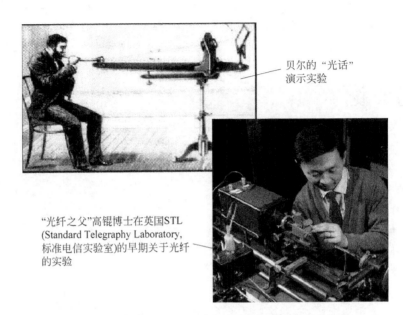

贝尔的"光话"演示实验

"光纤之父"高锟博士在英国STL(Standard Telegraphy Laboratory,标准电信实验室)的早期关于光纤的实验

图 1.1   贝尔的光电话和高锟博士在英国关于光纤的实验

限制在特定的空间内传输,将光波的传输转移到地下,提出了透镜波导和反射镜波导的光波传输系统,例如,在金属或水泥管道内每隔一段距离安放一个反射镜,通过反射镜的反射使光波限制在光管道内向前传输。但是采用这种方法,系统复杂、造价高,并且施工、测试及维护都很不方便,没有实际应用的价值。显然,寻找稳定、可靠的低损耗传输介质成为激光通信发展的瓶颈。早在 1954 年,人们就尝试过传光用的玻璃(石英纤维),但其损耗高达 1000dB/km 以上,无法实用。

1966 年,英籍华裔学者高锟博士等人根据介质波导理论,提出光纤通信的概念,如图 1.1 所示,指出不是石英纤维本身固有的特性而造成 1000dB/km 以上的损耗,而是由于材料中的杂质,例如过渡金属(Fe、Cu 等)离子的吸收产生的。材料本身固有的损耗基本上由瑞利散射决定,它随波长的 4 次方而下降,其损耗很小。他们指出,只要设法消除材料中的杂质,做出损耗低于 20dB/km 的光纤是完全可能的。通过改进光纤制造过程中的热处理工艺,提高材料的均匀性,可以把损耗减小到几 dB 每千米。这一重大成果使光纤通信研究出现了生机,由此,高锟被誉为"光纤通信之父"。

1970 年,美国康宁玻璃公司根据高锟博士的设想拉制出了 20dB/km 的低损耗光纤。同年,贝尔实验室研制成功了在室温下可连续工作的激光器。此后,光纤的损耗不断下降,1972 年降至 4dB/km,1974 年降至 1.1dB/km,1976 年降至 0.5dB/km,1979 年降至 0.2dB/km,1990 年降至 0.14dB/km,接近石英光纤的理论损耗极限值 0.1dB/km。在此期间,对于作为光纤通信的光源的研究也取得了实质性的进展。1973 年,半导体激光器的寿命达到 7000 小时;1977 年,半导体激光器寿命达到 10 万小时(约 11.4 年),外推寿命达到 100 万小时(约 100 年),完全满足实用化的要求。

1980 年,多模光纤通信系统投入商用,单模光纤通信系统进入现场试验。人们不断改进光纤制造工艺,以降低光纤损耗,开发出 $0.85\mu m$、$1.31\mu m$ 和 $1.55\mu m$ 三个波段的光纤。其中,$0.85\mu m$ 段多模光纤的损耗最大,$1.31\mu m$ 段单模光纤损耗居中,$1.55\mu m$ 段单模光纤的损耗最低,在 $0.2dB/km$ 以下。

到 1983 年,欧美各国先后宣布主干网不再使用电缆,而改用光缆。

光纤是现代通信网中传输信息的介质。随着光纤通信技术的发展,光缆不仅敷设在陆地,而且敷向海底。由于光纤具有频带宽、容量大、中继距离长、抗干扰性好、保密性强、成本低、传输质量高等优点,使得光纤通信成为当今世界上最有发展前途的通信技术。一根头发粗细的光纤,理论上可以传送 100 万路高质量的电视节目或 100 亿路电话;从实际上讲,可同时提供几百万对电话通路。如果把几十根或几百根光纤制成一条光缆,其直径不过 $1\sim2cm$,而它的通信容量非常大。在世界技术革命的浪潮中,光纤数字通信技术异军突起,成为现代通信工具中的主力。

在我国,1982 年原邮电部重点科研项目"82 工程"在武汉开通,使中国的光纤通信技术进入实用阶段。经过近 20 年的发展,中国已建成不仅仅是简单的"八纵八横"光缆主干线网,而是覆盖全国,包括"世界屋脊"青藏高原在内的比较完善的网状网,已敷设光缆总长约 250 万千米。1999 年,中国生产的 $8\times2.5Gb/s$ WDM(Wavelength Division Multiplexing,波分复用)系统首次在青岛至大连之间开通,然后沈阳至大连的 $32\times2.5Gb/s$ WDM 光纤通信系统开通。2005 年,$3.2Tb/s(80\times40Gb/s)$ 超大容量光纤通信系统在上海至杭州之间开通,这是到目前为止世界上容量最大的实用光纤通信线路。光纤通信已成为中国通信网络中采用的主要手段。

光纤通信的发展大致分为以下四个阶段。

第一个阶段(1970—1979 年):光导纤维与半导体激光器研制成功,光纤通信进入实用化。1977 年,美国亚特兰大的光纤市话局间中继系统为世界上第一个光纤通信系统。它是短波长($0.85\mu m$)、低速率($45Mb/s$ 或 $34Mb/s$)多模光纤通信系统,无中继传输距离约 $10km$。

第二个阶段(1980—1986 年):光纤技术取得进一步突破,光纤损耗降至 $0.5dB/km$ 以下。骨干网由多模光纤转向单模光纤,工作波长从短波长($0.85\mu m$)发展到长波长($1.31\mu m$ 和 $1.55\mu m$)。在这一阶段,数字通信系统的速率不断提高,光纤连接技术与器件的寿命问题都得到解决。由于采用 PDH(Plesiochronous Digital Hierarchy,准同步数字体系)技术,网络结构比较简单,其传输速率为 $2.048/8.448/34.368/139.264Mb/s$,无中继传输距离为 $100\sim50km$,适用于用户传输网络和市话传输网络。光传输系统与光缆线路建设逐渐进入高潮。

第三个阶段(1987—1996 年):1989 年,掺铒光纤放大器(Erbium Doped Fiber Amplifier,EDFA)的问世给光纤通信技术带来巨大变革。EDFA 的应用不仅解决了长途光纤传输损耗的放大问题,而且为光源的外调制、波分复用器件、色散补偿元件等提供能量补偿。这些网络元件的应用,使得光传输系统的调制速率迅速提高,并促成了光波分复用技术的实用化。光纤数字通信系统由 PDH 向 SDH(Synchronous Digital Hierarchy,同步数字体系)过渡。SDH 是宽带传输技术,速率为 $155/622/2500Mb/s$,无中继传输距离为 $150\sim100km$。

第四个阶段(1997 年至今):1997 年,采用波分复用技术(WDM)的 $20Gb/s$ 和 $40Gb/s$

SDH产品试验取得重大突破。采用SDH＋EDFA＋DWDM(Dense WDM,密集型波分复用)技术,一根光纤上的传输容量每9～12月翻一番。在交换技术方面,电路交换逐渐被具有路由器功能的分组交换(IP over ATM)所取代,使光中继传输向全光网络大步迈进,通信容量达到10Gb/s、20Gb/s、40Gb/s、80Gb/s、320Gb/s及3.2Tb/s,无中继传输距离为2415～3000km。

此外,人们在光孤子通信、超长波长通信和相干光通信方面的研究也取得巨大进展,未来实现全球无中继的光纤通信是完全可能的。

随着数据业务爆炸式增长,通信道路越来越拥挤,电子传输设备的速度高速增长,只有光纤线路的容量才能满足需求。光纤通信成为所有通信系统的最佳技术选择。光纤通信继续向着高速率、大容量和智能化的方向发展。光纤通信、卫星通信和无线通信是现代化通信的三大支柱,其中光纤通信是主体。随着各种新技术、新器件、新工艺的深入研究,光纤传输将进入光放大、光集成、光分插复用、光交叉连接和光交换的全光网时代。图1.2为用户终端现代通信方式示意图。

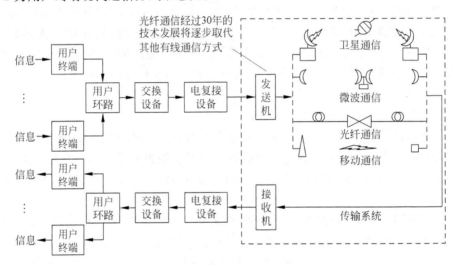

图1.2　用户终端现代通信方式示意图

1.2　光纤通信的特点

任何一种通信系统追求的目标都是要可靠地实现最大可能的信息传输容量和传输距离。通信系统的传输容量取决于对载波调制的频带宽度,载波频率越高,频带宽度越宽。通信技术发展的历史就是一个不断提高载波频率,增加传输容量和传输距离的历史。

电缆通信和微波通信的载波是电波,光纤通信的载波是光波。虽然光波和电波都是电磁波,但是频率差别很大。图1.3给出了通信所用的电磁波谱。在电磁波谱中,传输介质有毫米波、微波波导、金属导线及传送无线电波的大气。使用这些介质进行传输的通信系统,是我们熟悉的电话、电报、调幅和调频无线电广播、电视、雷达及卫星通信系统。可以看出,随着通信技术的发展,传输频率从音频的数百赫[兹]逐渐扩展到毫米波带中的 90GHz。对于更高的频率,用波长表示更方便。波长 $1\mu m$ 相当于频率 300THz,即 3×10^{14} Hz。因此,开拓频率更高的光波应用成为通信技术发展的必然。光纤通信用的近红外光(波长为 $0.8\sim1.7\mu m$)的频带宽度约为 200THz。按理论计算,常用的 $1.31\mu m$ 和 $1.55\mu m$ 两个波长窗口的容量至少有 25000GHz。

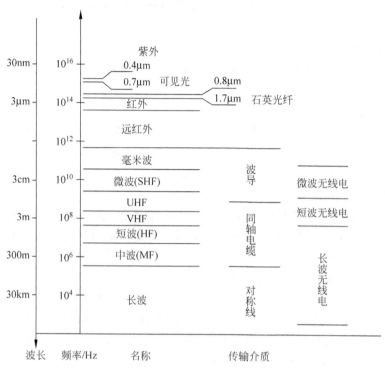

图 1.3　通信用电磁波波谱图

表 1.1 给出了电缆和光纤的损耗与频带比较。从表 1.1 可以看出,电缆基本上只适用于数据速率较低的局域网(LAN),对于高速($\geqslant$100Mb/s)局域网和城域网(MAN),必须采用光纤。

表 1.1　电缆和光纤的损耗与频带比较

类　　型	频带(或频率)	损耗/(dB/km)
对称电缆	4kHz	2.06
细同轴电缆	1MHz	5.24
	30MHz	28.70
粗同轴电缆	1MHz	2.42
	60MHz	18.77
0.85μm 波长多模光纤	(200~1000)MHz·km	$\leqslant$3
1.3μm 波长多模光纤	$\geqslant$1000MHz·km	$\leqslant$1.0
1.31μm 波长单模光纤	>100GHz	0.36
1.55μm 波长单模光纤	10~100GHz	0.2

综上所述,光纤之所以在各个领域得到广泛的应用,成为高质量信息传输的主要手段,是因为光纤与传统的金属同轴电缆相比具有不可比拟的优越性,归纳如下:

(1) 巨大的传输容量

这是光纤通信优于其他通信的最显著特点。现在的光纤通信使用的频率为 $10^{14}\sim10^{15}$ Hz 数量级,如图 1.3 所示,是常用的微波频率的 $10^4\sim10^5$ 倍,因而信息容量理论上是微波的 $10^4\sim10^5$ 倍。梯度多模光纤每千米带宽可达数吉赫千米(GHz·km),单模光纤带宽可达数百太赫千米(THz·km)的量级。

(2) 极低的传输损耗

从表 1.1 可以直观地看到电缆和光纤的损耗值,因此光纤传输比电缆传输的中继距离长得多。

(3) 抗电磁干扰

光纤是由电绝缘的石英材料制成的,它不怕电磁干扰,也不受外界光的影响。在核辐射的环境中,光纤通信也能正常进行,这是电通信不能相比的。因此,光纤通信可广泛用于电力输配、电气化铁路、雷击多发地区和核试验等特殊环境中。

(4) 信道串扰小,保密性好

光纤的结构保证了光在传输中很少向外泄漏,因而在光纤中传输的信号之间不会产生串扰,更不易被窃听,保密性优于传统的电通信方式。这也是光纤通信系统对军事应用极具吸引力的方面。

(5) 尺寸小、重量轻,安全、易敷设

光缆的安装和维护比较安全、简单,这是因为:首先,玻璃或塑料都不导电,没有电流通过,没有电压干扰;其次,光缆可以在易挥发的液体和气体周围使用,而不必担心会引起爆炸或起火;再次,光缆比相应的金属电缆体积小,重量轻,更便于机载工作,而且光缆占用的存储空间小,运输方便。这些优点恰是金属导线的不足之处,因此光纤通信还适用于化工厂、矿井及水下通信控制系统。

(6) 寿命长

尽管还没有得到证实,但可以断言,光纤通信系统远比金属设施的使用寿命长,因为光缆具有更强的适应环境变化和抗腐蚀的能力。

当然,光纤系统也存在以下不足之处。

(1) 接口昂贵

在实际使用中,需要昂贵的接口器件将光纤接到标准的电子设备上。

(2) 强度差

光缆本身与同轴电缆相比,抗拉强度低得多,这可以通过使用标准的光纤包层 PVC 得到改善。

(3) 不能传输电力

有时需要为远处的接口或再生的设备提供电能,光缆显然不能胜任,在光缆系统中还必须额外使用金属电缆。

(4) 需要专门的工具、设备以及培训

需要使用专用工具完成光纤的焊接以及维修;需要专用测试设备进行光纤系统的常

规测量。光缆的维修既复杂又昂贵,从事光缆工作的技术人员需要通过相应的技术培训并掌握一定的专业技能。

(5) 未经受长时间的检验

光纤通信系统的普及时间不太长,还没有足够的时间证实它的可靠性。

1.3 光纤通信系统及相关技术产品

1.3.1 光纤通信系统的组成

现代的光纤通信系统有准同步光纤通信系统(PDH)、同步光纤通信系统(SDH)和密集波分复用系统(DWDM)等。最基本的光纤通信系统组成如图 1.4 所示。图中,LD(Laser Diode)和 LED(Light Emission Diode)为光源,PIN(Positive Intrinsic Negative Photodiode)和 APD(Avalanche Photo Diode)为光电检测器,E/O 表示将电转换为光,O/E 表示将光转换为电。该光纤通信系统由多路调制解调设备、光端机、光纤、中继器等组成,通信是双向进行的。这里为了叙述方便,以一个方向为例,说明其工作的主要过程。该系统包括 6 个部分,即电发送侧、光发送侧、光纤、中继器、光接收侧和电接收侧。电发送侧和电接收侧是多路调制解调设备(电端机),光发送侧和光接收侧是光端机,还有一些附属设备,如图 1.4 所示的光纤配线架。

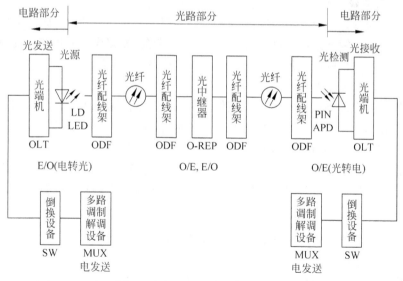

图 1.4 光纤通信系统的基本组成

(1) 电发送侧

电发送侧的主要任务是将电信号进行放大、复用、成帧等处理,然后输送到光发送侧。

(2) 光发送侧

光发送侧的主要任务是将电信号转换为光信号并进行处理,然后耦合到光纤。

（3）光纤

光纤的主要任务是传送光信号。

（4）中继器

中继器的主要任务是放大和整形。它将接收到光信号转化为电信号，进行处理后，将电信号转换为光信号，继续向前传送。

（5）光接收侧

光发送侧的主要任务是接收光信号，并将光信号转化为电信号。

（6）电接收侧

电接收侧的主要任务是将电信号进行解复用、放大等处理。

信号经过上述处理，完成双向通信。

1.3.2 光纤通信技术涉及的产品

光纤通信技术涉及的产品主要有四大类，即光传输设备、光纤光缆及附件、光器件和测试仪器与专用工具。

1. 光传输设备

在光传输系统中，光传输设备完成光信号的转换与调制，光信号的发送与接收，多波长系统的分波与合波，以及其他辅助功能，如光端机、光中继机和波分复用终端等。

2. 光纤光缆及附件

光纤光缆及附件组成光传输线路。光纤在工程上采用多纤集合，加上各种保护元件构成光缆使用。光缆线路的附件主要有接头盒、终端盒、光配线架和热缩护套等。

光纤光缆及附件的制造形成了一条很长的产业链，包括金属、非金属与化工原材料、光纤预制棒、拉丝、成缆等。

除常规单模光纤仍广泛应用在光缆线路外，随着光传输技术的发展以及大容量、高速率系统的要求，许多新型光纤相继问世，如支持 DWDM 传输的非零色散位移光纤（NZ-DSF）、用于宽带城域网多波长复用的低水峰全波光纤（这种光纤几乎完全消除了内部的氢氧根离子（OH），可以比较彻底地消除由此引起的附加水峰衰减）、用于高速率传输色散调节的色散补偿光纤（DCF）以及用于光纤放大器的掺铒光纤（EDF）等。

3. 光器件

人们习惯上将光器件分为光有源器件与光无源器件两大类。

（1）光有源器件

光有源器件一般需要电源才能工作，并具有光/电转换功能，如各类光源（激光器、发光管等）和光电检测器（光电管、雪崩管）、光信号放大器等。

为适应高速率光传输的要求，各种类型与结构的光有源器件应运而生，如先进的分布反馈式激光器、多量子阱激光器和用于宽带多模光纤系统的垂直腔面发射激光器等。

为了提高器件的集成度，光源与光电检测器可集成为光收/发模块。

（2）光无源器件

光无源器件的种类繁多,其作用有光路活动连接、光信号分路、光的衰减与隔离及光信号的分波与合波等。

除常用无源器件外,具有各种新功能的无源器件不断出现,如光路由选择器、光纤光栅和阵列波导光栅等。

4. 测试仪器与专用工具

用于设备测试的仪器有误码分析仪、光功率计和光多用表等。用于线路工程施工的仪器与工具有光时域反射仪(Optical Time Domain Reflectometer,OTDR)、光纤熔接机、剥缆刀具、米勒钳和光纤切割器等。

为适应大规模线路施工,提高工程建设效率与线路检测质量,人们开发出了很多具有更多功能、操作更为简便、施工质量更高的新型施工工具与测试仪器。

1.4 光的基础知识

光纤通信是一门理论性很强、实验性要求较高的课程,其中许多内容涉及光的基础知识和物理性质。譬如,马赫—曾德尔(Mach-Zehnder)或法布里—珀罗(Fabry-Perot)谐振腔涉及光的干涉,布喇格(Bragg)光栅和滤波器涉及光的折射和衍射,激光器如何产生激光、光波如何在光纤中传播等都涉及光和物质的共振相互作用、物质的非线性性质及光波的传播规律等基本原理。为了使读者对光在光纤中的传播特性和对各种光器件的工作原理有更透彻的了解,本节将提供一些广泛而深入的基础知识,避开复杂的数学推导,尽量只列出必需的公式。

1.4.1 光的本质

经过几个世纪的争辩和探索,19 世纪的科学家终于统一了光的认识,即光具有两种性质：波动性和粒子性。光表现粒子特性还是波动性,取决于环境,如很多光网络可以用光波理论解释。然而有些现象,特别是光电效应和康普顿效应(在观察 X 射线被物质散射时,人们发现散射线中含有波长变化了的成分),不能单纯用波动性或粒子性来解释。20 世纪初,爱因斯坦提出了一种基于普朗克的量子化的理论,假设光波中的能量被表示成一个一个的包,称之为光子,并建立了光子的能量与电磁波的频率成比例的光量子模型理论。单色光的最小量称为光子,用能量(E)公式描述为

$$E = hf \tag{1.1}$$

式中,h 是普朗克常数,值为 $6.6260755 \times 10^{-34}$(单位：$J \cdot s$)；$f$ 是光的频率(单位：Hz)。

显然,这个理论包含了波和粒子理论两个方面。光电效应是由于能量从光子转移到金属中的电子而产生的。光子的能量取决于电磁波的能量。

在所有媒质中,光不是以相同的速度传播的。在真空中,光在直线通道中按爱因斯坦公式确定的最大固定速度传播,其公式为

$$E = mc^2 \tag{1.2}$$

式中，$c = 2.99792458 \times 10^5 \, \text{km/s} \approx 3 \times 10^8 \, \text{m/s}$。

光的频率、速度和波长之间的关系为

$$f = c/\lambda \tag{1.3}$$

从两个能量公式(1.1)和公式(1.2)可得 $E = hf = mc^2$，结合式(1.3)，得到频率与光子的质量和速度的关系($f = mc^2/h$)，以及光子的质量与频率和速度的关系($m = hf/c^2$)。

当光线从强电磁场旁边通过时，它们相互作用，光线的轨迹会改变方向，场强越大，改变越大。当光线通过光的致密度比真空更大的媒质(例如水、玻璃和透明塑料)，其速度变慢。光在介质中的传播速度为

$$v = c/n \tag{1.4}$$

式中，n 为介质的光学折射率。

1.4.2   原子、电子及其他

1909 年，在卢瑟福的建议下，人们进行了 α 粒子散射实验，结果显示原子的质量集中于中心，且带正电荷。1911 年，科学家们提出原子的行星模型，即原子的中心有一个带正电的原子核，它几乎集中了原子的全部质量，电子围绕原子核旋转，就像行星绕着太阳转一样，核的尺寸与整个原子相比是很小的。原子核在电子上施加一种能量——电能，使它们处于各自分立的状态，越接近原子核的电子受到的引力越大。

1913 年，玻尔在卢瑟福有核模型的基础上提出了 3 条假设。

(1) 电子在原子中，可以在一些特定的圆轨道上运动而不辐射电磁波，这时原子处于稳定状态(简称稳态)，并具有一定的能量。

(2) 电子以速度 v 在半径为 r 的圆周上绕核运动时，只有电子的角动量 L 等于 $\dfrac{h}{2\pi}$ 的整数倍的那些轨道才是稳定的，即

$$L = mvr = n\frac{h}{2\pi} \tag{1.5}$$

式中，h 是普朗克常数；$n = 1, 2, 3, 4, \cdots$ 叫做主量子数。式(1.5)称作量子化条件。

(3) 当原子从高能量的稳态跃迁到低能量的稳态，也就是说，电子从高能态 E_2 的轨道跃迁到低能态 E_1 的轨道上时，要发射频率为 f 的光子，且

$$hf = E_2 - E_1 \tag{1.6}$$

式(1.6)称作频率条件。

由于氢原子的结构是最简单的，下面以氢原子为例来说明。根据玻尔的 3 个假设条件，可以解释氢原子能级与相应的电子轨道示意图，如图 1.5(a)和(b)所示。在正常情况下，氢原子处于最低能级 E_1，也就是说，电子处于第一条轨道上。这个最低能级对应的状态叫做基态。电子受到外界激发时，可以从基态跃迁到较高能级的 $E_2, E_3, E_4, \cdots$ 上，这些能级对应的状态叫做激发态。由于电子、光电子技术主要涉及硅原子材料，这里将硅原子结构及能级图对应关系示意图给出，如图 1.5(c)所示。

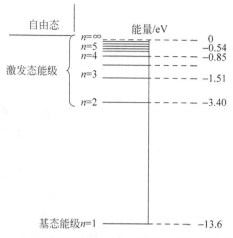

(a) 对应不同的量子数，氢原子可能的能级态

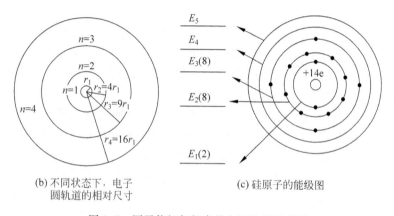

(b) 不同状态下，电子 　　　　　(c) 硅原子的能级图
　　圆轨道的相对尺寸

图 1.5 原子能级与相应的电子轨道示意图

1914 年，弗兰克和赫兹从实验中证实了原子中存在分立的能级，原子能级确实存在，证实了玻尔的理论。实验表明，要把原子激发到激发态，需要吸收一定数量的能量，而这些能量是不连续的、量子化的。这一理论对我们在后面深刻理解和认识各类激光器和相关器件的工作原理有极大的帮助。

综上所述，原子由原子核和核外电子组成，核外电子围绕原子核旋转，每个电子的运行轨道各不相同，代表不同的量子态。在最里层的轨道上，量子态所取的能量最低；最外层轨道的量子态能量最高。不同的轨道运行时，相应的能量值称为能级。

能级图就是用一系列高低不同的水平横线来表示各个量子态所能取的能级 E_1，E_2，E_3，E_4，$\cdots$，同一能级往往有好几个量子态。根据泡利不相容原理，同一量子态不可能有两个电子。

1.4.3 光的反射与折射

当光波在介质中传播时会展现出某些重要的性质，如反射、折射、干涉、衍射和散射等,它们都被应用在光系统中。

1. 反射

光波最普通的性质就是反射。当光波碰到物体的表面时,会被弹回来。例如,我们可以从镜子中看到反射的作用。实际上,几乎所有的物体都会反射某些光线。我们看到的颜色就是从物体上反射回来的光。

当光线射到一个表面时,它会以特定的角度弹回来。这个角称为反射角,即射到物体表面的光线与法线的夹角。法线是一条假想的垂直线,它穿过光线与物体表面的交叉点,是用做计算反射和折射的一种参考垂直线。

反射有两种形式,即镜面反射和漫反射。在镜面反射中,平行的光线入射到一个表面,再平行地反射,这种反射对于理解波如何在光纤中传播是很重要的。当平行光以不同的角度被一个粗糙的表面反射时,会引起变性,发生漫反射。当光纤被拗弯时,光纤中会出现一些微小的弯曲,漫反射就成为影响光波传输的一个主要因素。

2. 折射

我们知道,并不是所有的物体都会使入射到其表面的光的能量全部反射回来,一些物体只允许部分光线反射,而让另一部分光线穿过它们。例如,将一根棍子插入水中,可以观察到光通过不同介质时发生的现象。这种现象就是折射。光波从一种物质(如空气)穿过另一种物质(如水)时,速度将发生改变。

当光进入光纤时,光的折射特性可以很好地解释普通透明物质是如何容纳光信号的。折射率 n 是光在真空中的速度与光在一种介质中的速度的比值。由于光在介质中的传播速度总是比在真空中慢,故物质的折射率 n_i 总是大于 1。n_i 随着波长而变化。一般说,波长越短,n_i 越大,波在物质中传播越慢,波在物质中的偏折越大。

实际上,关键在于物质的密度。当一束波从某种物质进入另一种较致密的物质传播时,它的速度和波长减小,引起光波向法线偏折。若波进入一种物质后传播速度增大,则其波长也增加,波将向偏离法线的位置偏折。

3. 全反射

当光线的入射角增大时,折射角也增大。在某个点,折射角将增大到折射不再发生,入射光线反射回原先的物质中。这时所对应的入射角称为临界角,这种现象称为全反射。光纤正是利用这一现象实现光波在纤芯中传输,这就是第 2 章将阐述的光纤导光原理。这里不再赘述。

1.4.4   波的干涉

1. 干涉及叠加原理

当两列波相互碰撞时,它们要么放大信号形成一个更尖锐的脉冲,要么相互干涉。当它们同相时,将放大信号,这种现象称为相长干涉。当不同的信号相碰撞时,发生相消干涉,信号将减弱。例如,在水面上有两列水波相遇或者几束灯光在空间相遇时,都有类似的情况发生。通过对这些现象的观察和研究,人们总结出如下规律。

（1）几列波相遇之后，仍然保持它们各自原有的特征（频率、波长、振幅方向等）不变，并按照原来的方向继续前进，好像没有遇到过其他波一样。

（2）在相遇区域内任一点的振动，为各列波单独存在时在该点所引起的振动位移的矢量和。

上述规律叫做波的叠加原理。例如，两列水波相遇后，将彼此穿过，仍然保持各自的运动状态继续传播，就像没有跟另一列水波相遇一样。

图 1.6 所示为两列相同的水波相遇时所呈现的现象。可以看到，有些地方的水面起伏得很厉害（图中亮处），说明这些地方振动加强了；而有些地方的水面只有微弱的起伏，甚至平静不动（图中暗处），说明这些地方振动减弱，甚至完全抵消。在这两列波相遇的区域内，振动的强弱是按一定的规律分布的。

人们把频率相同、振动方向平行、相位相同或相位相差恒定的两列波相遇时，使某些地方振动始终加强，而另一些地方振动始终减弱的现象叫做波的干涉现象。这样的两列波叫做相干波，它们的波源叫做相干波源。

2. 驻波

一列波在向前传播的途中遇到障碍物或者两种介质的分界面时，会发生反射，如果反射波和原来向前传播的波相互叠加，这时波形虽然随时间而改变，但是不向任何方向移动，这种现象叫做驻波。驻波和前面讲过的波形向前传播的波显然是不同的，相对于驻波来说，波形向前传播的叫做行波。

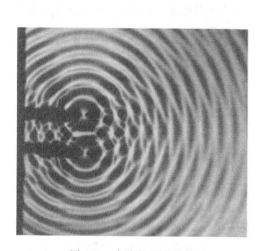

图 1.6 水波的干涉现象

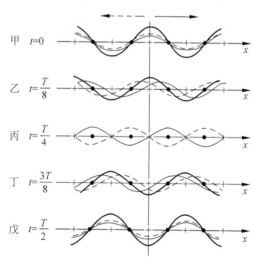

图 1.7 驻波的形成

两列沿相反方向传播的振幅相同、频率相同和传播速度都相同，并且在一条直线上的波叠加时形成驻波，如图 1.7 所示。图中用细线表示两列沿相反方向传播的振幅相同、频率相同的波，用粗线表示这两列波叠加后形成的合成波。图中画出了每隔 1/8 周期，波形的变化情况。由图 1.7 可以看出，合成波在波节的位置（图中用"·"表示），位移始终为零。在两个波节之间，各质点以相同的步调在振动，两个波节之间的中点的振幅最大,称为波腹(图中用"+"表示)。从图中还可以看出,相邻的两个波节(或波腹)之间的距离等于半个波长,即 $\lambda/2$。驻波是干涉的特例。

设两列频率相同、振动方向相同、振幅相同且沿相反方向传播的简谐波相叠加,其波函数分别为

$$y_1 = A\cos\left(\omega t - \frac{x}{\lambda}2\pi\right) \rightarrow x$$

$$y_2 = A\cos\left(\omega t + \frac{x}{\lambda}2\pi\right) \leftarrow x$$

$$y_驻 = y_1 + y_2 = 2A\cos\frac{x}{\lambda}2\pi \cdot \cos\omega t \tag{1.7}$$

振幅为

$$A(x) = 2A\cos\frac{x}{\lambda}2\pi$$

各处振幅不等,有波腹和波节。在波腹处有

$$\left|\cos\frac{x}{\lambda}2\pi\right| = 1, \quad x = \pm m\frac{\lambda}{2}, \quad m = 0,1,2,\cdots \tag{1.8}$$

在波节处有

$$\left|\cos\frac{x}{\lambda}2\pi\right| = 0, \quad x = \pm(2m+1)\frac{\lambda}{4}, \quad m = 0,1,2,\cdots \tag{1.9}$$

图 1.8 所示为驻波振动示意图,可以看出其特点为:分段振动,有波腹和波节;相位中没有 x 坐标,没有相位的传播,两个波节之间的各点在同时刻相位相同,同一波节两侧的各点在同时刻相位相反;波的强度为零,不发生能量由近及远的传播,是没有能量的单向传播。

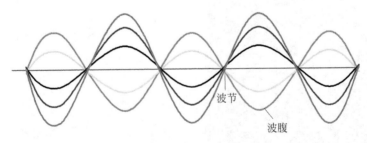

波节

波腹

图 1.8　驻波的振动示意图

需要指出,当外界驱动源的频率与振动系统的某个简谐频率相同时,就会激起高强度的驻波,这种现象也叫做共振或谐振。在激光器等相关器件的设计和制作中,为了最大限度地提高发光功率,在器件中设置有效的谐振腔以利用这种共振现象。

1.4.5　波的衍射和散射

当一束波撞到一个短于它的波长的东西时,在波弯曲的点就会发生绕过障碍物继续传播的现象,称为波的衍射。图 1.9 所示为水波的衍射现象,以及在波长一定的情况下,

狭缝宽度对衍射实验的影响。可以看出,狭缝孔径越接近波长,衍射效应越显著。因此,波发生明显衍射的条件是障碍物或者孔的尺寸跟波长比相差不多或者比波长更小。

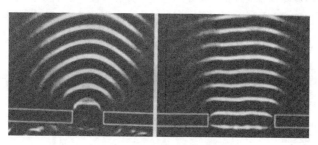

图 1.9　水波的衍射现象

如果光撞上其他微小粒子,会发生一种称为散射的效应,部分光在不同方向上偏斜或散射。有多少光散射,以及在哪个方向上散射,取决于所涉及的散射类型。在后续章节中,在研究光纤中传播的光的非线性效应时,我们会讨论更多关于散射的知识。

小结

光纤通信正在向着高速度、大容量、智能化的方向发展。本章主要介绍了光纤通信发展的主要历史阶段中的技术突破点,如表 1.2 所示。

表 1.2　光纤通信发展的主要历史阶段中的技术突破点

阶　　段	工作波长 /μm	光纤	激光器	比特率 B	中继距离 L
第一代:20 世纪 70 年代	0.85	多模	多模	10~100Mb/s	10km
第二代:20 世纪 80 年代初	1.30	多模 单模	多模	100Mb/s 1.7Gb/s	20km 50km
第三代:20 世纪 80 年代初到 20 世纪 90 年代初	1.55	单模	单模	2.5~100Gb/s	100km
第四代:20 世纪 90 年代	1.55	单模	单模	2.5~100Gb/s	2100km(环路) 15000km(光放大系统)
第五代	1.55	单模	单模	波分复用 WDM	单路速率:40Gb/s;160Gb/s; 640Gb/s 信道数:8;16;64;128;1022 超长传输距离:27000km(环路);6380km(线路)
目前研究的内容	WDM 光网络;全光分组交换;光时分复用;光孤子通信;新型的光器件				

最基本的光纤通信系统由电端机、光端机、光纤(光缆)和中继器组成。电端机主要用于进行复用和解复用处理,光端机主要用于进行 E/O 或 O/E 处理,光纤用于传送光信号,中继器用于进行 E/O 和 O/E、放大、整形处理,涉及光纤光缆、光源(LD 和 LED)、光检测(PIN 和 APD)、光放大器、光无源器件等。

　　光是一种电磁辐射,它同时具有粒子(称为光子)特性和波的特性。当电子从一个较高能级的状态跃迁到较低能级的状态时,发射出光子。波是由电子振动引起的。

　　光是一种横波,其参数包括振幅、波长、频率和速度。光纤传输中使用的是近红外光,其波长范围为 $0.8\sim1.7\mu m$,目前开发出的有 $0.85\mu m$、$1.31\mu m$ 和 $1.55\mu m$ 3 个波段的窗口。

　　光波有许多特性。对于光网络来说,最关键的特性是反射、折射、干涉、衍射和散射。

习题与思考题

　　1.1　光通信的发展主要遇到什么样的困难? 解决了什么样的问题?

　　1.2　光纤通信系统由哪些部分组成? 各部分的功能是什么?

　　1.3　光纤通信的优、缺点各是什么?

　　1.4　假设数字通信系统能够在高达 1% 的载波频率的比特率下工作。试问,在 5GHz 的微波载波和 $1.55\mu m$ 的光载波上能传输多少路 64kb/s 的音频信道?

　　1.5　如图 1.10 所示,设波源在原点 O 处的振动方程为 $A\cos\omega t$,它向墙面方向传播,经反射后形成驻波。求驻波方程、波节及波腹的位置。

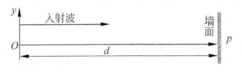

图 1.10　习题 1.5 的示意图

　　1.6　在空气中观察肥皂膜泡。随着泡膜厚度变薄,膜上将出现颜色。当膜进一步变薄,将要破裂时,膜上将出现黑色,请解释这一现象。

　　1.7　窗玻璃也是一块介质板,但在通常的日照下,为什么我们观察不到干涉现象?

　　1.8　在日常生活中,为什么声波的衍射比光波的衍射更加显著?

　　1.9　光栅衍射和单缝衍射有何区别? 为何光栅衍射的明纹特别明亮?

　　1.10　光栅衍射光谱和棱镜光谱有何不同?

CHAPTER 2

第 2 章

光　纤

内容提要：

- 光纤与光缆的结构与分类
- 光纤的导光原理
- 模式的概念
- 光纤的损耗与色散
- 光纤的选用

2.1　光纤与光缆

2.1.1　光纤的结构

　　目前,通信中实用化的光纤绝大多数是用石英材料制成的,其主要成分是高纯度的玻璃。光纤的基本结构一般是双层或多层的同心圆柱体,分为 3 个部分：中心部分是折射率较高的纤芯,纤芯外面是折射率较低的包层和涂覆层,如图 2.1 所示。纤芯的折射率为 n_1,包层的折射率为 n_2,且 $n_1 > n_2$,从而形成一种光波导效应,使大部分光波被束缚在纤芯中传输,实现光信号的长距离传输。包层为光的传输提供反射面和光隔离,并起到一定的机械保护作用。纤芯直径为 $5 \sim 50\mu m$,包层外径为 $125\mu m$。

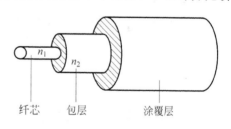

图 2.1　光纤的基本结构

　　由纤芯和包层组成的光纤称为裸光纤。如果直接使用这种光纤,由于裸露在环境中,容易受到外界温度、压力、水汽等侵蚀。为了增强裸光纤的柔韧性、机械强度和抗老化特性,保护其不受水汽的侵蚀和机械擦伤,在包层外面增加了涂覆层。

　　根据不同的导光要求,包层有的是单层的,有的是多层的。涂覆层一般分为一次涂覆层和二次涂覆层。二次涂敷层是在一次涂敷层的外面涂上热塑材料,又称套塑。光纤的套塑分为紧套和松套两种。紧套是指光纤在二次套管内不能自由松动；松套光纤则有一定的活动范围。紧套的优点是性能稳定,外径较小,但机械性能不如松套,因为紧套无松套的缓冲空间,易受外力影响。松套光纤的温度特性优于紧套,制作比较容易,但外径较大,为避免水分,需要流质的油膏来提高光缆的纵向封闭性。松套方法已得到广泛应用。经过涂覆、套塑形成的光纤称为被覆光纤或缆芯。

2.1.2　光纤的主要成分

目前通信用的光纤主要是石英系光纤,其材料的主要成分是高纯度的 SiO_2。如果在石英中掺入折射率高于石英的掺杂剂,就可以制作光纤的纤芯。同样,如果在石英中掺入折射率低于石英的掺杂剂,就可以作为包层材料。纤芯中广泛使用的掺杂剂有二氧化锗(GeO_2)、五氧化二磷(P_2O_5)等,包层中主要的掺杂剂有三氧化二硼(B_2O_3)、氟(F)等。

2.1.3　光纤的分类

光纤的分类方法很多,可以按照横截面上折射率的不同来分类,也可以根据传输模式多少、使用材料的不同等来分类。

如果按照制造光纤所使用材料的不同分类,有玻璃光纤、全塑光纤及石英系列光纤等;按照传输波长来分类,可分为短波长光纤(波长为 $0.8 \sim 0.9 \mu m$)和长波长光纤(波长为 $1.3 \sim 1.6 \mu m$);根据纤芯中传输模式的数量,又可分为单模光纤和多模光纤。所谓模式,是电磁场的一种场结构分布形式。

按照光纤横截面折射率分布不同来划分,一般可以分为阶跃光纤和渐变光纤,下面将重点介绍。

1. 阶跃光纤

阶跃光纤是指在纤芯与包层区域内,折射率分布是均匀的,其值分别为 n_1 与 n_2,但在纤芯与包层的分界处,折射率发生突变,如图 2.2 所示。其折射率分布的表达式为

$$n = \begin{cases} n_1, & r \leqslant a_1 \\ n_2, & a_1 < r \leqslant a_2 \end{cases} \tag{2.1}$$

式中,r 是光纤中任意一点到中心的距离;a_1 是纤芯半径;a_2 是包层半径。

阶跃光纤是早期光纤的结构方式,后来在多模光纤中逐渐被渐变光纤所取代(因为渐变光纤能大大降低多模光纤所特有的模式色散),但可用它比较形象地解释光波在光纤中的传播。

当单模光纤逐渐取代多模光纤成为当前的主流产品时,阶跃光纤结构成为单模光纤的结构形式之一。

2. 渐变光纤

渐变光纤是指光纤轴心处的折射率最大(n_1),沿剖面径向的增加,折射率将逐渐变小,其变化规律一般符合抛物线规律;到了纤芯与包层的分界处,折射率正好降到与包层区域的折射率 n_2 相等的数值;在包层区域中,其折射率的分布是均匀的,为 n_2,如图 2.3 所示。

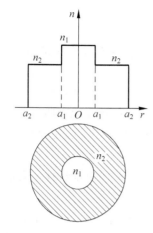

图 2.2　阶跃光纤的折射率分布

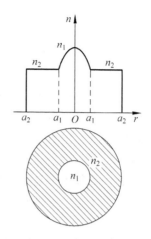

图 2.3　渐变光纤的折射率分布

其折射率分布的表达式为

$$n(r)=\begin{cases} n_1\left[1-2\Delta(r/a_1)^g\right]^{1/2}, & r\leqslant a_1 \\ n_2, & a_1<r\leqslant a_2 \end{cases} \tag{2.2}$$

式中，r 是光纤中任意一点到中心的距离；a_1 是纤芯半径；a_2 是包层半径；g 是折射率变化的参数，对于抛物线型光纤，$g=2$，当 $g=\infty$ 时，便是阶跃型光纤；Δ 为相对折射率差，其定义如下：

$$\Delta=\frac{n_1^2-n_2^2}{2n_1^2} \tag{2.3}$$

当 n_1、n_2 相差极小时，称为弱导光纤，此时

$$\Delta\approx\frac{n_1-n_2}{n_1} \tag{2.4}$$

Δ 值越大，把能量束缚在纤芯中传输的能力越强。

2.1.4　光缆的结构

光缆是以光纤为主要通信元件，通过加强件和外护层组合成的整体。光缆依靠其中的光纤来完成传送信息的任务，因此光缆的结构设计必须保证光纤具有稳定的传输特性。由于通信光缆多在野外工作，会受到各种自然外力和人为外力的影响，还会受到化学侵蚀，以及各种动物的伤害。在施工敷设的过程中，光缆还要受到弯曲、拉伸、扭曲形变。如何保证在这些因素作用下，光缆中的光纤仍能长期稳定地工作，在光缆设计时必须考虑。光缆的结构应能适应外界条件的要求，要有足够的机械强度并具有抗化学性。为了实用，在光缆的安装和维护方面，应具有处理方便、接续操作方便等特点。

光缆的主要性能如下：

（1）拉力特性。光缆能承受的最大拉力取决于加强件的材料和横截面积，一般要求大于 1km 光缆的重量为 $100\sim400\text{kg}$。

（2）压力特性。光缆能承受的最大侧压力取决于护套的材料和结构，多数光缆能承受的最大侧压力为 $(100\sim400)\text{kg}/10\text{cm}$。

（3）弯曲特性。弯曲特性主要取决于纤芯与包层的相对折射率差 Δ 以及光缆的材料和结构。实用光纤的最小弯曲半径一般为 $20\sim50\text{mm}$。若光纤的弯曲半径等于或大于最小弯曲半径，则光辐射引起的光纤附加损耗可以忽略；若小于最小弯曲半径，附加损耗将急剧增加。光缆最小弯曲半径一般为 $200\sim500\text{mm}$。

（4）温度特性。光纤本身具有良好的温度特性。光缆的温度特性主要取决于光缆材料的选择及结构的设计，采用松套管二次被覆光纤的光缆的温度特性较好。温度变化时，光纤损耗增加，主要是由于光缆材料（塑料）的热膨胀系数比光纤材料（石英）大 2 或 3 个数量级，在冷缩或热胀过程中，光纤受到压力作用而产生的。在我国，对光缆使用温度的要求，一般在低温地区为 $-40\sim+40℃$，在高温地区为 $-5\sim+60℃$。

为了满足上述光缆性能要求，在光缆的结构设计中加了加强件（可用金属或增强塑料制成）、防潮层、填充油膏、光缆护套以及铠装（在外层加装金属保护层）等。

由于成缆光纤的类别、成缆方式和缆的结构不同，光缆的种类很多。按成缆光纤分多模光纤光缆和单模光纤光缆。按缆芯结构（成缆方式）分为层绞式、骨架式、中心束管式和带状式光缆。

图 2.4(a) 所示为层绞式光缆，它是在一根松套管内放置多根光纤，多根松套管围绕中心加强件绞合成一体。松套管由热塑性材料（如尼龙、聚丙烯等）做成，它对涂覆光纤起机械缓冲保护作用。松套管内充满油膏。在层绞光缆中，光纤密度较高，其制造工艺较简单、成熟，是目前光缆结构的主流。

图 2.4(b) 所示为骨架式光缆。骨架由聚乙烯塑料绕中心加强件以一定的螺旋节距挤制而成。骨架槽为矩形槽型，在槽中放置多根裸光纤或光纤带。这种结构的缆芯抗侧压力性能好。

图 2.4(c) 所示为带状式光缆，它是把多根带状光纤单元（每根光纤带可放 $4\sim16$ 根光纤）叠合起来，形成一个矩形光纤叠层，放入松套管内，可做成束管式结构、层绞式结构或骨架式结构的光缆。带状式缆芯可以制成数百根光纤的高密度光缆，这种光缆广泛应用于接入网。

图 2.4(d) 所示为中心束管式光缆，它是把光纤束（多根光纤）或光纤带置于松套管中，加强件分布在套管周围。在这种结构中，加强件同时起着护套作用。这种结构的光缆因为无中心加强件，所以缆芯可做得很细，减轻了重量，降低了成本，而且其抗弯曲性能和纵向密封性较好，制作工艺较简单。

按加强件和护层结构来分类，光缆可分为金属加强件光缆、非金属加强件光缆和铠装光缆。按使用场合分类，有长途及中继用的普通型光缆、用户线光缆、软光缆、室内光缆和海底光缆等。按敷设方法分类，有架空光缆、管道光缆、直埋光缆和水下光缆。

几种典型的光缆结构如图 2.4 所示。

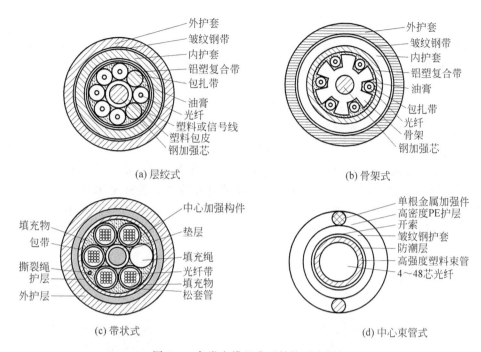

图 2.4　各类光缆的典型结构示意图

2.2　光纤的导光原理与传播特性

2.2.1　光纤的导光原理

假设光束入射到一个小圆孔,当圆孔尺寸远远大于光的波长时,光直接通过圆孔,投射到圆孔后面的屏幕上;当圆孔的大小与光的波长相当时,人们将观察到衍射光斑。因此,当空间尺度远大于光波长时,可以用几何光纤来分析光在物质中的运动;当空间尺度与光波长相当时,应采用复杂而严密的波动理论分析法。

对于多模光纤,由于其光纤的纤芯为 $50/62.5\mu m$,远远大于光波的波长(约 $1\mu m$),可以把光波看做一条光线来处理,采用几何光学分析法;而对于单模光纤,其光纤纤芯小于 $10\mu m$,与光波的波长同一数量级,应采用波动理论严格求解。为了便于理解,我们从几何光学的角度来讨论光纤的导光原理。

1. 全反射原理

几何光学分析法认为光是由光子组成的,光子的能量为

$$E = hf \tag{2.5}$$

式中,h 为普朗克常数;f 为光的频率。

光线在均匀介质中传播时是以直线方向进行的,但在到达两种不同介质的分界面时,会发生反射与折射现象。图 2.5 给出了光在介质折射率为 n_1 和 n_2 的介质分界面的

反射与折射现象。

其中,入射角 θ_1 定义为入射光线与法线之间的夹角,反射角 θ_{1r} 定义为反射光线与法线之间的夹角,折射角 θ_2 定义为折射光线与法线之间的夹角。从介质 n_1 入射到介质 n_2 的光信号的能量一部分反射回介质 n_1,一部分透射到介质 n_2。

根据光的反射定律,反射角等于入射角。

根据光的折射定律(又称斯涅尔定律),有

$$n_1 \sin\theta_1 = n_2 \sin\theta_2 \tag{2.6}$$

显然,若 $n_1 > n_2$,则会有 $\theta_2 > \theta_1$。如果 n_1 与 n_2 的比值增大到一定程度,会使折射角 $\theta_2 \geqslant 90°$,此时的折射光线不再进入介质 n_2,而会在两种介质的分界面上掠过($\theta_2 = 90°$ 时),或者返回到介质 n_1 中进行传播($\theta_2 > 90°$ 时)。这种现象叫做光的全反射现象,如图 2.6 所示。

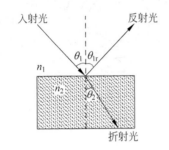
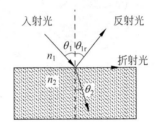

图 2.5　光的反射与折射　　　　　　图 2.6　光的全反射现象

人们把对应于折射角 θ_2 等于 90° 的入射角叫做临界角,如图 2.6 所示,记为 θ_k,则有

$$\theta_k = \arcsin \frac{n_2}{n_1} \tag{2.7}$$

显然,只有从折射率高的介质入射到折射率低的介质,且入射角大于 θ_k 时,才会发生全反射。在光纤中,因为纤芯的折射率大于包层的折射率,光在纤芯和包层分界面上将发生全反射,使得光线基本上全部在纤芯区传播,没有光跑到包层中去,大大降低了光纤的损耗。

2. 光在阶跃多模光纤中的传播

(1) 传播轨迹

了解了光的全反射原理之后,不难画出光在阶跃光纤中的传播轨迹,即按"之"字形传播,并且沿纤芯与包层的分界面掠过,如图 2.7 所示。

光在纤芯中的传输速度为

$$v = \frac{c}{n_1} \tag{2.8}$$

式中,c 为光在真空中的速度;n_1 为纤芯中的折射率。

(2) 数值孔径 NA

从光源输出的光入射在光纤端面上,其中一部

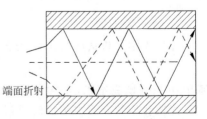

图 2.7　光在阶跃光纤中的传播轨迹

分是不能进入光纤的,能进入光纤端面的光也不一定能在光纤中传输,只有符合某一特定条件的光才能在光纤中发生全反射而传播到远方。

从空气中入射到光纤纤芯端面上的光线被光纤捕获成为束缚光线的最大入射角 θ_{max} 为临界光锥的半角(如图 2.8 所示),称其为光纤的数值孔径,记为 NA。它与纤芯和包层的折射率分布有关,而与光纤的直径无关。

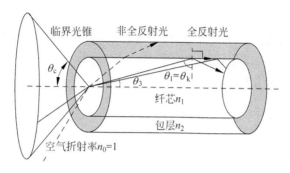

图 2.8　临界光锥与数值孔径

因为光在空气中的折射率 $n_0 = 1$,于是多次应用光的折射定律可得

$$n_0 \sin\theta_c = n_1 \sin\theta_3 = n_1 \sin(90° - \theta_1)$$

为保证光在光纤中的全反射,应有 $\theta_1 = \theta_k$,且 $n_1 \sin\theta_k = n_2 \sin90° = n_2$,即 $\sin\theta_k = \dfrac{n_2}{n_1}$,于是有

$$NA = \sin\theta_c = n_1 \sin(90° - \theta_k) = n_1 \cos\theta_k$$
$$= n_1 \sqrt{1 - \frac{n_2^2}{n_1^2}} = \sqrt{n_1^2 - n_2^2} = n_1 \sqrt{2\Delta} \tag{2.9}$$

式中,$\Delta = \dfrac{n_1^2 - n_2^2}{2n_1^2}$ 是光纤纤芯和包层的相对折射率差。因此,阶跃光纤数值孔径 NA 的物理意义是:能使光在光纤内以全反射形式传播的接收角 θ_c 的正弦值。

数值孔径 NA 是光纤的一个极为重要的参数,它反映光纤捕捉光线能力的大小。需要注意的是,光纤的 NA 并非越大越好。NA 越大,虽然光纤接收光的能力越强,但光纤的模式色散越厉害。因为 NA 越大,其相对折射率差 Δ 越大,而 Δ 值较大的光纤,其模式色散越大,使光纤的传输容量变小。因此,NA 取值的大小要兼顾光纤接收光的能力和模式色散。ITU-T 建议光纤的 NA 为 0.18~0.23。

3. 光在渐变多模光纤中的传播

由图 2.3 和式(2.2)可知,渐变光纤的折射率 n_1 沿半径 r 方向是变化的,n_1 在光纤的轴心处最大;随着 r 的增加,n_1 按一定规律减小,n_1 是 r 的函数,即 $n_1(r)$;沿剖面径向的增加,折射率逐渐变小。

假设光纤是由许多同轴的均匀层组成,且其折射率由轴心向外逐渐变小,如图 2.9 所示,即 $n_1 > n_{11} > n_{12} > n_{13} > \cdots > n_2$。由折射定律知,若 $n_1 > n_2$,则有 $\theta_2 > \theta_1$,光在每两层的分界面皆会产生折射现象。由于外层总比内层的折射率小,所以每经过一个分界面,光线向轴心方向的弯曲就厉害一些,一直到纤芯与包层的分界面。而在分界面又产生全反射现象,全反射的光沿纤芯与包层的分界面向前传播,反射光逐层地折射回光纤纤芯,完成一个传输全过程,使光线基本上局限在纤芯内传播,其传播轨迹类似于由许多线段组成的正弦波。对于不同的入射条件(入射角、径向距离、折射率等),在纤芯中将有不同轨迹的折射曲线。

4. 光在单模光纤中的传播

简单地讲,光在单模光纤中是以平行于光纤轴线的形式以直线方式传播,如图 2.10所示。这是因为在单模光纤中仅以一种模式(基模)进行传播,而高次模全部截止。平行于光轴直线传播的光线代表传播中的基模。

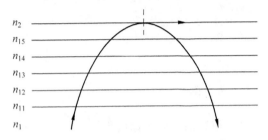

图 2.9   光在渐变光纤中传播的定性解释

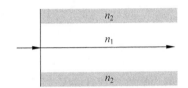

图 2.10   光在单模光纤中的传播轨迹

2.2.2   光的偏振

就像无线电波或 X 射线一样,光也是电磁波,会产生反射、折射、衍射、干涉、偏振、衰落、损耗等。电磁波满足麦克斯韦方程。

光波具有偏振特性。由于电场和磁场都是矢量,它们的幅度和方向都随时间改变。实际上,这两个矢量在垂直于光波的传播方向上变化,也就是说,它们在光的传播方向上的分量一般很小,甚至为零。这种电磁波称为横电磁波 TEM。如果在所有垂直于传播方向上的电场和磁场的振幅不变,即具有相同的强度,则称之为圆偏振光或无偏振光;但如果其强度在某些方向强,在某些方向弱,甚至为零,则称之为偏振光,如椭圆偏振光和线性偏振光。线性偏振光是一种极端情况,即电场和磁场只存在于垂直于传播方向的一个方向上。我们习惯将电场的振动方向称为偏振方向。

图 2.11 给出了沿光波传播方向上的偏振情形,图中假设光波垂直入射到纸面。

(a) 无偏振或圆形偏振光   (b) 椭圆偏振光   (c) 线性偏振光

图 2.11   光的偏振示意图

2.2.3 光的色散

复色光分解为单色光的现象叫做光的色散。1672 年, 牛顿最早利用三棱镜观察到光的色散, 把白光分解为彩色光带(光谱)。白光是由红、橙、黄、绿、青、蓝、紫等单色光组成的, 因此称为复色光。自然界中的太阳光、白炽电灯和日光灯发出的光都是复色光。

光波都有一定的频率, 光的颜色是由光波的频率决定的。在可见光区域, 红光频率最小, 紫光的频率最大。各种频率的光在真空中传播的速度都相同。但是不同频率的单色光在介质中传播时, 由于受到介质的作用, 传播速度都比在真空中小, 并且速度的大小互不相同, 它们在介质中的速度取决于单色光在该介质中的折射率, 即

$$v = \frac{c}{n} \tag{2.10}$$

介质对红光的折射率最小, 对紫光的折射率最大。当不同色光以相同的入射角射到三棱镜上时, 红光的传播速度最大, 发生的偏折最少, 它在光谱中处在靠近顶角的一端; 紫光的传播速度最小, 在光谱中排列在最靠近棱镜底边的一端, 如图 2.12 所示。由于介质对不同波长(对应于不同的颜色)的光呈现的折射率不同, 使光的传播速度不同, 且折射角度不同, 最终使不同颜色的光在空间上散开。

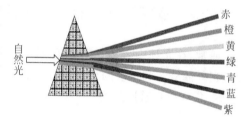

图 2.12 自然光的色散

2.3 多模光纤和单模光纤

2.3.1 模的概念

进入光纤的光在芯包交界面上的入射角大于临界角时, 在光纤内产生全反射; 而入射角小于临界角的光就有一部分进入包层, 被很快衰减掉。前者的传输损耗小, 能进行远距离传输, 称为导波。

并不是任何形式的光波都能在光纤中传输, 只有以一定角度入射的光线才会在光纤中传输。每一种允许在光纤中传输的特定角度的光波称为光纤的一个模式。

在同一条光纤中传输的不同模式的光, 其传播方向、传输速度和传输路径不同, 受到光纤的衰减也不同。观察与光纤垂直的横截面, 就会看到, 不同模式的光波在横截面上的光的强度分布不同。

(1) 多模光纤

当光纤的几何尺寸(主要是芯径 d_1)远大于光波波长(约 $1\mu m$)时, 光纤传输的过程中会有几十种乃至几百种传输模式。这样的光纤称为多模光纤。

（2）单模光纤

当光纤的几何尺寸（主要是芯径 d_1）较小，与光波波长在同一数量级，如芯径 d_1 为 $4\sim10\mu m$，这时，光纤只允许一种模式（基模）在其中传播，其余的高次模全部截止，这样的光纤称为单模光纤。

有关多模光纤和单模光纤的横截面尺寸如图 2.13 所示。

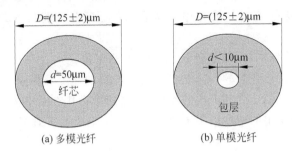

(a) 多模光纤   (b) 单模光纤

图 2.13　多模光纤与单模光纤的横截面尺寸

2.3.2　多模光纤中的模式数目

通常，在光纤中传输的模式的数量很多，它与光的波长、光纤的结构（如纤芯的直径）、光纤的纤芯和包层的折射率分布有关。为了表示光纤中模式的数量，引入一个参数 V（归一化频率），其定义为

$$V = \frac{2\pi}{\lambda} a \sqrt{n_1^2 - n_2^2} \tag{2.11}$$

式中，λ 为光纤中电磁波的工作波长；a 为光纤的纤芯半径；n_1 为纤芯的折射率；n_2 为包层的折射率。光纤中，传导模的总数为

$$M = \frac{V^2}{2} \times \frac{g}{2+g} \tag{2.12}$$

式中，g 为光纤中纤芯的折射率分布参数。

对于阶跃光纤，$g=\infty$，其模式数为

$$M \approx \frac{V^2}{2} \tag{2.13}$$

对于渐变光纤，$g=2$，其模式数为

$$M \approx \frac{V^2}{4} \tag{2.14}$$

多模光纤是一种传播多个模式的光纤，即它能允许多个传导模通过。有两种结构的多模光纤，即多模阶跃光纤和多模渐变光纤。多模阶跃光纤结构简单、工艺易于实现，是早期的产品。但由于其模式数较多，模间延时较大，传输带宽较窄，被多模渐变光纤取代。多模渐变光纤现已成为国际标准，即 ITU-T 建议的 G.651 光纤。

典型多模光纤的芯径和外径分别为 $50\mu m$ 和 $125\mu m$，若纤芯中最大的相对折射率差 $\Delta=0.01$，纤芯折射率 $n_1=1.46$，根据数值孔径 NA 的公式和参数 V 的公式可知，$NA=0.206$，$V=25$（$\lambda=1.3\mu m$）。为了最大限度地减少模的数量，一般使折射率分布为抛物线

形式，即 $g \approx 2$。

2.3.3 单模光纤的截止波长

为保证光纤中只存在一个模式（基模），应满足如下截止条件：

$$V = \frac{2\pi}{\lambda}a\sqrt{n_1^2 - n_2^2} < 2.405 \qquad (2.15)$$

其中，波长的最小值称为单模光纤的截止波长，表示为 $\lambda_{截止}$。V 随纤芯半径 a、纤芯和包层的相对折射率 $\Delta = (n_1 - n_2)/n_1$ 的增加而增大，因而单模光纤的纤芯和折射率差都较小。

由于 Δ 的值较小，因而纤芯和包层的折射率近似相等。光的能量并不全部限制在纤芯中，有一部分在包层中，这种光纤称为弱导光纤。为了减少基模在包层中的损耗，实际的单模光纤的结构在原有包层外再制一层包层（称为外包层，原有包层称为内包层）。内包层的折射率可以大于也可以小于纤芯的折射率。

判断一根光纤是不是单模传输，只要比较一下它的工作波长 λ 与截止波长 $\lambda_{截止}$ 的大小就可以了。如果 $\lambda > \lambda_{截止}$，则为单模光纤，该光纤只能传输基模；如果 $\lambda < \lambda_{截止}$，不是单模光纤，光纤中除了基模外，还能传输其他高阶模。

2.3.4 偏振模

单模光纤中的基模由两个相互正交的线性偏振模组成。对于理想的圆柱对称光纤，这两个模具有相同的传播常数，尽管光脉冲的能量分布在这两个模上，但并没有引起光脉冲的展宽。实际上，光纤的截面不是理想的圆柱，无法满足折射率绝对圆对称，则基模在不同的偏振方向将具有不同的传播速度，即两种相互垂直的偏振模式将不再以同一速度传播，引起的色散称为偏振模色散 PMD，如图 2.14 所示。

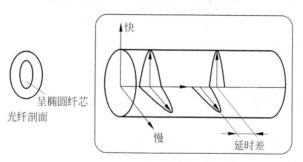

图 2.14　单模光纤的偏振模色散

2.3.5 模场直径

单模光纤传输的光能不是完全集中在纤芯内，而是有相当一部分在包层中传播。所以，不用纤芯直径来作为衡量单模光纤中功率分布的参数，而是用所谓的模场直径作为描述单模光纤传输光能集中程度的参数。

有效面积与模场直径的物理意义相同，通过模场直径，可以利用圆面积公式计算出有效面积。

模场直径越小，通过光纤横截面的能量密度就越大。当通过光纤的能量密度过大时，会引起光纤的非线性效应，造成光纤通信系统的光信噪比降低，影响系统性能。因此，对于传输光纤而言，模场直径（或有效面积）越大越好。图 2.15 所示为单模光纤的模场分布示意图，E_0 是 $r=0$ 处的场量值，此处场强最大，由场强最大点下降到 $1/e$ 的两点之间的距离为模场直径。

若不考虑光纤的折射率分布情况和纤芯半径影响，可以用下列公式作为计算模场直径的近似计算式：

$$d \approx \frac{2\sqrt{2}}{\pi}\frac{\lambda}{NA} \quad (\mu m) \qquad (2.16)$$

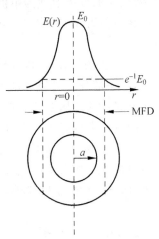

式中，λ 为光波波长（单位：μm）；NA 为单模光纤的最大理论数值孔径。

例如，某一条单模光纤的参数为 $n_1 = 1.45$，$\Delta = 0.0036$，则其最大理论数值孔径为 $NA = n_1\sqrt{2\Delta} = 1.45 \times \sqrt{2 \times 0.0036} = 0.12$。当它工作在 $\lambda = 1.31\mu m$ 时，其模场直径为

$$d \approx \frac{2\sqrt{2}}{\pi} \times \frac{1.31}{0.12} = 9.8(\mu m)$$

图 2.15　单模光纤的模场分布

2.4　光纤的传输特性

光信号经过一定距离的光纤传输后要产生衰减和畸变，因而输出信号和输入信号不同。光脉冲信号不仅幅度要减小，而且波形要展宽。产生信号衰减和畸变的主要原因是光纤中存在损耗和色散。损耗和色散是光纤的最主要传输特性，它们限制了系统的传输距离和传输容量。

2.4.1　光纤的损耗特性

光波在光纤中传输时，随着传输距离的增加，光功率逐渐下降，这就是光纤的传输损耗。光纤的损耗限制了光纤最大无中继传输距离。

形成光纤损耗的原因很多，有来自光纤本身的损耗，也有光纤与光源的耦合损耗以及光纤之间的连接损耗。这里只对光纤本身的损耗进行简单分析。

光纤本身的损耗大致有两类：吸收损耗和散射损耗。

1. 吸收损耗

吸收作用使光波通过光纤材料时，有一部分光能变成热能，从而造成光功率的损失。

吸收损耗是制造光纤的材料本身造成的损耗,包括本征吸收和杂质吸收。

本征吸收是光纤基本材料(例如纯 SiO_2)固有的吸收,并不是由杂质或缺陷所引起的。因此,本征吸收基本确定了任何特定材料的吸收的下限。

吸收损耗的大小与波长有关,对于 SiO_2 石英系光纤,本征吸收有两个吸收带,一个是紫外吸收带;一个是红外吸收带。紫外吸收带将影响到 $0.7 \sim 1\mu m$ 的波段范围,而红外吸收带将影响到 $1.5 \sim 1.7\mu m$ 的波段范围(目前光通信使用的波长范围是 $0.8 \sim 1.6\mu m$)。

杂质吸收是由材料的不纯净和工艺不完善而造成的附加吸收损耗。在光纤材料中的杂质,如氢氧根离子、过渡金属离子(铜、铁、铬等)对光的吸收能力极强,它们是产生光纤损耗的主要因素。要想获得低损耗光纤,必须对制造光纤用的原材料 SiO_2 等进行十分严格的化学提纯。

2. 散射损耗

由于光纤的材料、形状及折射指数分布等的缺陷或不均匀,光纤中传导的光散射而产生的损耗称为散射损耗。

散射损耗包括线性散射损耗和非线性散射损耗。线性散射损耗主要包括瑞利散射和材料不均匀引起的散射,非线性散射主要包括受激拉曼散射和受激布里渊散射等。这里只介绍两种线性散射损耗。

瑞利散射损耗是光纤的本征散射损耗。这种散射是由光纤材料的折射率随机性变化而引起的,当折射率变化很小时,引起的瑞利散射是光纤散射损耗的最低限度,这种瑞利散射是固有的,不能消除。瑞利散射损耗与 $1/\lambda^4$ 成正比,它随波长的增加而急剧减小,所以在长波长工作时,瑞利散射会大大减小。

材料不均匀引起的散射损耗可以通过改善制造工艺来减小。这种不均匀性较大,尺寸大于波长,散射损耗与波长无关。

除了上述两种主要损耗,即吸收损耗和散射损耗以外,引起光纤损耗的还有光纤弯曲产生的损耗以及纤芯和包层中的损耗等。

3. 损耗系数

损耗用损耗系数 $\alpha(\lambda)$ 表示,单位为 dB/km,即单位长度(km)的光功率损耗 dB(分贝)值。

如果注入光纤的功率为 $p(z=0)$,光纤的长度为 L。经长度 L 的光纤传输后,光功率为 $p(z=L)$,因为光功率随长度按指数规律衰减,所以 $\alpha(\lambda)$ 为

$$\alpha(\lambda) = \frac{10}{L}\lg \frac{p(z=0)}{p(z=L)} \quad (\text{dB/km}) \tag{2.17}$$

光纤的损耗系数与光纤的散射如瑞利散射、本征吸收、杂质吸收(如 OH^-)等有关,且是波长的函数。$\alpha(\lambda)$ 与波长的关系如图 2.16 所示。

由图 2.16 可见,瑞利散射损耗与红外吸收尾部曲线的交点决定了光纤损耗的下限。如果 $\Delta=0.2\%$,在 $\lambda=1.55\mu m$ 处,光纤损耗最低理论极限为 0.149dB/km。在 $0.8 \sim 1.55\mu m$ 波段内,除吸收峰外,光纤损耗随波长增加而迅速减小。在 $1.39\mu m$ OH^- 吸收峰两侧 $1.31\mu m$ 和 $1.55\mu m$ 附近存在两个损耗极小的波长窗口,这两个波长窗口应用于单

模光纤。其中,1550nm 窗口又可以分为 C-band(1525～1562nm)和 L-band(1565～1610nm),1.31μm 附近的窗口(1280～1350nm)称为 S-band。

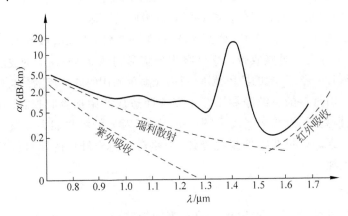

图 2.16　光纤损耗—波长特性

2.4.2　光纤的色散特性

由于光脉冲中的不同频率(波长)或模式在光纤中的速度不同,这些波长成分和模式到达光纤终端有先有后,使得光脉冲发生展宽,这就是光纤的色散,如图 2.17 所示。它将传输脉冲展宽,产生码间干扰,增加误码率。传输距离越长,脉冲展宽越严重,所以色散限制了光纤的通信容量,也限制了无中继传输距离。

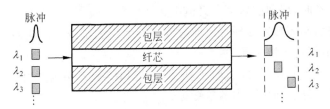

图 2.17　色散引起的脉冲展宽示意图

色散一般用延时差来表示。所谓延时差,是指不同波长的信号成分传输同样的距离所需要的时间。

光纤的色散可分为模式色散、材料色散、波导色散和偏振模色散。

对于多模光纤,模式色散占主导,材料色散相对较小,波导色散一般可以忽略。对于单模光纤,材料色散占主导,波导色散较小。由于光源不是单色的,且总有一定的谱宽,增加了材料色散和波导色散的严重性。

1. 单模光纤的色散

光源发出的光脉冲不可能是单色光,即使是单色光,光波上调制的信号也存在一定的带宽,这些不同波长或频率成分的光信号在光纤中传播时,由速度不同引起的光脉冲的展宽现象称为波长色散。由于光波波长不同,其颜色也不同,因而也称为色度色散。色度色散包括材料色散和波导色散。

此外,在单模光纤传输中,光波的基模含有两个相互垂直的偏振态。在实际的光纤中,两个相互垂直的偏振模以不同的速度传播,引起的色散称为偏振模色散(PMD)。当数据传输速率较低,距离相对较短时,偏振模色散对单模光纤系统的影响微不足道。但是在 10Gb/s 及更高速率的系统中,需要考虑偏振模色散的影响。

(1) 材料色散

材料色散是由于石英材料的折射率随波长变化而引起的。实际的光源的谱是有一定宽度的,因而不同的波长由于速度不同,相互之间产生延迟,导致输入光纤的窄脉冲输出时变宽了。

材料色散可由下式求出:

$$\Delta\tau = \frac{L}{c}\lambda\frac{\mathrm{d}^2 n^2}{\mathrm{d}\lambda^2}\Delta\lambda \tag{2.18}$$

式中,L 为光纤长度;c 为光速;λ 为激光器发出的光波长(单位:nm)。

对于普通的单模光纤,材料色散在波长 $\lambda=1.27\mu m$ 左右时为零,$\lambda>1.27\mu m$ 时有正的色散,$\lambda<1.27\mu m$ 时有负的色散。

(2) 波导色散

由光纤波导结构引起的色散称为波导色散。对于普通的单模光纤,波导色散相对于材料色散较小,它与光纤波导参数有关,随 V、光纤的纤芯、光波长的减小而变大。波导色散为负色散。

(3) 色散补偿

色散对通信尤其是高比特率通信系统的传输有不利的影响,但可以采取一定的措施来降低或补偿。有如下几种方案。

① 零色散波长光纤。在某一波长范围,如 $\lambda>1.27\mu m$,由于材料色散与波导色散符号相反,因而在某一波长的光纤上可以完全相互抵消。对于普通的单模光纤,波长 $\lambda=1.30\mu m$,工作于该波长的光纤的色散最小。

② 色散位移光纤 DSF。减少光纤的纤芯使波导色散增加,可以把零色散波长向长波长方向移动,从而在光纤最低损耗窗口 $\lambda=1.55\mu m$ 附近得到最小色散。将零色散波长移至 $\lambda=1.55\mu m$ 附近的光纤称为 DSF 光纤。色散位移光纤的色散特性如图 2.18 所示。

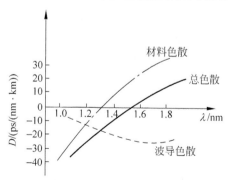

注:D 为色散参数,单位是 ps/(nm·km),即单位长度(km)、单位波长(nm)间隔的延时(ps)值。

图 2.18　色散位移光纤的色散特性

③ 色散平坦光纤 DFF。将在 $\lambda=1.30\mu m$ 和 $\lambda=1.55\mu m$ 范围内,色散接近于零的光纤称为 DFF 光纤。

④ 色散补偿光纤 DCF。色散补偿光纤实际是一种具有很高负色散斜率和很大负色散值的特制光纤,其色散值符号为负,恰好与普通单模光纤的色散符号相反,将其插入光纤链路后,可以抵消普通单模光纤的色散影响。典型 DCF 的色散值为 $-70\sim$ $-100ps/(nm\cdot km)$,而普通单模光纤在 1550nm 附近的色散值为 $17ps/(nm\cdot km)$,所以只需很短的 DCF 光纤就能补偿很长的普通单模光纤。

⑤ 色散补偿器,如光纤光栅 FG、光学相位共轭 OPC 等。其原理都是让原先跑得快的波长经过补偿器时慢下来,减少不同波长由于速度不一样而导致的延时。

2. 多模光纤的色散

多模光纤的色散包括模式色散、材料色散、波导色散。其中,模式色散占主导。

在多模光纤中,不同模式的光束有不同的传播路径。在传输过程中,不同模式的光束的时间延迟不同而产生的色散称为模式色散。

对于多模光纤,因为其纤芯远大于光的波长,因而可用几何光学来分析,将一个模式看成是光线在光纤中一种可能的行进路径。由于不同路径的长度不同,因而对应不同模式的传播延时也不同。

设有一束光脉冲注入长为 L 的阶跃型光纤中,可以用几何光学求出其最大的延时差 $\Delta\tau_m$。每一种模式都有其相应的光纤端面入射角。下面分析光纤中的最高次模(在光纤端面有最大的入射角,在纤芯—包层界面处由临界角产生全反射)与最低次模(通过光纤中心轴),如图 2.19 所示。

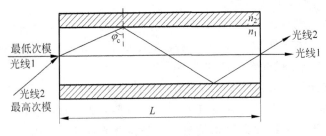

图 2.19　模间延时差

对于最低次模,经过长为 L 的光纤所需的时间为
$$t_1 = Ln_1/c$$
对于最高次模,经过长为 L 的光纤所需的时间为
$$t_2 = \frac{Ln_1}{c}\frac{1}{\sin\varphi_c}$$
式中,φ_c 为在纤芯—包层界面处产生全反射的临界角。于是,求出最大的延时差为
$$\Delta\tau_m = t_2 - t_1 = \frac{Ln_1}{c}\frac{1}{\sin\varphi_c} - \frac{Ln_1}{c} = \frac{Ln_1}{c}\left(\frac{n_1}{n_2}-1\right) \approx \frac{Ln_1}{c}\Delta = L\tau \qquad (2.19)$$
式中,$\sin\varphi_c = n_2/n_1$;τ 为单位长度的延时。可见,光纤的长度越长,模式色散越大;相对折射率差 Δ 越大,模式色散越严重。

对于折射率呈抛物线分布的渐变光纤,在光纤 L 处,最快光线和最慢光线的延时差为

$$\Delta\tau_m = L\tau = \frac{L}{c}\,\frac{n_1\Delta^2}{2} \tag{2.20}$$

2.4.3　光纤的带宽和冲激响应

光纤带宽是由光纤的频率特性来描述光纤的色散,它把光纤看做一个具有一定带宽的低通滤波器,光脉冲经过光纤传输后,光波的幅度随着调制频率的增加而减小,直到为零,而脉冲宽度发生展宽。

在被测光纤上输入一束单色光,并对它进行强度调制。改变调制频率,观察光纤的输出光功率与调制频率的关系,从而得到光纤的频率响应。

光纤的频率响应 $H(f)$ 呈高斯型,如图 2.20 所示,有

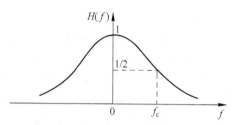

图 2.20　光纤的频率响应

$$H(f) = \frac{p(f)}{p(0)} = \mathrm{e}^{-(f/f_c)^2 \ln 2} \tag{2.21}$$

式中,$p(f)$ 是调制频率为 f 时光纤的输出光功率;$p(0)$ 为调制频率 $f=0$ 时光纤的输出光功率;f_c 为半功率点频率,称为光截频。

带宽可用光带宽和电带宽两种方法表示。

因为 $H(f_c)=1/2$,则

$$\frac{p(f)}{p(0)} = 10\lg\frac{1/2}{1} = -3(\mathrm{dB}) \tag{2.22}$$

表示经光纤传输后,输出光功率下降 3dB,此时称 f_c 为光纤的光带宽。光检测器输出的电流正比于被检测的光功率,因此可用电流表示为

$$20\lg\frac{I(f_c)}{I(0)} = 20\lg\frac{1/2}{1} = -6(\mathrm{dB}) \tag{2.23}$$

此时,称 f_c 为光纤的电带宽。

显然,我们所说的 $-3\mathrm{dB}$ 光带宽和 $-6\mathrm{dB}$ 电带宽,实际上是光纤的同一个带宽。

光纤的色散是引起光纤带宽变窄的主要原因。对于多模光纤,因为其模式色散占主导(材料色散和波导色散可忽略不计),所以其带宽又称为模式色散带宽。

对于多模光纤而言,其带宽与色散的关系可近似地表达为

$$B_c \approx \frac{0.44}{\Delta\tau_T} \approx \frac{0.44}{\Delta\tau_m} \quad (\mathrm{MHz \cdot km}) \tag{2.24}$$

式中,B_c 为 1km 长的光纤的带宽。

(1) 光纤的带宽距离指数

从式(2.19)来看,光纤的脉冲展宽似乎与光纤的长度成正比,但实际只有 L 较短时才正确。

光进入光纤传输后,需要经过一段距离 L_c 后,才能建立稳态模的传输,称 L_c 为耦合

长度。一般情况下,高次模的衰减总要比低次模大,且由于光纤的不均匀性,光在光纤中传输时会发生模式转换。经过长距离的传输($L > L_c$)后,由于高次模被衰减,所以在光纤内传输的模式数目减少,即模式色散减小。因此,在长距离时,距离 L 对带宽的影响减小。脉冲展宽是与 L^γ 成正比的,称 γ 为距离指数。对于多模光纤,$\gamma = 0.5 \sim 0.9$;对于单模光纤,$\gamma = 1$。

实验证明,长度为 L(单位:km)的光纤的总带宽与光纤每千米带宽 B_c 的关系为

$$B = \frac{B_c}{L^\gamma} \tag{2.25}$$

式中,B_c 为每千米带宽(单位:MHz·km);B 为 L 千米总带宽(单位:MHz)。

(2) 光纤的冲激响应

带宽系数 B 是在频域范围内描述光纤传输特性的重要参数。实际上它沿用了模拟通信的概念,在数字光纤通信中的实际意义并不大。在时域范围内,人们经常使用均方根脉宽 σ_f 来描述光纤的传输特性。一方面,在实际工作中人们在时域内进行测量比在频域内测量更加方便、可行;另一方面,光纤的均方根脉宽 σ_f 与数字光纤通信理论有着更密切的关系,均方根脉宽不仅能确切地描述光脉冲的特性,而且与光纤通信系统的传输中继距离密切相关,所以在光纤通信的理论中经常用到它。

在时域范围内,光纤的冲激响应是一个高斯波形,如图 2.21 所示。

光纤的均方根脉宽 σ_f(单位:s)的物理含义是:对应于光纤高斯形冲激响应最大函数值的 0.61 倍时,自变量时间 t 的数值。它与光纤带宽的关系为

$$\sigma_f = \frac{0.1874}{B} \tag{2.26}$$

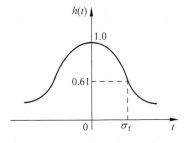

图 2.21　光纤的冲激响应

2.4.4　光纤的非线性效应

通常在光场较弱的情况下,光纤的各种特征参量随光场强弱作线性变化,这时光纤对光场来讲是一种线性介质。但是在很强的光场作用下,光纤对光场呈现出另外一种情况,即光纤的各种特征参量会随光场作非线性变化。

光纤的非线性效应是指在强光场的作用下,光波信号和光纤介质相互作用的一种物理效应。它主要包括两类,一类是由于散射作用而产生的非线性效应,如受激喇曼散射及布里渊散射;另一类是由于光纤的折射指数随光强度变化而引起的非线性效应,如自相位调制、交叉相位调制以及四波混频等。

(1) 受激布里渊散射(SBS)和受激喇曼散射(SRS)

从本质上说,任何物质都是由分子、原子等基本单元组成的。在常温下,这些基本组成单元在不断地做自发热运动和振动。受激布里渊散射(SBS)和受激喇曼散射(SRS)都是强光信号通过光纤介质时,被其分子振动所调制的结果。在此过程中,光场把部分能量转移给非线性介质。SBS 和 SRS 的区别在于,SBS 激发的是声频信号,其波的方向和泵浦波方向相反;而 SRS 激发的是光频信号,其波的方向和泵浦波方向相同。

受激布里渊散射(SBS)产生的原理是：SBS 是光纤中泵浦光与声子间相互作用的结果。在使用窄谱线宽度光源的强度调制系统中，一旦信号光功率超过 SBS 的门限时(SBS 的门限较低，对于 1550nm 的激光器，一般为 7～8dBm)，将有很强的前向传输信号光转化为后向传输，随着前向传输功率的逐渐饱和，使后向散射功率急剧增加。

受激喇曼散射(SRS)产生的原理是：SRS 是光与硅原子振动模式间相互作用有关的宽带效应。在任何情况下，短波长的信号总是被这种过程所衰减，同时长波长信号得到增强。

在单信道和多信道系统中都可能发生受激喇曼散射。在仅有一条单信道且没有线路放大器的系统中，信号功率大于 1W 时，功率会受到这种现象的损伤。在较宽信道间隔的多信道系统中，较短波长信号通道由于受激喇曼散射，使得一部分光功率转移到较长波长的信号信道中，可能引起信噪比性能的劣化。

受激喇曼散射的门限值较大，在 $1.55\mu m$ 处约为 27dBm，一般情况下不会发生。对于 WDM 系统，随着未来传输距离的增长和复用的波数的增加，EDFA 放大输出的光信号功率会接近 27dBm，SRS 产生的几率会增加。

(2) 自相位调制(SPM)和交叉相位调制(XPM)

在强光场的作用下，光纤的折射率出现非线性，这个非线性的折射率使得光纤中所传光脉冲的前、后沿的相位相对漂移。这种相移随着传输距离的增加而积累起来，达到一定距离后显示出相当大的相位调制，使光谱展宽，导致脉冲展宽，称为自相位调制(SPM)。在 WDM 系统中，如果这种调制现象较严重，展宽的光谱会覆盖到相邻的信道，影响系统的性能。

在多信道系统中，一条信道的相位变化不仅与本信道的光强有关，也与相邻信道的光强有关。由于相邻信道间的相互作用，相互调制的相位变化称为交叉相位调制(XPM)。

(3) 四波混频(FWM)

当有 3 个不同波长的光波同时注入光纤时，由于三者的相互作用，产生了一个新的波长或频率，即第 4 个波，新波长的频率是由入射波长组合产生的新频率。这种现象称为四波混频效应。

四波混频现象对系统的传输性能影响很大。特别是在 WDM 系统中，当信道间隔非常小时，可能有相当大的信道功率转移到新产生的波长上。这种能量的转换不仅导致信道功率的衰减，而且会引起信道之间的干扰，降低系统的传输性能。

2.5　光纤的选用

光纤分为单模光纤和多模光纤两类，ITU-T 建议了多模光纤的标准 G.651 以及单模光纤标准 G.652、G.653、G.654 和 G.655 等。由于单模光纤具有内部损耗低、带宽大、易于升级扩容和成本低的优点，目前公用典型网只使用单模光纤作为传输介质，不再使用多模光纤。本节主要介绍单模光纤。

1. G.652 光纤

这是常规单模光纤,是第一代单模光纤,目前世界上敷设的光纤链路中有 90% 采用这种光纤。在 $\lambda=1310nm$ 窗口处有零色散;在 $\lambda=1550nm$ 窗口处有较大的色散,达 $+18ps/(nm \cdot km)$。这种光纤的缺点是在零色散波长 1310nm 处,损耗不是最小值。G.652 光纤的性能指标与要求如表 2.1 所示。

表 2.1　G.652 光纤的性能指标与要求

性能	模场直径 /μm	截止波长 /nm	零色散波长 /nm	工作波长 /nm	损耗系数 /(dB/km)		色散系数 /(ps/(nm · km))	
	1310nm	—	—	—	1310nm	1550nm	1310nm	1550nm
要求值	9	≤1260	1310	1310/1550	≤0.36	≤0.22	0	+18

2. G.653 光纤

G.653 光纤是色散位移光纤。将在 $\lambda=1310nm$ 窗口附近的零色散点移至 1550nm 波长处,使其在 $\lambda=1550nm$ 波长处的损耗系数和色散系数均很小。它主要用于单信道长距离海底或陆地通信干线,其缺点是不适合波分复用系统。G.653 光纤的性能指标与要求如表 2.2 所示。

表 2.2　G.653 光纤的性能指标与要求

性能	模场直径 /μm	截止波长 /nm	零色散波长 /nm	工作波长 /nm	损耗系数 /(dB/km)		色散系数 /(ps/(nm · km))	
	1310nm	—	—	—	1310nm	1550nm	1310nm	1550nm
要求值	8.3	≤1270	1550	1550	≤0.45	≤0.25	−18	0

3. G.654 光纤

G.654 光纤是损耗最小的单模光纤,它在 $\lambda=1550nm$ 处损耗系数很小,$\alpha=0.2dB/km$,光纤的弯曲性能好。这种光纤实际上是一种用于 1550nm 改进的常规单模光纤,目的是增加传输距离。它主要用于无须插入有源器件的长距离无再生海底光缆系统,其缺点是制造困难,价格贵。G.654 光纤的性能指标与要求如表 2.3 所示。

表 2.3　G.654 光纤的性能指标与要求

性能	模场直径 /μm	截止波长 /nm	零色散波长 /nm	工作波长 /nm	损耗系数 /(dB/km)		色散系数 /(ps/(nm · km))	
	1310nm	—	—	—	1310nm	1550nm	1310nm	1550nm
要求值	10.5	≤1530	1310	1550	≤0.45	≤0.20	0	18

4. G.655 光纤

G.655 光纤是非零色散位移光纤,是一种改进的色散位移光纤。当光纤通信系统为波分复用系统,使用 G.653 光纤,由于复用信道多,信道间隔小,在零色散波长区将会出现四波混频的非线性效应。G.655 光纤是一种新型光纤,它在 1550nm 波长处有一个低的色散(但不是最小)，能有效抑制四波混频等非线性现象。它适用于速率高于 10Gb/s 的使用光纤放大器的波分复用系统。G.655 光纤的性能指标与要求如表 2.4 所示。

表 2.4　G.655 光纤的性能指标与要求

性能	模场直径/μm	截止波长/nm	零色散波长/nm	工作波长/nm	损耗系数/(dB/km)		色散系数/(ps/(nm·km))	
	1310nm	—	—	—	1310nm	1550nm	1310nm	1550nm
要求值	8～11	≤1480	1540～1565	1540～1565	≤0.5	≤0.24	−18	1≤|D|≤4

5. 色散平坦光纤

色散平坦光纤是能在 1310～1550nm 波长范围内呈现低的色散(≤1ps/(nm·km))的一种光纤，它适用于波分复用系统。色散平坦光纤的性能指标与要求如表 2.5 所示。

表 2.5　色散平坦光纤的性能指标与要求

性能	模场直径/μm	截止波长/nm	零色散波长/nm	工作波长/nm	损耗系数/(dB/km)		色散系数/(ps/(nm·km))	
	1310nm 1550nm	—	—	—	1310nm	1550nm	1310nm	1550nm
要求值	8　11	≤1270	1310 及 1550	1310～1550	≤0.5	≤0.4	≤1	≤1

6. DCF(色散补偿光纤)

光脉冲信号经过长距离光纤传输后，由于色散效应而产生了光脉冲的展宽或畸变，这时可用一种在该波长区具有负色散系数的光纤来补偿。DCF 光纤用来补偿常规光纤工作于 1310nm 或 1550nm 处所产生的较大的正色散。DCF 光纤的性能指标与要求如表 2.6 所示。

表 2.6　DCF 光纤的性能指标与要求

性能	模场直径/μm	截止波长/nm	零色散波长/nm	工作波长/nm	损耗系数/(dB/km)		色散系数/(ps/(nm·km))	
	1550nm	—	—	—	1310nm	1550nm	1310nm	1550nm
要求值	6	≤1260	>1550	1550	≤1.0		−80	−150

小结

本章主要介绍了光纤与光缆的结构和类型、光纤的导光原理、光纤模式的概念、光纤的光学特性以及光纤的传输特性，分析了数值孔径、归一化频率、截止波长、模场直径等光纤的特性参数，介绍了几种典型单模光纤的特点及性能指标，讨论了光信号传输过程中的损耗、色散以及非线性现象等。

习题与思考题

2.1　什么是单模光纤？其单模传输条件是什么？

2.2　单模光纤的基本特征参数截止波长、模场直径的含义是什么？

2.3　什么是光纤的色散？色散的大小用什么来描述？

2.4　光纤中的色散有几种？单模光纤中主要是什么色散？多模光纤中主要是什么色散？

2.5　光纤产生损耗的原因是什么？损耗对通信有什么影响？

2.6　怎样定义光纤的带宽？

2.7　什么是光纤的非线性效应？

2.8　弱导波阶跃光纤纤芯和包层的折射率分别为 $n_1=1.5,n_2=1.45$，试计算：

(1) 纤芯和包层的相对折射率差 Δ。

(2) 光纤的数值孔径 NA。

2.9　已知阶跃光纤纤芯的折射率 $n_1=1.5,\lambda=1.31\mu m$，相对折射率差 $\Delta=0.01$，纤芯半径 $a=25\mu m$，计算光纤的归一化频率 V 及其中传播的模数量 M。

2.10　有阶跃型光纤，若 $n_1=1.5,\lambda_0=1.31\mu m,\Delta=0.25$。为保证单模传输，光纤纤芯半径 a 应取多大？

2.11　在一个光纤通信系统中，光源波长为 1310nm，光波经过 10km 长的光纤线路传输后，其光功率下降了 25%，求该光纤的损耗系数 α。

2.12　光脉冲经过长为 20km，纤芯折射率为 1.5，包层折射率为 1.485 的阶跃型多模光纤传输后，其脉冲最大展宽为多少？

第 3 章

光纤通信中的无源器件

内容提要：

- 光纤连接与耦合
- 光损耗器
- 光纤光栅与光滤波器
- WDM 合波器/分波器
- 光隔离器与光开关

在光纤通信系统中，除了光源和光检测器等有源光器件之外，还有一些不需要电源的光器件，统称为无源光器件，如光纤连接器、光纤耦合器、光纤光栅、光滤波器、光开光以及 WDM 合波器/分波器等。对于未来先进的光纤通信系统，无源器件的使用将会越来越多。

3.1 光纤的连接与耦合

3.1.1 光纤连接器

光纤连接器俗称"活接头"，ITU-T 建议将其定义为"用以稳定地，但不是永久地连接两根或多根光纤的无源组件"，主要用于光源尾纤输出或光检测器尾纤输入与传输光纤之间的连接。光纤线路中的光纤与光纤之间的接头是永久性固定连接。

连接器是光纤通信系统中应用最广泛的一种无源器件。光纤连接器的使用必定会引入一定的插入损耗而影响传输性能。对光纤连接器的一般要求是插入损耗小、重复插拔的寿命长、互换性好、拆卸方便等。

1. 光纤连接损耗

光纤连接损耗可分为外部损耗和内部损耗。外部损耗是由于光纤之间的连接错位引起的损耗。内部损耗是由于光纤的波导特性和几何特性差异导致的损耗。

连接错位一般有以下几种情况：轴向位移、间隔、倾斜错位、截面不平整，如图 3.1 所示。

轴向位移即两根光纤连接处有轴向错位，其耦合损耗在零点几分贝到几个分贝之间。若错位距离小于光纤直径的 5%，则损耗一般可以忽略不计。

对于倾斜错位，若角度小于 2°，则耦合损耗不会超过 0.5dB。

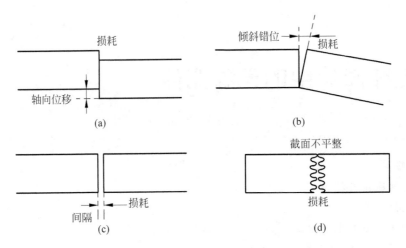

图 3.1　光纤错位连接损耗

如果两根光纤直接对接,则必须接触在一起,光纤分得越开,光的损耗越大。如果两根光纤通过连接器相连,则不必接触,因为在连接器产生的相互摩擦会损坏光纤。

对于截面不平整,光纤连接的两个截面必须经过高精度抛光和正面黏合,如果截面与垂直面的夹角小于 $3°$,则耦合损耗不会超过 0.5dB。

除了错位连接之外,任何相连的光纤的几何特性和波导特性的差异对光纤间的耦合损耗都有大的影响。这些特性包括纤芯的直径、纤芯区域的椭圆度、光纤的数值孔径、折射率剖面等。由于这些参数与生产厂家有关,因而使用者不能控制特性的变化。在这些参数中,纤芯直径和数值孔径的差异对连接损耗的影响更大。图 3.2 给出了由纤芯直径、模场直径和数值孔径失配所引起的损耗的示意图。

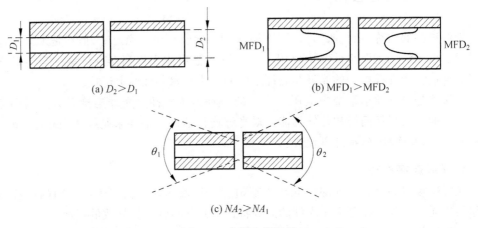

图 3.2　内部连接损耗

2. 光纤连接器的结构

光纤连接器的种类很多,按结构可以分为调心型和非调心型;按连接方式可分为对接耦合式和透镜耦合式;按光纤相互间的接触关系可以分为平面接触式和球面接触式等。其中,使用最多的是非调心型对接耦合式光纤连接器,如平面对接式(FC)型光纤连接器、直接接触式(PC)型光纤连接器。

(1) 平面对接式(FC)型光纤连接器

FC 型光纤连接器如图 3.3 所示。连接器主要由带有微孔的插针体 a、插针体 b 与用于对中的套筒等几部分构成。插针体 a 装有发射光纤,插针体 b 装有接收光纤。将插针体 a 和 b 同时插入套筒,再将螺旋拧紧,就可完成光纤的对接耦合。两端插针体相互对接,其对接面抛磨成平面。外套有一个弹簧对中套筒,使其压紧并精确对中定位。

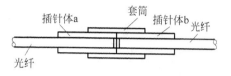

图 3.3　FC 型光纤连接器

套筒和插针通常采用坚硬耐久的金属材料或陶瓷制成。

(2) 直接接触式(PC)型光纤连接器

FC 型连接器所连接的两条光纤处于平面接触状态,端面间难免会有很小的空气间隙,在光纤和空气中产生菲涅尔反射,其反射光会引起额外的损耗、噪声和波形失真。PC 型光纤连接器把插针体端面抛磨成凸球面,使连接的两条光纤的端面直接接触,实现 PC(物理接触)结构。PC 型光纤连接器的插入损耗小,反射损耗大,性能稳定,特别适用于高速光纤通信。

(3) 矩形(SC)型光纤连接器

FC 和 PC 光纤连接器一般都是螺旋耦合型或卡口耦合型,在安装时需要留有一定的空间,以便耦合部分的旋转,这样就不能满足在光纤用户网中高密度安装的要求。在光纤用户网中使用一种 SC 型光纤连接器,如图 3.4 所示。SC 型光纤连接器体积小,插拔时只需轴向操作,无须旋转。

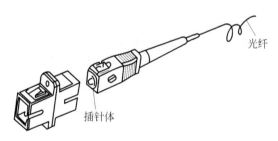

图 3.4　SC 型光纤连接器

3. 光纤连接器的性能

光纤连接器的性能主要由以下参数衡量。

(1) 插入损耗(介入损耗),即连接损耗,因连接器的导入而引起的链路有效光功率的损耗。该值越小越好,平均损耗值应不大于 0.5dB。

(2) 回波损耗(或称反射损耗、回损、回程损耗),是衡量从连接器反射回来并沿输入通道返回的输入功率分量的一个度量值。该值越大越好,其典型值应不小于 25dB。

(3) 互换性,光纤连接器是通用的,可任意组合使用。每次互换后,其连接损耗变化量越小越好。

(4) 重复性,即每次插拔时连接损耗变化量要小。

（5）插拔寿命（最大可插拔次数），光纤连接器的插拔寿命通常由元件的机械磨损情况决定。一般的光纤连接器都可以插拔 1000 次以上。

光纤连接器的一般性能如表 3.1 所示。

表 3.1　光纤连接器的一般性能

指　　标	型号或材料	性　　能
插入损耗/dB		0.2～0.3
重复性/dB		<±0.1
互换性/dB		<±0.1
反射损耗/dB	FC 型	35～40
	PC 型	45～50
寿命（插拔次数）	不锈钢	10^3
	陶瓷	10^4
使用温度范围/℃	不锈钢	−20～+70
	陶瓷	−40～+80

3.1.2　接头

接头是把两个光纤端面结合在一起，以实现光纤与光纤之间的永久性（固定）连接。接头用于相邻两根光缆（纤）之间的连接，以形成长距离光缆线路。

对接头的要求是连接损耗小，有足够的机械强度以及长期的可靠性和稳定性，价格要便宜。这里介绍光纤通信中常用的连接方法。

1. 热熔连接

把端面切割良好的两根光纤放在 V 形槽内，用微调器使纤芯精确对中，用高压电弧加热把两个光纤端面熔合在一起，用热塑套管加固形成接头，如图 3.5 所示。这种技术产生非常小的连接损耗（单模或多模光纤接头平均连接损耗 0.05～0.07dB）。热熔连接方法在世界范围得到广泛应用，市场上有多种规格的自动熔接机，使用方便。

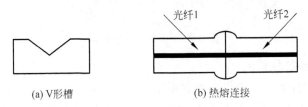

(a) V形槽　　　　　　　　(b) 热熔连接

图 3.5　光纤的热熔连接

2. 机械连接

机械连接是指用 V 形槽、准制棒或弹性夹头等机械夹具，使两根端面良好的光纤保持外表面准直，用热固化或紫外固化，并用光学兼容环氧树脂黏结加固。这种连接方法的连接损耗较大（平均连接损耗为 0.11～0.13dB），因为纤芯对中的程度完全取决于光纤外径的公差和机械夹具对光纤的控制能力。

3. 毛细管黏结连接

毛细管黏结连接是指把光纤插入精制的玻璃毛细管中,用紫外固化黏结剂固定,对端面进行抛光;在支架上用压缩弹簧把毛细管挤压在一起;调节光纤位置,使输出功率达到最大,从而实现对中,用光学兼容环氧树脂黏结形成接头。这种连接方法的接头损耗很低(单模光纤的平均连接损耗为 0.03~0.04dB)。

3.1.3　光纤耦合器

光耦合器是分路和耦合光信号的器件,其功能是把一个输入的光信号分配给多个输出(分路),或把多个输入的光信号组成一个输出(耦合)。光耦合器按制作方法分为微镜片耦合器、波导耦合器和光纤耦合器等。其中,光纤耦合器由于制作时只需要光纤,不需要其他光学元件,具有与传输光纤容易连接且损耗较低,耦合过程无须离开光纤,不存在任何反射端面引起的回波损耗等优点,更适合光纤通信。

1. 耦合器类型

图 3.6 所示为常用耦合器的类型,它们有不同的功能和用途。

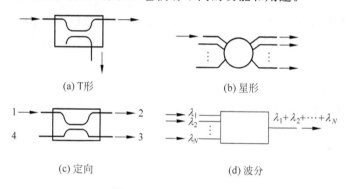

(a) T形　　　　　　　　　　(b) 星形

(c) 定向　　　　　　　　　　(d) 波分

图 3.6　常用耦合器类型

(1) T形耦合器:这是一种 2×2 的 3 端耦合器,如图 3.6(a)所示,其功能是把一根光纤输入的光信号按一定比例分配给两根光纤;或把两根光纤输入的光信号组合在一起,输入一根光纤。这种耦合器主要用做不同分路比的功率分配器或功率组合器。

(2) 星形耦合器:这是一种 $n\times m$ 耦合器,如图 3.6(b)所示,其功能是把 n 根光纤输入的光功率组合在一起,均匀地分配给 m 根光纤,m 和 n 不一定相等。这种耦合器通常用做多端功率分配器。

(3) 定向耦合器:这是一种 2×2 的 3 端或 4 端耦合器,其功能是分别取出光纤中向不同方向传输的光信号,如图 3.6(c)所示,光信号从端 1 传输到端 2,一部分由端 3 输出,端 4 无输出;光信号从端 2 传输到端 1,一部分由端 4 输出,端 3 无输出。定向耦合器可用做分路器,不能用做合路器。

(4) 波分复用器/解复用器(也称合波器/分波器):这是一种与波长有关的耦合器,如图 3.6(d)所示。波分复用器的功能是把多个不同波长的发射机输出的光信号组合在一起输入到一根光纤,解复用器是把一根光纤输出的多个不同波长的光信号分配给不同的接收机。波分复用器/解复用器将在 3.5 节详细介绍。

2. 主要性能指标

表明光纤耦合器性能的主要参数有插入损耗、附加损耗、分光比或耦合比、隔离度等。下面以 2×2 定向耦合器为例来说明,如图 3.6(c)所示。

(1) 插入损耗 L_t

插入损耗是指定输入端口的输入光功率 P_i 和指定输出端口的输出功率 P_o 的比值,用分贝(dB)表示,即

$$L_t = 10\lg\frac{P_i}{P_o} \tag{3.1}$$

一个耦合器的插入损耗是相当高的。2×2 耦合器的插入损耗的典型值为 3.4dB。

(2) 附加损耗 L_e

附加损耗是由散射、吸收和器件缺陷产生的损耗,是全部输入端口的光功率总和 P_{it} 和全部输出端的光功率总和 P_{ot} 的比值,用分贝(dB)表示,即

$$L_e = 10\lg\frac{P_{it}}{P_{ot}} \tag{3.2}$$

在理想状态下,输出功率之和应该等于输入功率。附加损耗定量给出了实际情况和理想状态的差别,因此附加损耗应尽可能小。耦合器的附加损耗值依赖于其类型。典型附加损耗在 0.06~0.15dB 之间变化。

(3) 耦合比 CR

耦合比是指一个指定输出端口(2 或 3)的输出光功率与全部输出端口(2 和 3)的输出光功率总和的比值,用分贝(dB)表示,即

$$CR = -10\lg\frac{P_{o2}}{P_{o2}+P_{o3}} \tag{3.3}$$

(4) 隔离度 A

隔离度是指一个输入端口(1)的输入光功率 P_i 与由耦合器泄漏到其他输入端口(4)的光功率 P_t 的比值,用分贝(dB)表示,即

$$A_{1,4} = 10\lg\frac{P_{i1}}{P_t} \tag{3.4}$$

一般情况下,要求 $A > 20$dB。

3.2　光损耗器

光损耗器是用来稳定、准确地减小信号光功率的无源光器件。光损耗器主要用于调整中继段的线路衰减,测量光系统的灵敏度及校正光功率计等。

光损耗器分固定损耗器和可变损耗器两种。固定损耗器造成的功率损耗值是固定不变的,主要用于调节传输线路的光损耗。因为在光接收端,如果光功率过大,可能会烧

坏光电检测器件,或使其饱和。在光接收机的接收端用固定损耗器给出一定的衰减量,以确保接收光功率大小在合适的范围内。可变损耗器造成的功率损耗值可在一定范围内调节,分为连续可变和分挡可变两种。可变损耗器主要用于调节光线路电平,在测量光接收机灵敏度时,需要用可变光损耗器来连续调节、观察接收机的误码率,在校正光功率计时也需要光可变损耗器。

光损耗器的结构示意图如图 3.7 所示。光纤输入的光经自聚焦透镜变成平行光束,平行光束经过衰减片再送到自聚焦透镜耦合到输出光纤中去。衰减片通常是表面镀了金属吸收膜的玻璃基片,为减少反射光,衰减片与光轴可以倾斜放置。

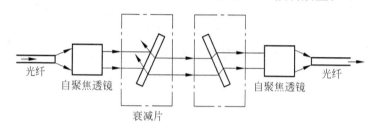

图 3.7　光损耗器的结构示意图

3.3　光纤光栅

光纤光栅是近几年发展最迅速的一种光纤无源器件。它是利用光纤中的光敏性制成的。光敏性是指当外界入射的紫外光照射到纤芯中掺锗的光纤时,光纤的折射率将随光强而发生永久性改变(强度高的地方纤芯折射率增加,强度低的地方纤芯折射率几乎无任何变化)。即利用高强度紫外光源所形成的干涉条纹,在几厘米(如光纤布喇格光栅的有效长度为 3.5cm)之内对光纤进行侧面横向曝光,在该光纤芯中产生折射率调制或相位光栅,从而形成了光纤光栅。

紫外线的波长范围为 $6 \times 10^{-3} \sim 0.39 \mu m$,当掺锗的石英光纤受到峰值波长为 240nm 的紫外光呈空间周期性照射时,纤芯中的折射率呈现周期性变化,形成光栅(FG)。

光纤光栅最显著的优点是插入损耗低,结构简单,便于与光纤耦合,而且它具有高波长选择性。因此,近几年它在光纤通信及应变传感领域中得到广泛的应用。

如果光注入光栅 FG 后,与折射率变化周期相对应的特定波长的光能够被逆向反射回去,则称具有这种功能的光栅为光纤布喇格光栅。

光纤光栅在纤芯上的折射率呈周期性变化,如果光栅间距(重复周期)为半波长的整数倍,则在每个折射率周期变化处反射回来的光同相叠加。当各个周期的反射光束全都彼此同相叠加时,光栅的作用就如同反射镜一样。反射波长服从布喇格定律,即

$$\Lambda = m \frac{\lambda}{2} \tag{3.5}$$

式中,Λ 是光栅间距;λ 是纤芯中测得的波长;m 是布喇格反射级数。

波长不满足布喇格定律的光不受光栅的影响,将通过光栅继续传播,所以光纤布喇

格光栅基本作为滤波器使用。

光纤布喇格光栅结构如图 3.8 所示。紫外干涉光从掺锗光纤侧面照射,Λ 称为布喇格间距,改变间距可以调谐光栅的谐振波长,可以用机械或加热的方法来实现。机械方法是指拉伸或压缩光纤,热调谐方法是靠改变光纤的温度来实现的,这种效应是应力或温度光纤传感器和可调谐滤波器的理论基础。

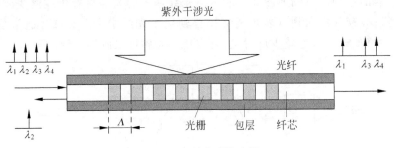

图 3.8   光纤布喇格光栅

光纤布喇格光栅应用于许多领域,主要包括在 WDM 系统中作为滤波器;在半导体激光器中用于稳定发射波长;作为组合光纤传感器,用于测量应力和温度;用于色散补偿;在掺铒光纤放大器中用于稳定和均衡增益;作为固定或可调谐滤波器。

3.4   光滤波器

在光纤通信系统中,只允许一定波长的光信号通过的器件称为光滤波器。如果所通过的光波长可以改变,称之为波长可调谐光滤波器。由于可调谐滤波器需要一些外部电源,严格地说它不是无源器件。

3.4.1   法布里—珀罗滤波器

目前,结构最简单、应用最广泛的光滤波器是法布里—珀罗腔(F-P 腔)光滤波器。

F-P 腔型光滤波器的主体是 F-P 谐振腔,其结构如图 3.9 所示。它由一对具有高反射率平行放置的镜面 M_1 和 M_2 构成,两个镜面之间的距离为腔长 L,λ_g 为谐振腔介质中光波的波长,两个镜面之间介质的折射指数为 n。输入光垂直入射到镜面 M_1,透过镜面 M_2 向右方输出。

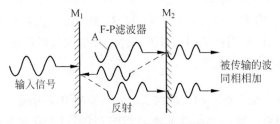

图 3.9   F-P 腔型光滤波器

对于平行平面腔而言,由于腔的尺寸远大于工作波长,因此腔内的电磁波可认为是均匀平面波,而且在腔内往返运动时,是垂直于反射镜面投射的。如图 3.9 所示,从 A 点出发的平面波垂直投射到反射镜 M_2,由 M_2 反射后又垂直投射到反射镜 M_1,再回到 A 点时,在该点的波形为两列波的叠加。如果光波能量之间的相位差正好是 2π 的整数倍,显然就达到了谐振。

按照上述相位差满足 2π 整数倍关系,应有

$$L = \frac{\lambda_\mathrm{g}}{2} \cdot q, \quad q = 1, 2, 3, \cdots \tag{3.6}$$

式(3.6)表明,光波在谐振腔中往返一次,光的距离($2L$)恰好为 λ_g 的整数倍,即相位差是 2π 的整数倍。得出光波长的表示式为

$$\lambda_\mathrm{g} = \frac{2L}{q} \tag{3.7}$$

式(3.7)即为光学谐振腔的谐振条件。满足此条件的入射光波可形成稳定振荡,输出光波之间会产生多光束干涉,最后输出等间隔的梳状波形。

在光学谐振腔内,工作物质的折射指数为 n,则由式(3.7)可以得出折算到真空的光学谐振腔的谐振波长为

$$\lambda_\mathrm{og} = n\lambda_\mathrm{g} = \frac{2nL}{q} \tag{3.8}$$

可以看出,改变腔长 L 或腔内的折射率 n,就能调谐滤波波长。

光纤法布里—珀罗滤波器如图 3.10 所示,光纤端面本身就充当两块平行的镜面。在电信号的驱动下,压电陶瓷可进行伸缩,造成空气间隙的变化,引起腔长的改变,从而实现波长的调谐。这种结构可实现小型化。

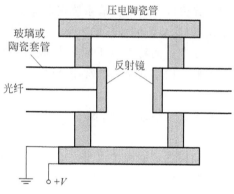

图 3.10 光纤 F-P 滤波器

3.4.2 马赫—曾德尔滤波器

图 3.11 所示是马赫—曾德尔(Mach-Zender)干涉滤波器,它由两个 3dB 耦合器串联组成一个马赫—曾德尔干涉仪,干涉仪的两臂长度不等,光程差为 ΔL。

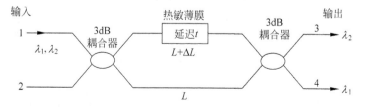

图 3.11 马赫—曾德尔干涉滤波器

马赫—曾德尔干涉滤波器的原理是基于两个相干单色光经过不同的光程传输后的干涉理论。考虑两个波长 λ_1 和 λ_2 复用后的光信号由光纤送入马赫—曾德尔干涉滤波器的输入端 1,两个波长的光功率经第一个 3dB 耦合器均匀地分配到干涉仪的两臂上,由于两臂的长度差为 ΔL,所以经两臂传输后的光在到达第二个 3dB 耦合器时产生相位差 $\Delta\varphi = 2\pi f(\Delta L)n/c$,式中 n 是折射率。复合后,每个波长的信号光在满足一定的相位条件下,在两条输出光纤中的一个相长干涉,在另一条相消干涉。如果在输出端口 3,λ_2 满足相长条件,λ_1 满足相消条件,则输出 λ_2 光;如果在输出端口 4,λ_2 满足相消条件,λ_1 满足相长条件,则输出 λ_1 光。

3.5　WDM 合波器/分波器

WDM 合波器/分波器又称为波分复用器/解复用器,是波分复用系统的关键部件。光合波器用于传输系统发送端,是一种具有多个输入端口和一个输出端口的器件,它的每一个输入端口输入一个预选波长的光信号,输入的不同波长的光波由同一个输出端口输出。光分波器用于传输系统接收端,正好与光合波器相反,它具有一个输入端口和多个输出端口,将不同波长的光信号分离开来。

根据制造的特点,WDM 器件大致有多层介质薄膜、熔锥光纤型和光栅型等几种类型。下面将简单介绍几种常用器件。

3.5.1　多层介质薄膜

薄膜谐振腔滤波器也是一个 F-P 干涉仪,只不过其反射镜是采用多层介质薄膜而已,常称为多层介质薄膜滤波器(Multilayer Dielectric Thin Film Filter,MDTFF)。这种滤波器用做带通滤波器,只允许特定波长的光通过,而让其他所有波长的光反射,腔的长度决定要通过的波长。

多层介质薄膜 MDTFF 的结构如图 3.12 所示。如果每层的厚度是 $\lambda/4$,那么,当入射角等于零即垂直入射时,波长为 λ 的光在通过每层后得到相位位移 π。因此,反射波与入射波相位相反,它们将形成相消性干涉,也就是相互抵消。也就是说,波长为 λ 的光将不被反射,这意味着这个光通过,所有其他的光将被反射,这就是滤波。如果每层厚度等于 $\lambda/2$,那么反射波将成相长干涉,也就是它们和入射波将同相位并相互相加,使它变成了一个高反射镜。

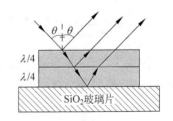

图 3.12　多层介质薄膜 MDTFF 的结构

利用这种特性,在基底 G 上镀多层介质膜,多层结构增强了效果,使滤波特性接近理想状态。这个技术在光学中已应用多年,最流行的应用是在相机、眼镜和类似的光学仪器中的防反射涂层 AR。

多个 MDTFF 级联后,就可以做成波分复用器,如图 3.13 所示。利用楔状玻璃镀 $\lambda_1,\lambda_2,\lambda_3,\lambda_4$ 和 λ_5 滤光膜,当波长为 $\lambda_1\sim\lambda_5$ 的光从同一根光纤输入时,首先 λ_1 通过滤波器输出,其余被反射,继而 λ_2 通过滤波器输出,以此类推,达到解复用的目的。在这种结构中,棒透镜主要构成平行光路的作用;如改变传输方向,则起波长分割复用的作用。

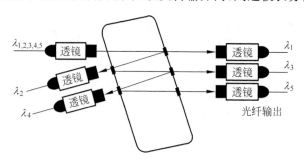

图 3.13　MDTFF 复用器

MDTFF 复用器在温度变化时性能稳定,插入损耗较小(1～2dB),对光的偏振不敏感,被广泛应用在商业系统中。

3.5.2　熔拉双锥型

熔拉双锥(熔锥)型光纤耦合器即将多根光纤在热熔融条件下拉成锥形,并稍加扭曲,使其熔融在一起。由于不同光纤的纤芯十分靠近,因而可以通过锥形区的消失波耦合达到所需要的耦合功率。

图 3.14 所示为在掺铒光纤放大器(EDFA)用波分复用器中,980nm 泵浦光和 1550nm 信号光的耦合过程。

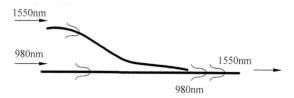

图 3.14　掺铒光纤放大器(EDFA)用波分复用器

用熔拉双锥光纤耦合器构成的复用器很有吸引力,因为它比较简单,但这种复用器适合于信道间隔相当大(>10nm)的系统,对密集波分复用系统就不合适了。

3.5.3　光纤光栅型

光纤光栅可以被用做密集波分复用系统的解复用器,如图 3.15 所示。它由在光纤马赫—曾德尔干涉仪的两个干涉臂上具有完全相同的布喇格光纤光栅组成。经波分复用后,若干个波长的信息流(假设为 $\lambda_1,\lambda_2,\cdots,\lambda_7$)从端口 1 输入。若光栅的共振波长为

λ_4，则 λ_4 的光将在端口 2 出现，其余的光将在端口 4 输出。在理想情况下，干涉仪的两个臂完全平衡，则端口 3 不会有光输出。

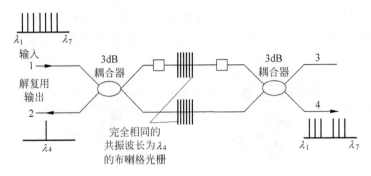

图 3.15　光纤光栅用做波分解复用器

由于复用和解复用的固有对称性，也可以使用这种器件作为波分复用器。

3.6　光隔离器和光环形器

光隔离器是保证光信号只能正向传输的器件，避免线路中由于各种因素而产生的反射光再次进入激光器，影响激光器的工作稳定性。

光隔离器主要由起偏器、检偏器和法拉第旋转器三部分组成。起偏器的特点是当入射光进入起偏器时，其输出光束变成某一形式的偏振光（如线偏振光）。起偏器有一个透光轴，当光的偏振方向与透光轴完全一致时，则光全部通过。法拉第旋转器由某种非旋光性材料制成，它的作用是借助磁光效应，使通过它的光的偏振面按顺时针发生一定程度的旋转。

光隔离器的工作原理示意图如图 3.16 所示。起偏器和检偏器的透光轴成 45°角，法拉第旋转器使透过的光发生 45°旋转。例如，垂直偏振光与起偏器的透光轴方向一致，能全部通过；经过旋转器后，其光轴旋转了 45°，恰好与检偏器透光轴一致，光能顺利通过，使入射光获得了低损耗传输。如果有反射光出现，能反向进入隔离器的只是与检偏器光轴一致的那一部分光，这部分反射光的偏振态也在 45°方向上。这一部分光经过旋转器时再顺时针旋转，变成水平偏振光，正好与起偏器透光轴垂直，不能通过，所以光隔离器能够阻止反射光通过。

光环形器和光隔离器的工作原理基本相同，只是光隔离器一般为两端口器件，而光环形器为多端口器件。

图 3.17 给出了三端口光环形器的示意图，它有三个端口，如端口 1 输入的光信号在端口 2 输入，端口 2 输入的光信号在端口 3 输出，端口 3 输入的光信号在端口 1 输出。光环形器主要用于单纤双向传输系统和光分插复用器中。

对于光隔离器与光环形器来讲，它们都是希望从输入端口输入的光信号到输出端口时，衰减尽量小，即要求器件的插入损耗要小；对于不应有输出的端口，要求隔离度要高。

典型器件的插入损耗为 1dB 左右，隔离度为 40～50dB。

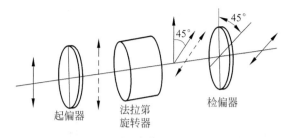

图 3.16　光隔离器的工作原理示意图

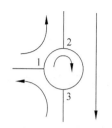

图 3.17　三端口光环形器

3.7　光开关

能够控制传输通路中光信号的通、断或进行光路切换的器件称为光开关。

光开关种类繁多,大体上可以分为两类:机械式光开关和电子式光开关。机械式光开关通过机械方式驱动光纤和棱镜等光学器件完成光路切换。机械式光开关示意图如图 3.18 所示。驱动机构带动活动光纤,使活动光纤根据要求分别与光纤 A 或 B 连接,实现光路的切换。这类光开关的优点是插入损耗小(一般为 0.5～1.2dB),隔离度高(可达 80dB),因而在实际中应用广泛;主要缺点是开关时间比较长(约为 15ms),体积较大。

电子式光开关是利用电光、声光和磁光效应而实现光路切换的。一种电子式光开关由光纤、自聚焦透镜、起偏器、极化旋转器和检偏器组成,如图 3.19 所示。把偏压加在极化旋转器上,使经起偏器而来的偏振光产生极化旋转,就可达到通光状态。如极化旋转器不工作,则起偏器和检偏器的极化方向彼此垂直,则为断光状态。

图 3.18　机械式光开关示意图　　　　图 3.19　电子式光开关示意图

电子式光开关的优点是开关速度快,易于集成化;缺点是插入损耗比较大(可达几分贝)。

小结

本章主要介绍了光纤通信中的无源光器件的类型、结构和简单工作原理,包括光纤连接器、光纤耦合器、光损耗器、光纤光栅、光滤波器、波分复用器/解复用器、光隔离器、光环形器以及光开关。虽然对各种器件的特性有不同的要求,但是普遍要求插入损耗小、反射损耗大、工作温度范围宽、性能稳定、寿命长、体积小、价格便宜,许多器件还要求便于集成。

习题与思考题

3.1　光纤连接器应用在什么地方? 影响光纤连接器损耗的因素有哪些?

3.2　怎样定义光纤耦合器的插入损耗、附加损耗、耦合比和隔离度?

3.3　光损耗器有几种? 各有什么作用?

3.4　为什么光纤布喇格光栅可以作为滤波器使用?

3.5　简述 F-P 腔型滤波器的工作原理。

3.6　简述介质薄膜滤波器作为解复用器的工作原理。

3.7　简述光隔离器的作用。

3.8　光开关的作用是什么? 主要分为哪两类?

CHAPTER 4

光纤通信中的有源器件

内容提要：

- 半导体的发光机理
- LD 和 LED 的工作原理及性能
- PIN 和 APD 的工作原理及性能
- EDFA 的工作原理及性能
- WDM 的工作原理及应用

　　光纤通信系统及网络要比单纯的光纤所涉及的知识和技术多很多。除了第 3 章介绍的无源器件外，还有许多有源器件。光源、光检测器是光通信系统的核心器件，光源作为光载波，信息通过调制技术携带于其中构成光信号，光信号沿着光纤传输后，在接收端需要用光检测器检测和接收光信号。然而，绝大多数光纤通信系统及网络远比上述过程复杂，它们需要多种设备来发送并接收、放大、混合、匹配、分类信号，还要在光信号沿着光纤传输之前、之后及传输过程中去除噪声。此外，为了进一步提高传输容量和传输距离，还需要使用波分复用器/解复用器、光放大器、调制解调器等有源器件，这些器件大多数属于半导体器件。本章将从半导体的发光机理入手，介绍常用的两种光源（LD 和 LED）、两种光检测器（PIN 和 APD）、光纤放大器等器件的工作原理和性能，以及光波分复用（WDM）技术。

4.1　半导体的发光机理

4.1.1　晶体能级、能带及其他

　　常用半导体材料大多是单晶体的，它们是由大量原子按一定的周期有规则地排列的共价晶体。例如，GaAs 晶体就是由大量的 Ga（镓）原子和 As（砷）原子按一定周期排列而成。晶体中的电子运动状态与单个原子不同，电子除了绕该原子核运动外，还需在相邻原子间做共有化运动。参与共有化运动的电子只能在相应的壳层上转移。一般说，晶体中的电子兼有原子中的运动和共有化运动，所以晶体中每个原子的电子除受本原子的势场作用外，还受其他彼此邻近的原子的势场作用，其结果使原子中的每一个能级分裂成若干相邻的能级，也就是说，晶体中的能级与单个原子的能级图不同（如 1.4.2 小节中介绍的氢原子的能级图为分立状态）。由于电子共有化，使原子中电子的能级分裂为许多

与原来能级很接近的能级,形成能带,如图 4.1 所示。不同晶体的能带的数目、宽度,以及各能带中包含的能级数互不相同。

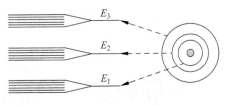

图 4.1　晶体中的能带

根据泡利不相容原理"原子中不能容纳运动状态完全相同的电子",以及一个系统总是要调整自己,使系统的总能量达到最低,使自己处于稳定的平衡状态的能量最小原理,晶体中的电子在能带中按照"能级由低到高,每个能级最多填充自旋方向相反的两个电子"的规则逐一填充。由于半导体材料是一种单晶体,其内部原子是紧密地按一定规律排列在一起的,并且各原子最外层的轨道互相重叠,使得它们的能级重叠成能带,如图 4.2 所示。

(1) 空带是指完全没有电子填入的能带。

(2) 满带是指原子内部能级最低的能带,被电子占满。满带中的电子很稳定,不会导电,电子数一般不受外界激励的影响,也不影响半导体器件的外部特性。

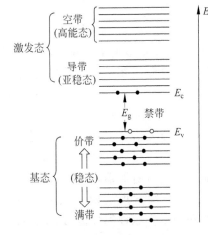

图 4.2　半导体能带分布图

(3) 导带是指半导体内部自由运动的电子所填充的能带。在绝对零度时,导带基本上是空的,只有在一定温度下,由于热激发、光的照射或掺杂等原因,导带中才会出现电子,也称之为亚稳态。

(4) 价带是指价电子所填充的能带。它可能被占满,也可能被占据一部分。

(5) 禁带是指处在导带底 E_c 与价带顶 E_v 之间不允许电子填充的这段能带宽度,且为相邻能带间的最小能量差,如图 4.2 所示。禁带宽度可表示为

$$E_g = E_c - E_v \qquad (4.1)$$

在温度接近绝对零度(0°K)的情况下,晶体中的电子被紧紧束缚着,不能参与导电。价带上的能带没有电子,基本上是空着的。此时由于导带中不存在电子,所以在外加电场作用下,晶体是不导电的。在室温下,价带中的许多电子因热激发得到足够的能量,越过禁带进入导带,而在价带中留下空的状态,称为空穴,如图 4.2 所示。导带中的那些挣脱了原子束缚的自由电子是能够参与导电的,此外,价带中的空穴由于有其他价带电子的填充也能参与导电。导带中的电子与价带中的空穴是成对出现的,统称为载流子。在外电场作用下,常温下的晶体具有一定的导电能力。

禁带宽度的大小代表了电子挣脱原子核的束缚所需要的能量。E_g 越大,所需要的激励的能量更大,才能把价带中的电子激发到导带上,参与导电。绝缘体的禁带宽度很宽,可达 10eV,不易被激发导电。半导体的禁带宽度较窄,E_g 在 1eV 数量级,在常温下,具有一定的导电能力。此外,半导体材料的价带只有部分电子填充,电子是自由的,所以导电性能很好。

处于基态的原子可以长期存在下去,但原子激发到高能级的激发态上去以后,会很

快地并自发地跃迁回低能级。在高能级滞留的平均时间称为原子在该能级的平均寿命，通常用符号 τ 表示。一般情况下，原子处在激发态的时间非常短，为 $10\sim8s$。

激发系统在 1s 内跃迁回基态的原子数目称为跃迁几率，通常用 A 表示。大多数同种原子的平均跃迁几率都有一个固定的数值。跃迁几率 A 与平均寿命 τ 的关系为 $A=1/\tau$。由于原子内部结构的特殊性，决定了各能级的平均寿命长短不等。例如，红宝石中的铬离子 E_3 的寿命非常短，只有 $10^{-7}\sim10^{-9}\,s$；而 E_2 的寿命比较长，$\tau=10^{-3}\,s$ 或数秒。寿命较长的能级就是前面所提到的亚稳态。具有亚稳态的原子、离子或分子的物质是产生激光的工作物质，这是因为亚稳态能够更好地为粒子数反转创造条件。

综上所述，对晶体材料的电性能起决定作用的是价带，价带是晶体中已被填充的能量最高的能带。半导体器件的发光或光/电转换等物理过程均与导带、禁带和价带有关。

4.1.2　光与物质的相互作用

研究表明，光与物质间存在三种相互作用关系，即自发辐射、受激吸收和受激辐射。

1. 自发辐射

在没有外界激发的情况下，处于高能级 E_2 上的粒子(电子)由于不稳定，将自发地跃迁到低能级 E_1 与空穴复合，同时发射一个光子，这一过程称为自发辐射发光，如图 4.3(a) 所示。自发辐射所辐射光子的能量与两个能级之间显然应该有如下关系：

$$f=\frac{E_2-E_1}{h} \tag{4.2}$$

式中，f 是自发辐射发光的频率；h 为普朗克常数。

对于处在高能级 E_2 上的粒子来说，它们各自独立地、随机地分别跃迁到低能级 E_1 上，发射出一个一个的光子。这些光子的能量相同，但彼此无关，且具有不同的相位及偏振方向。因此，自发辐射发出的是非相干光。发光二极管 LED 就是基于这样的发光原理。

2. 受激吸收

在外来光子的作用下，处在低能级上的粒子吸收光子的能量跃迁到较高能级上的过程称为受激吸收，如图 4.3(b) 所示。处在低能级 E_1 上的粒子在一个频率为 $f=(E_2-E_1)/h$ 的外来光子的作用下，吸收光子能量跃迁到能级 E_2。

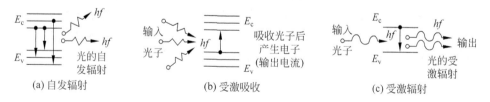

图 4.3　光的自发辐射、受激吸收和受激辐射示意图

受激吸收这个过程如果是发生在半导体的 PN 结上，那么，受到光的照射跃迁到高能级(导带)上的电子在外加反向电压(N 接正极，P 接负极)的作用下会形成光生电流。这就是后面要讨论光电检测器时说的半导体光电效应。

3. 受激辐射

处在高能级 E_2 上的粒子在受到频率为 $f=(E_2-E_1)/h$ 的光子作用下,受激跃迁到低能级 E_1 上并发出频率为 f 的光子的过程称为受激辐射,如图 4.3(c)所示。受激辐射的过程不是自发的,是受到外来入射光子激发引起的,而且受激辐射所发射的光子具有与入射光子相同的能量、频率以及相同的相位、偏振方向、传播方向等,这种光子称为全同光子。因此,受激辐射发出的是相干光。

需要指出,半导体中除了辐射跃迁产生光子外,还有辐射跃迁不产生光子的情况,即存在激发所消耗的能量,也就是说,不是全部转化为光能,其中相当部分能量转化为晶格的热振动能。通常用内量子效率和外量子效率两个量来描述。

内量子效率定义为泵浦能量转换成光能的效率,即

$$\eta_{内} = \frac{单位时间单位体积中产生的光子数}{单位时间单位体积中激发的电子空穴对数} \tag{4.3}$$

半导体内产生的光子通过半导体向外传播时受到半导体的吸收,被半导体表面反射。通常用外量子效率来描述半导体实际的发光效率,即

$$\eta_{外} = \frac{单位时间发射到半导体外的光子数}{单位时间在半导体内产生的电子空穴对数} \tag{4.4}$$

4.1.3　粒子数的反转分布

通常情况下(即热平衡条件下),处于低能级的粒子(电子)数 N_1 较高能级的粒子(电子)数 N_2 要多,称为粒子数正常分布。显然,在这种分布状态下,即使有光照射,由于 $N_1 > N_2$,必然是受激吸收的光大于受激辐射的光。因此,这时不会出现发光现象,相应地,不会实现下面将讨论的光放大作用。

当外界向这个物质提供了能量,就会使得低能级上的电子由于获得了能量而大量地激发到高能级上去,像一个泵不断地将低能级上的电子“抽运”到高能级上一样,从而达到高能级上粒子(电子)数 N_2 大于低能级的粒子(电子)数 N_1 的分布状态。这种分布状态称为粒子数反转分布状态。由于 $N_2 > N_1$,这时如果有外来光的激发,就会出现受激辐射>受激吸收,产生发光现象,就有可能实现光的放大作用。

我们把处于粒子数反转分布的物质称为激活物质或增益物质。这种物质可以是固体、液体或气体,也可以是半导体材料。把利用光激励、放电激励或化学激励等方法达到粒子数反转分布的方法称为泵浦或抽运。在外界入射光的激发下,高能级上的粒子产生大量的全同光子,以实现对入射光的放大作用。

4.2　半导体光源

光通信传输的是光信号,因此,作为光纤通信系统中的发光器件——光源,便成为重要的器件之一。它的作用是把要传输的电信号转换为光信号发射出去。由于光纤通信

系统中的传输媒介是光纤,因此,作为光源的发光器件(如图 4.4 所示)应满足以下基本条件。

(1) 光源发射的峰值波长应在光纤低损耗窗口之内。

(2) 有足够高的、稳定的输出光功率,以满足系统对光中继段距离的要求。光源器件一定要能在室温下连续工作,而且其入纤光功率足够大,最少应有数百微瓦,达到 1mW 以上(0dBm)更好。

(3) 电/光转换效率高,驱动功率低,寿命长,可靠性高。

(4) 单色性和方向性好,以减少光纤的材料色散,提高光源和光纤的耦合效率。这里强调的是入纤光功率而不是单纯的发光功率,因为只有进入光纤的光功率才有实际意义。例如,对于长距离、大容量的光纤通信系统,其光源的谱线宽度应该小于 2nm。

(5) 易于调制,响应速度快,以利于高速率、大容量数字信号的传输。

(6) 强度噪声要小,以提高模拟调制系统的信噪比。

(7) 光强对驱动电流的线性要好,以保证有足够多的模拟调制信道。

光纤通信中最常用的光源是发光二极管(LED)和半导体激光器(LD)。

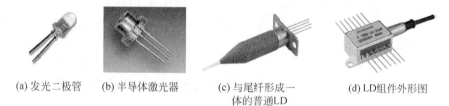

(a) 发光二极管　　(b) 半导体激光器　　(c) 与尾纤形成一　　(d) LD组件外形图
　　　　　　　　　　　　　　　　　　　　体的普通LD

图 4.4　常见的光源器件

4.2.1　发光二极管

半导体发光二极管 LED 有红色、绿色等,主要是用于显示,如数码管。LED 发光二极管与光纤通信中用的半导体 LED 基本相同,其差别如下所述。

(1) LED 发光二极管发出的是可见光,如红光、绿光等;而通信用半导体 LED 发出的是不可见的红外光。

(2) LED 发光二极管采用多元化合物半导体,如 $Al_xGa_{1-x}As$,x 称为混晶比。当 $x=0.45\sim0.14$ 时,相应的发光波长为 $65000\sim78000Å(Å=10^{-10}m)$,是红光。

(3) LED 发光二极管管芯的生产工艺、封装管壳等的要求较低,大多为塑料封装。

下面主要介绍光纤通信中采用的半导体发光二极管(LED),相对于半导体激光器而言,其原理和构造都比较简单。

1. 工作原理

LED 由 AlGaAs 类的 P 型材料和 N 型材料制成,在两种材料的交界处形成了 PN 结。发射过程主要对应光的自发辐射过程。在发光二极管的结构中不存在谐振腔,在其两端加上正偏置电压,则 N 区中的电子与 P 区中的空穴会流向 PN 结区域并复合。复合时,电子从高能级范围的导带跃迁到低能级范围的价带,并释放出能量约等于禁带宽变E_g(导带与价带之差)的光子,即发出荧光。

通常情况下(即热平衡条件下),处于低能级的粒子数较高能级的粒子数要多,称为粒子数正常分布。粒子在各能级之间的分布符合费米统计规律,即

$$f(E) = \frac{1}{1 + e^{(E-E_f)kT}} \tag{4.5}$$

式中,$f(E)$是能量为E的能级被粒子占据的几率,称为费米分布函数;k是玻耳兹曼常数,$k \approx 1.38 \times 10^{-23} J/K$;$T$是热力学温度;$E_f$是费米能级,与物质特性有关,不一定是一个为粒子占据的实际能级,只是一个表明粒子占据能级状况的标志。当能级$E < E_f$,$f(E) > 0.5$时,说明这种能级被粒子占据的几率大于50%;当能级$E < E_f$,$f(E) < 0.5$时,说明这种能级被粒子占据的几率小于50%。也就是说,低于费米能级的能级被粒子占据的几率大,高于费米能级的能级被粒子占据的几率小。

一般状态下,本征半导体的电子和空穴是成对出现的,用E_f位于禁带中央来表示,如图4.5(a)所示。在本征半导体中掺入施主杂质,称为N型半导体。在N型半导体中,E_f增大,导带的电子增多,价带的空穴相对减少,如图4.5(b)所示。在本征半导体中,掺入受主杂质,称为P型半导体。在P型半导体中,E_f减小,导带的电子减少,价带的空穴相对增多,如图4.5(c)所示。

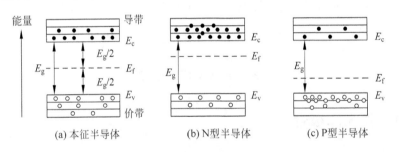

图 4.5　半导体的能带和电子分布

在图4.6中,在P型和N型半导体组成的PN结界面上,由于存在多数载流子(电子或空穴)的梯度,因而产生扩散运动,形成内部电场,如图4.6(a)所示。内部电场产生与扩散方向相反的漂移运动,直到P区和N区的E_f相同。两种运动直到平衡状态为止,结果能带发生倾斜,如图4.6(b)所示。这时在PN结上施加正向电压,产生与内部电场方向相反的外加电场,结果能带倾斜减小,扩散增强。

电子运动方向与电场方向相反,使N区的电子向P区运动,P区的空穴向N区运动,最后在PN结形成一个特殊的增益区。增益区的导带主要是电子,价带主要是空穴,结果获得粒子数反转分布,即导带底处的电子数N_c>价带顶处的电子数N_v,如图4.6(c)所示。在电子和空穴扩散过程中,导带的电子可以跃迁到价带和空穴复合,产生自发辐射光。

由于导带与价带本身的能级具有一定范围,当电子返回低能级时,它们各自独立地发射一个一个的光子。因此,这些光波可以有不同的相位和不同的偏振方向,它们可以

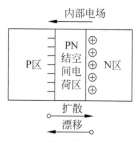

(a) PN结内载流子运动

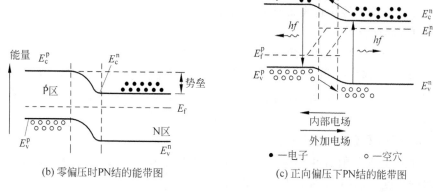

(b) 零偏压时PN结的能带图　　　(c) 正向偏压下PN结的能带图

图 4.6　PN 结的能带和电子分布

向各自方向传播。同时,高能带上的电子可能处于不同的能级,它们自发辐射到低能带的不同能级上,使发射光子的能量有一定差别,使这些光波的波长不完全一样。所以 LED 属于自发辐射发光,且其谱线宽度较宽(较激光二极管而言)。

因此,发光二极管是一种非相关光源,是电子从高能带跃迁到低能带而把电能转变成光能的器件,且不是阈值器件,它的输出功率基本上与注入电流成正比,如图 4.7 所示。

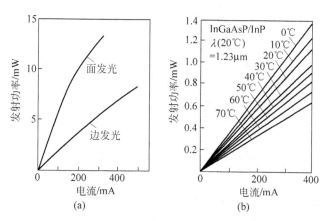

图 4.7　发光二极管的 P-I 特性及温度特性

发光二极管根据其发光面与 PN 结的结平面平行或垂直,可分为面发光二极管和边发光二极管两种结构。这两种结构都可以用同质结制造,也可以用异质结制造,在实际中多采用异质结结构。图 4.7 给出了面发光二极管(SLED)和边发光二极管(ELED)的 P-I 特性和温度特性曲线。由图可见,面发光二极管的发光效率高于边发光二极管。

2. LED 的优点

LED 是光纤通信中应用非常广泛的光源器件之一,它具有以下优点。

(1) 线性度好

LED 发光功率的大小基本上与其中的工作电流成正比关系,也就是说,LED 具有良好的线性度。其发光特性曲线如图 4.7 所示。

(2) 温度特性好

所有的半导体器件对温度的变化都是比较敏感的,LED 自然不例外,其输出光功率随着温度的升高而降低。但相对于 LD 而言,LED 的温度特性是比较好的,在温度变化 100℃的范围内,其发光功率的降低不会超过 50%,因此在使用时一般不需要加温控措施。

(3) 价格低,寿命长,使用简单

LED 是一种非阈值器件,所以使用时不需要进行预偏置,也不存在阈值电流随温度及工作时间而变化的问题,使用起来非常简单。

此外,与 LD 相比,LED 价格低廉,工作寿命较长。据报道,工作寿命近千万小时的 LED 已经问世。

3. LED 的缺点

(1) 谱线较宽

由于 LED 的发光机理是自发辐射发光,它所发出的是非相干光而且是荧光,所以其谱线较宽,一般在 30~100nm 范围,故难以用于大容量的光纤通信之中。

(2) 与光纤的耦合效率低

一般来讲,LED 可以发出几毫瓦的光功率,但这没有多大的实际意义,因为我们关心的是能输入到光纤中进行有效传输的光功率是多少,而不是它的总发光功率。

LED 和光纤的耦合效率是比较低的,一般仅有 1%~2%,最多不超过 10%。光源器件与光纤的耦合效率与下列因素有关:光源发光的辐射图形、光源出光面积与纤芯面积之比,以及两者之间的对准程度、距离等。

4. LED 的应用范围

鉴于 LED 的谱线较宽,所以它难以用于大容量的光纤通信;鉴于它与光纤的耦合效率较低,所以难以用于长距离的光纤通信。但因为其使用简单、价格低廉,工作寿命长等优点,所以它广泛地应用在较小容量、较短距离的光纤通信之中;而且由于其线性度甚佳,所以常常用于对线性变化要求较高的模拟光纤通信之中。表 4.1 给出了 LED 典型特性参数。

表 4.1　LED 典型特性参数

有源层材料	类型	发射波长 λ/nm	频谱宽度 $\Delta\lambda/nm$	入纤功率 $/\mu W$	偏置电流 $/mA$	上升时间/ 下降时间/ns
AlGaAs	SLED	660	20	190～1350	20	13/10
	ELED	850	35～65	10～80	60～100	2/(2～6.5)
GaAs	SLED	850	40	80～140	100	
	ELED	850	35	10～32	100	6.5/6.5
InGaAsP	SLED	1300	110	10～50	100	3/3
	ELED	1300	25	10～150	30～100	1.5/2.5
	ELED	1550	40～70	1000～7500	200～500	0.4/(0.4～1.2)

4.2.2　激光二极管

半导体激光器 LD 的发光机理是受激发光，即利用 LD 中的谐振腔发生振荡而激发出许许多多频率相同的光子，从而形成激光。

用半导体工艺技术在 PN 结两侧加工出两个相互平行的反射镜面，这两个反射镜面与原来的两个解理面（晶体的天然晶面）构成了谐振腔结构。当在 LD 两端加上正偏置电压时，像 LED 一样，在 PN 结区域内因电子与空穴的复合而释放光子。其中的一部分光子沿着和反射镜面相垂直的方向运动时，会受到反射镜面的反射作用而在谐振腔内往复运动。只要外加正偏置电流足够大，光子的往复运动会激射出更多的与之频率相同的光子，即发生振荡现象，从而发出激光。

1. 工作原理

激光器工作在正向偏置下，当注入正向电流时，高能带中的电子密度增加，这些电子自发地由高能带跃迁到低能带发出光子，形成激光器中初始的光场。在这些光场作用下，受激辐射和受激吸收过程同时发生，受激辐射和受激吸收发生的概率相同。

（1）LD 发射激光的首要条件——粒子数反转

若注入电流增加到一定值后，使 $N_c > N_v$，受激辐射占主导地位，光场迅速增强，此时的 PN 结区成为对光场有放大作用的区域，称为有源区，从而形成激光发射。

半导体材料在通常状态下总是 $N_c < N_v$，因此使有源区产生足够多的粒子数反转，即 $N_c > N_v$，这是使半导体激光器发射激光的首要条件。

（2）LD 发射激光的第二个条件——光学谐振腔

另一个条件是半导体激光器中必须存在光学谐振腔，并在谐振腔里建立起稳定的振荡。有源区里实现了粒子数反转后，受激发射占据了主导地位。但是，激光器初始的光场来源于导带和价带的自发辐射，频谱较宽，方向也杂乱无章。为了得到单色性和方向性好的激光输出，必须构成光学谐振腔。

法国物理学家法布里（Fabry）和珀罗（Perot），如图 4.8 所示，设计了一种镀有反射镜面的光学谐振

图 4.8　法国物理学家法布里（Fabry） 和珀罗（Perot）

腔,它只有在特定的频率内能够存储能量。这种谐振腔就叫做法布里—珀罗光学谐振器,简称 F-P 谐振腔。

谐振腔由置于自由空间的两块平行的镜面 M_1 和 M_2 组成,如图 4.9 所示。光波在 M_1 和 M_2 间反射,导致这些波在空腔内相长和相消干涉。从 M_1 反射的光向右传输时,和从 M_2 反射的向左传输的光干涉,其结果是在空腔内产生了一列稳定不变的电磁波,称之为驻波。因为在镜面上(假如镀金属膜)的电场必须为零,所以谐振腔的长度是半波长的整数倍,即

$$m\left(\frac{\lambda}{2}\right) = L, \quad m = 1, 2, 3, \cdots \tag{4.6}$$

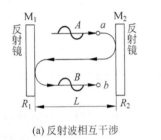

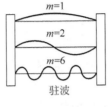

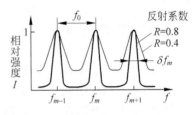

(a) 反射波相互干涉   (b) 只有特定波长的驻波   (c) 不同反射系数的驻
          允许在谐振腔内存在   波强度和频率的关系

图 4.9   光在法布里—珀罗(F-P)谐振腔中的干涉

由式(4.6)可以看出,不是任意一个波长都能在谐振腔内形成驻波,对于给定的 m,只有满足式(4.6)的波长才能形成驻波,记为 λ_m,称为腔模式,如图 4.9(b)所示。因为光频和波长的关系是 $f = c/\lambda$,所以对应这些模式的频率 f_m 是谐振腔的谐振频率,即

$$f_m = m\left(\frac{c}{2L}\right) = mf_0, \quad f_0 = \frac{c}{2L} \tag{4.7}$$

式中,f_0 是对应基模($m=1$)的频率。在所有模式中,它的频率最低。两个相邻模式的频率间隔是 $\Delta f_m = f_{m+1} - f_m = f_0$,称为自由频率范围。图 4.9(c)说明谐振腔允许形成驻波模式的相对强度与频率的关系。假如谐振腔没有损耗,即两个镜面对光全反射,那么式(4.7)定义的频率 f_m 的峰值将很尖锐。如果镜面对光不是全反射,一些光将从谐振腔辐射出去,f_m 的峰值就不尖锐,而具有一定的宽度。显然,这种简单的镀有反射镜面的光学谐振腔只有在特定的频率内能够存储能量。需要指出的是,这种能量的存储与腔体的反射镜面的反射系数 R 有着密切联系。R 越小,意味着谐振腔有越大的辐射损耗,从而影响到腔体内电场强度的分布。R 越小,峰值展宽越大,而且电场强度最大值和最小值的差越小,如图 4.9(c)所示。该图也定义了 F-P 谐振腔的频谱宽度 δf_m,它是单个腔模式曲线半最大值的全宽(FWHM)。

在半导体激光器中,用晶体的天然解理面(Cleaved Facet)构成法布里—珀罗谐振腔,如图 4.10 所示,它把光束闭锁在腔体内,使之来回反馈。当谐振腔内的前向和后向光波发生相干时,就保持振荡,形成和腔体端面平行的等相面驻波。此时的增益就是激光器的阈值增益,达到该增益所要求的注入电流称做阈值电流。

（3）LD 发射激光的第三个条件——光在谐振腔里建立稳定振荡的条件

与电谐振一样,光也有谐振。要使光在谐振腔里建立起稳定的振荡,必须满足一定的相位条件和阈值条件。

① 相位条件:使谐振腔内的前向和后向光波发生相干;

② 阈值条件:使腔内获得的光功率正好与腔内损耗相抵消。

只有谐振腔里的光增益和损耗值保持相等,并且谐振腔内的前向和后向光波发生相干时,才能在谐振腔的两个端面输出谱线很窄的相干光束,其工作过程如图 4.10 所示。前端面发射的光约有 50% 耦合进入光纤。对于后端面发射的光,由封装其内的光电检测器接收变为光电流,经过反馈控制回路,使激光器输出功率保持恒定。图 4.11 所示为半导体激光器频谱特性的形成过程,它是由谐振腔内的增益谱和允许产生的腔膜谱共同作用形成的。

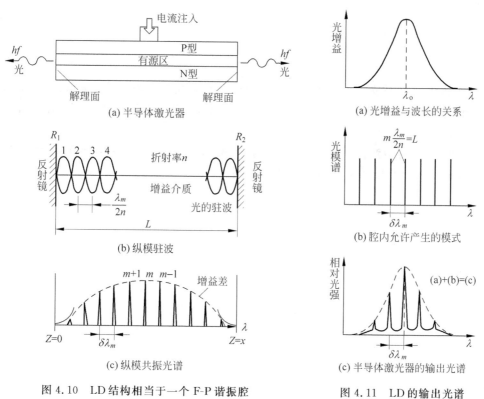

图 4.10　LD 结构相当于一个 F-P 谐振腔　　图 4.11　LD 的输出光谱

半导体激光器的增益频谱 $G(f)$ 相当宽(约 10THz),在 F-P 谐振腔内同时存在着许多纵模,但只有接近增益峰的纵模变成主模,如图 4.12 所示。由图可见,阈值增益为两条曲线相交时的增益值。

在理想条件下,其他纵模不应该达到阈值,因为它们的增益总是比主模小。实际上,增益差相当小,主模两边相邻的一、二个模与主模一起携带着激光器的大部分功率。这种激光器称做多模半导体激光器。

设激光器谐振腔长度为 L,增益介质取典型值 $n=3.5$,引起 30% 界面反射,由于增益

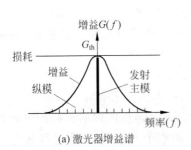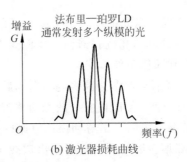

(a) 激光器增益谱 (b) 激光器损耗曲线

图 4.12　激光器增益谱和损耗曲线

介质内半波长 $\frac{\lambda}{2n}$ 的整数倍 m 等于全长 L,从而有

$$\frac{\lambda}{2n}m = L \tag{4.8}$$

利用 $f = c/\lambda$,代入式(4.8)可以得到

$$f = f_m = \frac{mc}{2nL} \tag{4.9}$$

式中,λ 和 f 分别是光的波长和频率;c 为自由空间光速。当 $\lambda = 1.55\mu m$,$n = 35$,$L = 300\mu m$ 时,$m = 1354$,即腔内有 1354 个纵模。可见,多纵模(多频)激光器谐振腔长度 L 比波长大很多。

例如,给定峰值波长 900nm,增益介质 $n = 3.7$,模式间距随 L 的减小而增加。当 $L = 200\mu m$ 时,$\delta\lambda_m = 5.47 \times 10^{-10} m = 0.547 nm$,则

$$\Delta f = \frac{c}{\lambda} - \frac{c}{\lambda_2} = \frac{c}{2nL}$$

$$\Delta\lambda_m = \frac{2nL}{m} - \frac{2nL}{m+1} \approx \frac{2nL}{m^2} = \frac{\lambda^2}{2nL}$$

求得光增益带宽为

$$\Delta\lambda_{1/2} = 6(nm)$$

在该带宽内的模数为 $\Delta\lambda_{1/2}/\Delta\lambda = 6/0.547 = 10$。当腔长减小到 $L = 20\mu m$ 时,模式间距增加到

$$\delta\lambda_m = \frac{\lambda^2}{2nL} = 5.47(nm)$$

此时,该带宽内的模数为

$$\frac{\Delta\lambda_{1/2}}{\Delta\lambda} = \frac{6}{5.47} = 1.1$$

若峰值波长约 900nm,则只有一个模式。显然,激光器光腔越长,模式越多;减小腔长,可以抑制高阶模。

2. LD 的优点

(1) 发光谱线窄

由于在谐振腔内因振荡而激射出来的光子具有大小基本相同的频率,因此 LD 所发出的光谱线十分狭窄,仅有 1～5nm,大大降低了光纤的色散,增大了光纤的传输带宽,故

LD 适用于大容量的光纤通信。

　　假设光源的谱宽服从高斯分布,如图 4.10(c)所示。这里选择半值谱宽来定义光源的谱宽,是指对应于中心波长幅度的一半时的谱线满宽度。

　　(2) 与光纤的耦合效率高

　　由于从谐振腔反射镜输出的光的方向一致性好,发散角小,所以 LD 与光纤的耦合效率较高,一般用直接耦合方式就可达 20% 以上。如果采用适当的耦合措施,耦合效率可达 90%。由于耦合效率高,所以入纤光功率就比较大,故 LD 适用于长距离的光纤通信。

　　(3) 阈值器件

　　LD 的发光特性曲线如图 4.13 所示。从图中可以看出,当 LD 中的工作电流低于其阈值电流 I_{th} 时,LD 仅能发出极微弱的非相干光(荧光),这相当于 LD 中的谐振腔并未产生振荡。LD 中的工作电流大于阈值电流 I_{th} 时,它会发出谱线狭窄的激光,这相当于形成了粒子数反转分布(产生激光的必要条件),谐振腔产生了振荡现象。

　　由于 LD 是一个阈值器件,所以在实际使用时必须进行预偏置。即先赋予 LD 一个偏置电流 I_B,其值

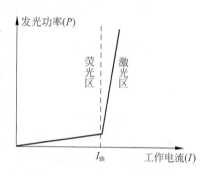

图 4.13　LD 的 P-I 特性曲线

略小于但接近于 LD 的阈值电流,使其仅发出极其微弱的荧光;一旦有调制信号输入,LD 立即工作在能发出激光的区域,且其发光曲线相当陡峭。

　　对 LD 进行预偏置有一个好处,即可以减少由于建立和阈值电流相对应的载流子密度所出现的延时,也就是说,预偏置可以提高 LD 的调制速率,这也是 LD 能适用于大容量光纤通信的原因之一。

　　当然,LD 作为阈值器件也带来了应用方面的一些麻烦,其缺点如下所述。

3. LD 的缺点

(1) 温度特性较差

　　和 LED 相比,LD 的温度特性较差,这主要表现在其阈值电流随温度的上升而增加,如图 4.14 所示。当温度从 20℃ 上升到 50℃ 时,LD 的阈值电流会增加 1~2 倍,给使用者带来许多不便。因此,在一般情况下,LD 要加温度控制和制冷措施。目前的 LD 一般做成符合国际标准的 14 线双列直插式,如图 4.15 所示。其中,R_t 为热敏电阻,当温度发生变化时,其阻值发生变化,可通过外接电路来控制 LD 组件中的制冷装置。图中的 PD 为本地光检测器,用它来监测 LD 发光功率的大小,然后用外接电路来控制 LD 的偏流,使 LD 输出稳定的光功率。

　　(2) 线性度较差

　　LD 的发光功率随其工作电流的变化并非是一种良好的线性对应关系。图 4.13 所示是理想化的曲线。但这并不影响 LD 在数字光纤通信中的广泛应用,因为数字光纤通信对光源器件的线性度没有过高的要求。

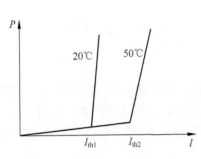

图 4.14　LD 的温度特性曲线

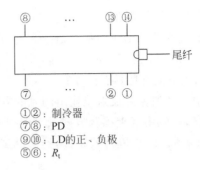

①②：制冷器
⑦⑧：PD
⑨⑩：LD的正、负极
⑤⑥：R_t

图 4.15　典型的 LD 组件

（3）工作寿命较短

由于 LD 中谐振腔反射镜面不断损伤,LD 的工作寿命较 LED 短,但目前可达到数十万小时。

4. LD 的应用范围

由于 LD 具有发光谱线狭窄,与光纤的耦合效率高等显著优点,所以被广泛应用在大容量、长距离的数字光纤通信之中。尽管 LD 有不足,如线性度与温度特性欠佳,但数字光纤通信对光源器件的线性度没有特别严格的要求,而且温度特性欠佳可以通过有效的措施来补偿,因此 LD 成为数字光纤通信最重要的光源器件。

LD 的种类很多,从结构上讲,有 F-P 激光器、分布反馈式激光器与多量子阱型激光器等。从器件性能上讲,有多纵模激光器、单纵模激光器与动态单纵模激光器等。

尽管 LD 的谱线十分狭窄(如只有 2nm),但毕竟有一定宽度,而且在此谱宽范围内,除了中心波长的主模之外,其他波长的次模也具有较高的幅度,如图 4.16 所示,为此称为多纵模激光器。显然,多纵模激光器(Multiple Longitudinal Mode,MLM)所发出的光不是频率十分单一的光波,而是含有多种频率的光波,只不过其频率范围十分狭窄,而且中心波长的主模占主要成分。单纵模激光器(Simple Longitudinal Mode,SLM)则不然。一般情况下,它的主模光功率占整个发光功率的 99.99% 以上,当然它也含有少量的次模,但完全可以忽略不计,如图 4.17 所示。

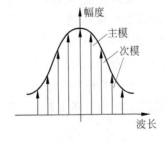

图 4.16　多纵模激光器的光谱特性

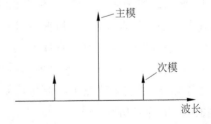

图 4.17　单纵模激光器的光谱特性

显然,在码速率很高、技术要求比较严格的单模光纤通信中,人们选择 SLM 作为光源器件。

4.2.3　DFB 和 DBR 半导体激光器

从 4.2.2 小节的讨论中我们知道,由于多模激光器 F-P 谐振腔中相邻模式间的增益差相当小(约 $0.1 \mathrm{cm}^{-1}$),所以同时存在多个纵模,其频谱宽度为 $2\sim4\mathrm{nm}$,这对工作在 $1.3\mu\mathrm{m}$ 速率 2.5Gb/s 的第二代光纤系统还是可以接受的。然而,工作在光纤最小损耗窗口($1.55\mu\mathrm{m}$)的第三代光纤系统却不能使用。所以需要设计一种单纵模半导体激光器,也称为单频激光器,其频谱特性是只有一个纵模(谱线)。

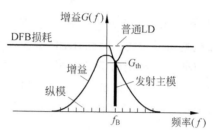

图 4.18　单纵模 DFB 半导体激光器增益和损耗曲线

SLM 半导体激光器与 F-P 激光器相比,其谐振腔损耗不再与模式无关,而是设计成对不同的纵模具有不同的损耗。图 4.18 所示为这种激光器的增益和损耗曲线。由图可见,增益曲线首先从和模式具有最小损耗的曲线接触点所对应的 f_B 模开始起振,并且变成主模。其他相邻模式由于其损耗较大,不能达到阈值,因而不会从自发辐射中建立起振荡。这些边模携带的功率通常占总发射功率的很小比例($<1\%$)。单纵模激光器的性能常常用边模抑制比(Mode-Suppression Ratio,MSR)来表示,定义为

$$\mathrm{MSR} = P_\mathrm{mm}/P_\mathrm{sm} \tag{4.10}$$

式中,P_mm 是主模功率,P_sm 为边模功率。通常,对于好的 SLM 激光器来说,MSR 应超过1000(或 30dB)。DFB(Distributed Feed Back)激光器就属于 SLM 半导体激光器。

1. 布喇格反射原理

DFB 激光器的腔体结构与 F-P 激光器不同,其基本原理是英国物理学家布喇格(如图 4.19 所示)提出的反射原理。布喇格反射原理指出在两种不同介质的交界面上具有周期性的反射点,当光入射时,将产生周期性的反射,这种反射称为布喇格反射。交界面本身可以取不同的形状,正弦波或非正弦波(如方波、三角波)。不同的反射光由于存在相位差而进行干涉,其相位差为波长的整数倍,称为布喇格反射条件,其物理意义是满足布喇格反射条件的光波才能产生既有波长(频率)选择性。

图 4.19　英国物理学家布喇格(Bragg,1890—1971)

利用 DFB 原理制成的半导体激光器可分为两类:分布反馈(Distributed Feed Back,DFB)激光器和分布反射(Distributed Bragg Reflector,DBR)激光器。本节将分别讨论 DFB 和 DBR 半导体激光器。

2. DBR 激光器的结构和原理

图 4.20 所示为 DBR 激光器的结构及其工作原理。如图所示,DBR 激光器除有源区外,还在紧靠其右侧增加了一段分布式布喇格反射器,它起着衍射光栅的作用。这种衍

射光栅相当于具有一定反射和透射作用的障碍物,光栅起端面反射镜作用,相当于一个频率选择光介质镜,也相当于反射衍射光栅。衍射光栅产生布喇格衍射,DBR 激光器的输出是反射光相长干涉的结果。只有当波长等于两倍光栅间距 Λ 时,反射波才相互加强,发生相长干涉。例如,当部分反射波 A 和 B 具有路程差 2Λ 时,它们才发生相长干涉。DBR 的模式选择性来自布喇格条件,即只有当布喇格波长 λ_B 满足同相干条件

$$m\frac{\lambda_B}{n} = 2\Lambda \qquad (4.11)$$

时,相长干涉才会发生。式中,Λ 是光栅间距(衍射周期),n 为介质折射率,整数 m 代表布喇格衍射阶数。因此,DBR 激光器围绕 λ_B 具有高的反射;离开 λ_B 则反射减小,其结果是只能产生特别的 F-P 腔模式。在光增益图 4.18 中,只有靠近 f_B 的波长才有激光输出。一阶布喇格衍射($m = 1$)的相长干涉最强。若在式(4.11)中,$m = 1$,$n = 3.3$,$\lambda_B = 1.55\mu m$,此时 DBR 激光器的 Λ 只有 235nm。这样细小的光栅可采用全息技术来制作。

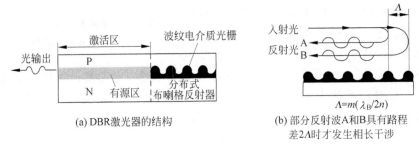

(a) DBR激光器的结构

(b) 部分反射波A和B具有路程差2Λ时才发生相长干涉

图 4.20   DBR 激光器的结构及其工作原理

3. DFB 激光器的结构和工作原理

DFB 激光振荡不是靠 F-P 腔来实现,而是依赖沿纵向等间隔分布的光栅所形成的光耦合,如图 4.21(a)所示。当电流注入激光器后,有源区内电子—空穴复合,辐射出能量相应的光子,这些光子将受到有源层表面每一条光栅的反射。只有在 DFB 激光器的分布反馈中,满足布喇格反射条件的那些特定波长的光才会受到强烈的反射,实现动态单纵模性质。

这里通过改进结构设计,使 DFB 激光器内部具有一个对波长有选择性的衍射光栅,使只有满足布喇格波长条件的光波才能建立起振荡。光的反馈不仅在界面上,而且分布在整个腔体长度上。这是通过在腔体内构成折射率周期性变化的衍射光栅实现的。在 DFB 激光器中,除有源区外,还在其上并紧靠着它增加了一层导波区。该区的结构和 DBR 一样,是波纹状的电介质光栅。它的作用是对从有源区辐射进入该区的光波产生部分反射,而从有源区进入导波区是贯穿于整个腔体长度上,所以可认为波纹介质也具有增益,因此部分反射波获得了增益。我们不能简单地把它们相加,而不考虑获得的光增益和可能的相位变化。左行波在导波层遭受了周期性的部分反射,这些反射光被波纹介质放大,形成了右行波。只有左、右行波的频率和波纹周期 Λ 具有一定的关系时,它们才能相干耦合,建立起光的输出模式。可见,F-P 腔的工作原理比 DFB 激光器的工作原理简单得多。

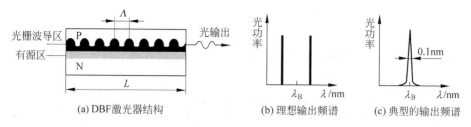

图 4.21　DFB 激光器的结构及其工作原理

DFB 激光器的模式并不正好是布喇格波长,而是对称地位于 λ_B 两侧,如图 4.21(b)所示。假设 λ_m 是允许 DFB 发射的模式,此时

$$\lambda_m = \lambda_B \pm \frac{\lambda_B^2}{2nL}(m+1) \tag{4.12}$$

式中,m 是模数(整数);L 是衍射光栅有效长度。由此式可见,完全对称的器件应该具有两个与 λ_B 等距离的模式。但是实际上,由于制造过程或者有意使其不对称,只能产生一个模式,如图 4.21(c)所示。因为 $L \gg \Lambda$,式(4.12)的第二项非常小,所以发射光的波长非常靠近 λ_B。

虽然在 DFB 激光器里,在腔体长度方向上产生了反馈,但是在 DBR 激光器里,有源区内部没有反馈。事实上,DBR 激光器的端面对 λ_B 波长的反射最大,并且 λ_B 满足式(4.11)。因此,腔体损耗对接近 λ_B 的纵模最小,其他纵模的损耗却急剧增加,如图 4.18 所示。边模抑制比(MSR)由增益极限决定,定义增益极限为边模的最大增益达到阈值时所要求的附加增益。

DBR 激光器的性能主要由有源区的厚度和栅槽纹深度所决定。与 F-P 激光器相比,它具有以下优点。

(1) 单纵模激光器

F-P 激光器的发射光谱是由增益谱和激光器纵模特性共同决定的,由于谐振腔的长度较长,导致纵模间隔小,相邻纵模间的增益差别小,因此要得到单纵模振荡非常困难。DFB 激光器的发射光谱主要由光栅周期 Λ 决定。Λ 相当于 F-P 激光器的腔长 L,每一个 Λ 形成一个微型谐振腔。由于 Λ 的长度很小,所以 m 阶和 $(m+1)$ 阶模之间的波长间隔比 F-P 腔大得多,加之多个微型腔的选模作用,很容易设计成只有一个模式就能获得足够的增益。于是,DFB 激光器容易设计成单纵模振荡。

(2) 谱线窄,波长稳定性好

由于 DFB 激光器的每一个栅距 Λ 相当于一个 F-P 腔,所以布喇格反射可以看做多级调谐,使得谐振波长的选择性大大提高,谱线明显变窄,可以窄到几吉赫(GHz)。

由于光栅的作用有助于使发射波长锁定在谐振波长上,因而波长的稳定性得以改善。

(3) 动态谱线好

DFB 激光器在高速调制时也能保持单模特性,这是 F-P 激光器无法比拟的。尽管 DFB 激光器在高速调制时存在啁啾,谱线有一定展宽,但比 F-P 激光器动态谱线的展宽改善了约一个数量级。

（4）线性好

DFB 激光器的线性非常好,因此广泛用于模拟调制的有线电视光纤传输系统中。

表 4.2 给出了分布反馈激光器（DFB-LD）的一般性能。

表 4.2　分布反馈激光器（DFB-LD）的一般性能

工作波长 $\lambda/\mu m$	1.3,1.55
谱线宽度 $\Delta\lambda/nm$	近似为 0
连续波单纵模	$10^{-4}\sim10^{-3}$
直接调制单纵模	$0.04\sim0.5$（1Gb/s,RZ）
边模抑制比/dB	$30\sim35$
频谱漂移/(nm/℃)	<0.08
阈值电流 I_{th}/mA	$15\sim20,20\sim30$
外量子效率 $\eta_d/\%$	20,15
输出功率 P/mW（连续单纵模,25℃）	$20\sim40,15\sim30$

除了上面介绍的几种典型的光源器件之外,近年来人们不断研制出各种异质结半导体激光器、量子限制激光器、垂直腔表面发射激光器（Vertical Cavity Surface Emitting Laser,VCSEL）以及波长可调谐激光器等光源器件。限于篇幅,这里不再赘述。

4.2.4　半导体光源的一般性能和应用

表 4.3 和表 4.4 列出了常用半导体激光器（LD）和发光二极管（LED）的一般性能指标及其性能比较。

表 4.3　半导体激光器（LD）和发光二极管（LED）的一般性能指标

指　标	LD		LED	
工作波长 $\lambda/\mu m$	1.3	1.55	1.3	1.55
谱线宽度 $\Delta\lambda/nm$	$1\sim2$	$1\sim3$	$50\sim100$	$60\sim120$
阈值电流 I_{th}/mA	$20\sim30$	$30\sim60$		
工作电流 I/mA			$100\sim150$	$100\sim150$
输出功率 P/mW	$5\sim10$	$5\sim10$	$1\sim5$	$1\sim3$
入纤功率 P/mW	$1\sim3$	$1\sim3$	$0.1\sim0.3$	$0.1\sim0.2$
调制带宽 B/MHz	$500\sim2000$	$500\sim1000$	$50\sim150$	$30\sim100$
辐射角 $\theta/(°)$	20×50	20×50	30×120	30×120
寿命 t/h	$10^6\sim10^7$	$10^5\sim10^6$	10^8	10^7
工作温度/℃	$-20\sim50$	$-20\sim50$	$-20\sim50$	$-20\sim50$

表 4.4　半导体激光器(LD)和发光二极管(LED)的性能比较

激光二极管	发光二极管
输出光功率较大,几毫瓦至几十毫瓦	输出光功率较小,一般仅 1~2mW
带宽大,调制速率高,几百兆赫至几十吉赫	带宽小,调制速率低,几十兆赫至 200MHz
光束方向性强,发散度小	方向性差,发散度大
与光纤的耦合效率高,可达 80% 以上	与光纤的耦合效率低,仅百分之几
光谱较窄	光谱较宽
制造工艺难度大,成本高	制造工艺难度小,成本低
在要求光功率较稳定时,需要 APC 和 ATC	可在较宽的温度范围内正常工作
输出特性曲线的线性度较好	在大电流下易饱和
有模式噪声	无模式噪声
可靠性一般	可靠性较好
工作寿命短	工作寿命长

LED 通常和多模 SIF 光纤或 G.651 规范的多模光纤耦合,用于 $1.3\mu m$(或 $0.85\mu m$)波长的小容量短距离系统。LD 通常和 G.652 或 G.653 规范的单模光纤耦合,用于 $1.3\mu m$ 或 $1.55\mu m$ 大容量长距离系统,这种系统在国内外都得到最广泛的应用。分布反馈激光器(DFB-LD)主要和 G.654 规范的单模光纤或特殊设计的单模光纤耦合,用于超大容量的新型光纤系统,是光纤通信发展的主要趋势。

4.3　光源的调制

在光纤通信系统中,把随信息变化的电信号加到光载波上,使光载波按信息的变化而变化,这就是光波的调制。从本质上讲,光载波调制和无线电载波调制一样,可以携带信号的振幅、强度、频率、相位和偏振等参数,使光波携带信息,即对应有调幅、调频、调相、调偏等多种调制方式。为了便于解调,在光频段多采用光的强度调制方式。从调制方式与光源的关系上来分,强度调制有两种:内调制(也称直接调制)和外调制。直接调制是用电信号直接调制光源器件的偏置电流,使光源发出的光功率随信号而变化;外调制一般是基于电光、磁光、声光效应,让光源输出的连续光载波通过光调制器,光信号通过调制器实现对光载波的调制。

从调制信号的形式来考虑,光调制分为模拟调制和数字调制。模拟调制又可分为两类:一类是利用模拟基带信号直接对光源进行调制;另一类采用连续或脉冲的射频波作为副载波,模拟基带信号对它进行调制,再用已调制的副载波去调制光载波。由于模拟调制的调制速率较低,均使用直接调制方式。

数字调制主要指 PCM 脉码调制。将连续的模拟信号进行抽样、量化、编码,转化成一组二进制脉冲代码,对光信号进行通断调制。数字调制也可使用直接调制和外调制。

4.3.1　光源的内调制

内调制也称为直接调制,光源既是光载波的发源地,还兼有对电信号调制的功能。

图 4.22 示出了激光器(LD)和发光二极管(LED)直接光强数字调制原理,对 LD 施加了偏置电流 I_b。由图可见,当激光器的驱动电流大于阈值电流 I_{th} 时,输出光功率 P 和驱动电流 I 基本上是线性关系,输出光功率和输入电流成正比,此时的输出光信号才能反映输入电信号的特征。同理,图 4.23 所示为直接光强模拟调制原理示意图。

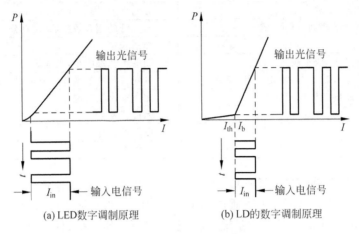

(a) LED数字调制原理   (b) LD的数字调制原理

图 4.22　直接光强数字调制原理

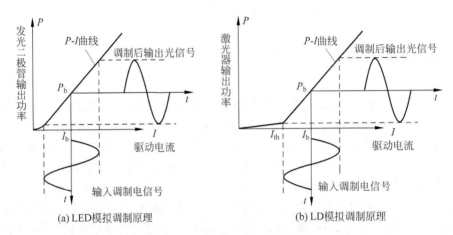

(a) LED模拟调制原理   (b) LD模拟调制原理

图 4.23　直接光强模拟调制原理

图 4.24 所示为直接调制光发射机的结构及电路示意图。图 4.24(b)中的 T 为驱动管,当信号加在 T 基极上时,可以驱动集电极电路中的激光器,使激光器输出的光功率随信号的变化而变化,达到直接调制的目的。

在实际电路中,LD 结温的变化以及老化都会使输出光信号发生变化。为了保证光信号得到正常调制,需要自动功率控制电路、制冷器及自动温控电路、限流保护电路和告警电路等附属措施。第 5 章将详细介绍光端机的结构与工作原理,这里不再赘述。

光源直接调制的优点是简单、经济、容易实现,所以是一般光纤通信系统中经常采用的方式。但其调制速率受载流子寿命及高速率下的性能退化的限制,产生频率啁啾。即对半导体激光器直接调制时,LD 的动态谱线加宽,造成光纤在传输时色散增加,使光纤

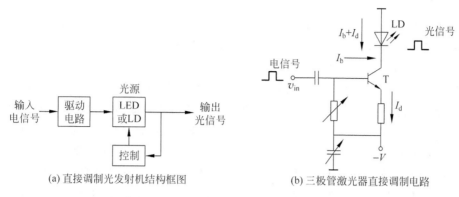

(a) 直接调制光发射机结构框图　　　　(b) 三极管激光器直接调制电路

图 4.24　直接调制光发射机的结构及电路

中的脉冲波形展宽,限制了光纤的传输速率。频率啁啾是因为激光器中心频率快速变化,由驱动激光器的电流增加和减小而引起的折射率改变所造成的,可引起振荡波长随时间而偏移。也就说,当光脉冲经过光纤后,受频率啁啾的影响,将导致光脉冲波形发生展宽变形失真。

4.3.2　光源的外调制

在高速长距离通信系统中,特别是在使用掺铒光纤放大器(EDFA)的同步数字体系(SDH)高速系统和密集波分复用(DWDM)系统中,光源的色散距离由过去的 50~60km 提高到了 600km 以上,大大提高了对光源的要求,为了消除动态谱线加宽对高速光纤通信系统的影响,一般采用外调制方法。外调制不直接调制光源,而是在光源的输出通路上外加调制器对光波进行调制,利用晶体传输特性随电压变化来实现对光波的调制。此调制器实际起到一个开关的作用。这种调制方式又称作间接调制,其结构如图 4.25 所示。

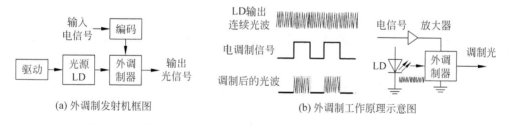

(a) 外调制发射机框图　　　　(b) 外调制工作原理示意图

图 4.25　光外腔调制发射机工作原理示意图

恒定光源是一个连续发送固定波长和功率的高稳定光源,在发光的过程中,不受电调制信号的影响,因此不产生调制频率啁啾,光谱的谱线宽度维持在最小。光调制器对恒定光源发出的高稳定激光根据电调制信号以“允许”或者“禁止”通过的方式进行处理,在调制的过程中,对光波的频谱特性不会产生任何影响,保证了光谱的质量。与直接调制激光器相比,大大压缩了谱线宽度,一般能够做到小于等于 100MHz。间接调制方式的激光器比较复杂,损耗大,而且造价高,但调制频率啁啾很小或无,可以应用于大于等于 2.5Gb/s 的高速率传输,而且传输距离超过 300km。因此,在使用光线路放大器的 WDM 系统中,一般来说,发送部分的激光器均为间接调制方式的激光器。

常用的外调制器有电光调制器、声光调制器和波导调制器等。电光调制器的基本工作原理是晶体的线性电光效应。电光效应是指电场引起晶体折射率变化的现象,能够产生电光效应的晶体称为电光晶体。声光调制器是利用介质的声光效应制成的。所谓的声光效应,是由于声波在介质中传播时,介质受声波压强的作用而产生应变,这种应变使得介质的折射率发生变化,从而影响光波传输特性。波导调制器是将钛(Ti)扩散到铌酸锂($LiNbO_2$)基底材料上,用光刻法制出波导的具体尺寸。它具有体积小、重量轻、有利于光集成等优点。具有代表性的光波导调制器包括光波导相位调制器、行波方向耦合型光波导调制器、干涉型光波导调制器以及衍射型光波导调制器。

根据光源与外调制器的集成和分离情况,有集成外调制激光器和分离外调制激光器两种。集成外调制技术的日益成熟是 DWDM 光源的发展方向,常见的是采用更加紧凑、小巧,与光源集成在一起,性能上也满足绝大多数应用要求的电吸收调制器。分离外调制激光器常用的是恒定光输出激光器(Continuous Wave laser,CW)＋马赫—曾德尔(Mach-Zehnder,M-Z)外调制器($LiNbO_2$)。该调制器将输入光分成两路相等的信号分别进入调制器的两个光支路,这两个光支路采用的是电光性材料,其折射率随着外部施加的电信号大小而变化,由于光支路的折射率变化将导致信号相位的变化,故两个支路的信号在调制器的输出端再次结合时,合成的光信号是一个强度大小变化的干涉信号。通过这种办法,将电信号的信息转换到了光信号上,实现光强度调制。这种特定波长 CW 的激光器技术成熟,性能较好。同时,铌酸锂调制器的频率啁啾可以等于零。相对于电吸收集成外调制激光器,成本较低。

下面分别详细介绍对电吸收调制器和马赫—曾德尔(M-Z)调制器。

1. 电吸收调制器

电吸收型光调制器(Electro-Absorption Modulator,EAM)是用半导体量子阱材料制作而成的。

量子阱是指由两种不同的半导体材料相间排列形成的具有明显量子限制效应的电子或空穴的势阱。它有着三明治一样的结构,中间是很薄的一层半导体膜,外侧是两个隔离层,如图 4.26 所示。用激光朝量子阱闪一下,可以使中间的半导体层里产生电子和带正电的空穴。通常情况下,电子会与空穴结合,放出光子。我们将量子阱的上层制造得特别薄,厚度不足 30Å,迫使中间层产生的电子与空穴结合时,以变化的电场而不是光子的形式释放能量。电场的作用使邻近的量子点中产生新的电子和空穴,令它们结合并放出光子。

量子阱的最基本特征是由于量子阱宽度(只有当阱宽尺度足够小时,才能形成量子阱)的限制,导致载流子波函数在一维方向上局域化。在由两种不同半导体材料薄层交替生长形成的多层结构中,如果势垒层足够厚,以致相邻势阱之间的载流子波函数之间耦合很小,则多层结构将形成许多分离的量子阱,称为多量子阱。如果势垒层很薄,相邻

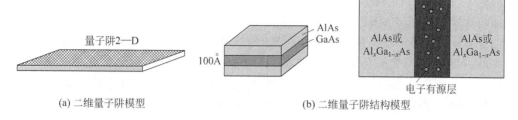

(a) 二维量子阱模型　　　　　　　　　　(b) 二维量子阱结构模型

图 4.26　量子阱模型示意图

阱之间的耦合很强,原来在各量子阱中分立的能级将扩展成能带(微带),能带的宽度和位置与势阱的深度、宽度及势垒的厚度有关,这样的多层结构称为超晶格。具有超晶格特点的结构有时称为耦合的多量子阱。

　　多量子阱电吸收型光调制器利用的是量子限制 Stark 效应(Quantum Confined Stark Effect,QCSE),即当量子阱区存在垂直于阱壁方向的电场时,它的吸收带边会发生红移,即吸收的光谱向红外线方向偏移。它工作在调制器材料吸收区边界波长处,当调制器无偏压时,光源发送波长在调制器材料的吸收范围之外,该波长的输出功率最大,调制器为通状态;当调制器有偏压时,调制器材料的吸收边向长波长移动,光源的发送波长在调制器材料的吸收范围内,输出功率最小,调制器为断状态,如图 4.27 所示。

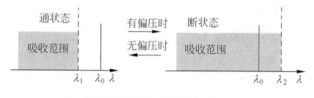

λ_0—恒定光源的发光工作波长
λ_1—调制器无偏压时的吸收边波长
λ_2—调制器有偏压时的吸收边波长

图 4.27　电吸收调制器的吸收波长的改变示意图

　　图 4.28 所示为电吸收型光调制器的典型结构图。InGaAs/InAlAs 多量子阱材料用 MBE 设备生长。首先在高掺杂的 n 型 InP 衬底上生长厚度为 200nm 的 n 型 InAlAs 下包层;然后是不掺杂的 12 个周期的 InGaAs/InAlAs 多量子阱结构,阱宽和垒宽均为 7.5nm;接着是 1.5pm 厚的 p 型 InAlAs 上包层;最后是 100nm 厚的 p 型高掺杂 InGaAs 电极接触层。

　　实现器件与单模光纤之间的光耦合,器件一般设计为高脊波导结构。脊顶宽度为 $3\mu m$,底部宽度为 $5\mu m$,脊高 $2\mu m$,脊的高度大于量

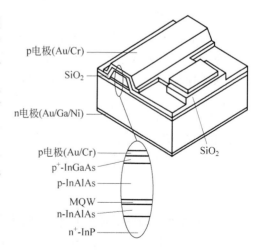

图 4.28　电吸收型光调制器结构图

子阱区、上包层和 p 电极接触层的厚度之和。脊波导两边是 n 型下包层,这样,器件在加反向偏压时,势垒电容区域仅限于脊波导上,从而将结电容面积减至最小,有利于频率特性的提高。脊波导与单模光纤之间的光耦合根据模场匹配原则,使用尖端磨尖的尖锥单模光纤,利用尖端对光的会聚作用将单模光纤 $9\mu m$ 的模场直径减小,使之与脊波导中的模场直径更为接近,提高了耦合效率。同时,从尖锥单模光纤发出的光束发散角大,它到达脊波导输出端面时,光功率密度低,显著降低了脊波导输出端面处的背景光,减小了进入输出光纤的背景光的功率。

电吸收调制器可以利用与半导体激光器相同的工艺过程制造,光源和调制器容易集成在一起,适合批量生产,因此发展速度很快。例如,铟镓砷磷(InGaAsP)光电集成电路是将激光器和电吸收调制器集成在一块芯片上,该芯片再置于热电制冷器(TEC)上。这种典型的光电集成电路称为电吸收调制激光器 EML,可以支持 2.5Gb/s 信号传输600km 以上的距离,远远超过直接调制激光器所能传输的距离,其可靠性与标准 DFB 激光器类似,平均寿命达 140 年。

在众多的半导体多量子阱材料中,与 InP 晶格匹配的多量子阱具有独特的优点。它的电子势阱深而空穴势阱浅,使得有效质量大的空穴更容易发生隧穿效应,光生载流子容易在电场的作用下离开势阱,不容易达到吸收饱和,因而具有很高的饱和吸收功率,且具有频率啁啾低、器件体积小、驱动电压低、可与半导体激光器集成为一体等优点,近年来在国际上得到广泛的重视。

2. 马赫—曾德尔(M-Z)调制器

最常用的幅度调制器是在铌酸锂(LiNbO$_3$)晶体表面用钛扩散波导构成的马赫—曾德尔(Mach-Zehnder,M-Z)Y 形干涉型调制器,如图 4.29 所示。使用对两个波的频率相同但相位不同进行干涉的干涉计,外加电压引入相位的变化可以转换为幅度的变化。在图 4.29(a)表示的由两个 Y 形波导构成的结构中,在理想的情况下,输入光功率在 C 点平均分配到两个分支传输,在传输端 D 干涉,所以该结构具有干涉计的作用,其输出幅度与两个分支光通道的相位差有关。在外电场的作用下,两个理想的背对背相位调制器能够改变两个分支中待调制传输光的相位。由于加在两个分支中的电场方向相反,如图 4.29(c)所示,在两个分支中的折射率和相位变化也相反。例如,若在 A 分支中引入 $\pi/2$ 的相位变化,那么在 B 分支引入 $-\pi/2$ 相位的变化,因此 A、B 分支将引入相位 π 的变化。

假如输入光功率在 C 点平均分配到两个分支传输,其幅度为 A,在输出端 D 的光场为

$$E_{\text{output}} \propto A\cos(\omega t + \varphi) + A\cos(\omega t - \varphi) = 2A\cos\varphi\cos(\omega t) \tag{4.13}$$

输出功率与 E_{output}^2 成正比,所以由式(4.13)可知,当 $\varphi = 0$ 时,输出功率最大;当 $\varphi = \pi/2$ 时,两个分支中的光场相互抵消干涉,使输出功率最小,在理想的情况下为零。于是有

$$\frac{P_{\text{out}}(\varphi)}{P_{\text{out}}(0)} = \cos^2\varphi \tag{4.14}$$

由于外加电场控制着两个分支中干涉波的相位差,所以外加电场也控制着输出光的强度,虽然它们并不成线性关系。由以上分析可以看出,LiNbO$_3$ 调制器可以作为一个相位调制器和一个强度调制器。加到调制器上的电比特流在调制器的输出端产生了波形相

同的光比特流复制,如图 4.29(b)所示。外腔调制器的性能由开关比(消光比)和调制带宽度量。$LiNbO_3$ 调制器的消光比大于 20,调制带宽在 20GHz,即调制速率在 20Gb/s 以上。

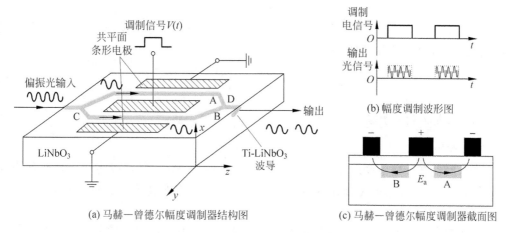

(a) 马赫—曾德尔幅度调制器结构图　　(c) 马赫—曾德尔幅度调制器截面图

图 4.29　马赫—曾德尔幅度调制器

4.4　半导体光检测

　　与光源器件一样,光检测器件在光纤通信中起着十分重要的作用,是光接收机的核心器件。光检测器件的作用就是把信号(通信信息)从光波中分离(检测)出来,即进行光/电转换。光检测器件质量的优劣在很大程度上决定了光接收机灵敏度的高低。所谓灵敏度,是指在保证通信质量(限定误码率或信噪比)的条件下,光接收机所需的最小平均接收光功率 P_{min},即灵敏度表示光接收机调整到最佳状态时,能够接收微弱光信号的能力。提高灵敏度意味着能够接收更微弱的光信号,详细定义见第 5 章。光接收机的灵敏度和光源器件的发光功率、光纤的损耗三者一起决定了光纤通信的中继距离(在系统受损耗限制而不是受色散限制时)。

　　光纤通信对光检测器件有如下要求。

　　(1) 响应度高

　　所谓响应度 R,是指单位光功率信号所产生的光生电流值 I_P。因为从光纤传输来的光功率信号十分微弱,仅有纳瓦(nW)数量级,要想从这么微弱的光信号中检测出通信信息,光检测器必须具有很高的响应度,即必须具有很高的光/电转换量子效率。

　　光生电流 I_P 与产生的电子—空穴对和这些载流子运动的速度有关。也就是说,直接与入射光功率 P_{in} 成正比,即

$$I_P = RP_{in} \tag{4.15}$$

式中的比例系数就是光电检测器的响应度 R(用 A/W 表示)。由式(4.15)可以得到

$$R = \frac{I_P}{P_{in}} \tag{4.16}$$

　　响应度 R 可用量子效率 η 表示,其定义是产生的电子数与入射的光子数之比,即

$$\eta = \frac{\dfrac{I_{\mathrm{P}}}{e}}{\dfrac{P_{\mathrm{in}}}{hf}} = \frac{hf}{e}R \tag{4.17}$$

式中，$e = 1.6 \times 10^{-19}$ C，是电子电荷；$h = 6.63 \times 10^{-34}$ J·s，是普朗克常数；f 是入射光频率。由式(4.17)可以得到响应度为

$$R = \frac{\eta e}{hf} \approx \frac{h\lambda}{1.24} \tag{4.18}$$

式中，$\lambda = \dfrac{c}{f}$ 是入射光波长。

（2）噪声低

光检测器在工作时会产生一些附加噪声，如暗电流噪声、倍增噪声等。这些噪声如果比较大，会附加在只有毫微瓦数量级的微弱光信号上，降低了光接收机的灵敏度。

（3）工作电压低

与光源器件不同，光检测器工作在反向偏置状态。有一类光检测器件 APD，必须处在反向击穿状态才能很好地工作，因此需要较高的工作电压(100V 以上)。工作电压过高，会给使用者带来不便。

（4）体积小，重量轻，寿命长

需要指出的是，由于光检测器件的光敏面(接收光的面积)一般可以做到大于光纤的纤芯，所以从光纤传输来的光信号基本上可以全部被光检测器件接收，故不存在它们与光纤的耦合效率问题。这一点与光源器件不同。

在光纤通信中使用的光检测器件有两大类，即 PIN 光二极管与 APD 雪崩光二极管。

4.4.1　光电效应和光检测原理

1. 光电效应

早在 1887 年，赫兹在寻找电磁波的过程中意外发现了光电效应。图 4.30 所示是研究光电效应的实验装置示意图。当紫外线照射在金属极板的表面上时，可以从电压表和电流表的变化知道有电压变化和电流通过。这种在光照射下，电子从金属极板表面逸出的现象叫做光电效应，逸出的电子叫做光电子。在光电效应实验中，每种金属都存在一个极限频率。当入射光的频率低于极限频率时，不管入射光多强，都不会有光电子逸出；只有当入射光的频率高于极限频率时，金属才会发射光电子，产生光电效应。

人们在此基础上不断研究和探索，1905 年，爱因斯坦大胆地引用普朗克关于光辐射能量量子化的概念，提出了光量子概

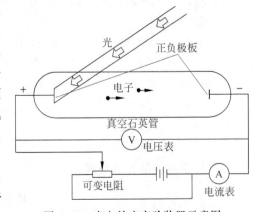

图 4.30　光电效应实验装置示意图

念,成功解释了光电效应的现象。将光照射到某些物质上,将引起物质的电性质发生变化。这类光致电变的现象统称为光电效应,它是光与电之间的一种相互作用,是光与物质(金属)之间的相互作用,是光与物质的核外电子之间的相互作用。

由式(4.18)可以看出,光电检测器响应度随波长而增加,这是因为光子能量 hf 减小时可以产生与减少的能量相等的电流。R 和 λ 的这种线性关系不能一直保持下去,因为光子能量太小时将不能产生电子。当光子能量变得比禁带能量 E_g 小时,无论入射光多强,光电效应也不会发生,此时量子效率 η 下降到零,也就是说,光电效应必须满足条件

$$hf > E_g \quad 或 \quad \lambda = hc/E_g \tag{4.19}$$

2. 光电检测器原理

光电二极管(Photodiode,PD)是最常用的光电检测器,具有光信号转换为电信号的功能,是由半导体 PN 结的光电效应实现的。图 4.31 所示为不同类型的光电检测器。

通过电子线路的学习我们已经知道,在 PN结界面上,由于电子和空穴的扩散运动,将形成内部电场。内部电场使电子和空穴产生与扩散运动方向相反的漂移运动,最终使能带发生倾斜,在PN 结界面附近形成耗尽层,如图 4.32(a)所示。当入射光作用在 PN 结时,如果光子的能量大于或等于带隙($hf \geqslant E_g$),将发生受激吸收,即价带

图 4.31　光电检测器

的电子吸收光子的能量而跃迁到导带,形成光生电子—空穴对。在耗尽层,由于内部电场的作用,电子向 N 区运动,空穴向 P 区运动,形成漂移电流。在耗尽层两侧是没有电场的中性区,由于热运动,部分光生电子和空穴通过扩散运动可能进入耗尽层,然后在电场作用下,形成和漂移电流相同方向的扩散电流。漂移电流分量和扩散电流分量的总和即为光生电流。当与 P 层和 N 层连接的电路开路时,便在两端产生电动势,形成光电效应。当连接的电路闭合时,N 区过剩的电子通过外部电路流向 P 区;同样,P 区的空穴流向 N 区,便形成了光生电流。当入射光变化时,光生电流随之作线性变化,从而把光信号转换成电信号。这种由 PN 结构成,在入射光作用下,由于受激吸收过程产生的电子—空穴对的运动,在闭合电路中形成光生电流的器件就是简单的光电二极管(PD)。

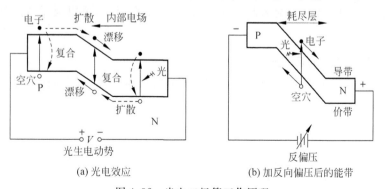

(a) 光电效应　　　　　　　　　　(b) 加反向偏压后的能带

图 4.32　光电二极管工作原理

如图 4.32(b)所示,光电二极管通常要施加适当的反向偏压,目的是增加耗尽层的宽度,缩小耗尽层两侧中性区的宽度,从而减小光生电流中的扩散分量。由于载流子扩散运动比漂移运动慢得多,所以减小扩散分量的比例便可显著提高响应速度。但是提高反向偏压,加宽耗尽层,会增加载流子漂移的渡越时间,使响应速度减慢。为了解决这一矛盾,需要改进 PN 结光电二极管的结构。

4.4.2　PIN 光电二极管

简单的 PN 结光电二极管具有两个主要的缺点。首先,它的结电容或耗尽区电容较大,RC 时间常数较大,不利于高频调制;其次,它的耗尽层宽度最大只有几微米,此时长波长的穿透深度比耗尽层宽度 W 还大,大多数光子没有被耗尽层吸收,因此长波长的量子效率很低。

为了克服 PN 管存在的问题,人们采用 PIN 光电二极管。PIN 二极管与 PN 二极管的主要区别是在 P 层和 N 层之间加入了一个 I 层作为耗尽层。I 层的宽度较宽,为 5～50μm,可吸收绝大多数光子,使光生电流增加,其工作原理如图 4.33 所示。

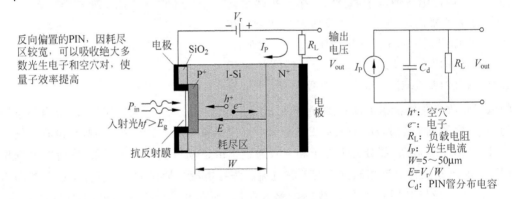

图 4.33　PIN 光电二极管工作原理

1. PIN 光电二极管的响应时间

PIN 光电二极管的响应时间由光生载流子穿越耗尽层的宽度 W 决定。增加 W,可吸收更多的光子,从而增加量子效率,但是载流子穿越 W 的时间增加,响应速度变慢。很显然,载流子在 W 区的漂流时间与施加的电压 V_d 成反比,可以通过增加 V_d 来减小漂移时间。

2. 光电二极管的响应波长

由光电效应发生的条件式(4.19)可知,对于用任何一种材料制作的光电二极管,都有上限截止波长,定义为

$$\lambda_c = \frac{hc}{E_g} = \frac{1.24}{E_g} \tag{4.20}$$

禁带宽度 E_g 用电子伏(eV)表示。对于用硅(Si)材料制作的光电二极管,$\lambda_c = 1.06\mu m$;对于用锗材料(Ge)和 InGaAs 材料制作的光电二极管,$\lambda_c = 1.6\mu m$。即只有波长 $\lambda \leqslant \lambda_c$ 的

光才可能发生光电效应。

3. PIN 光电二极管的性能参数

PIN 光电二极管的性能参数有量子效率 η；响应度 R；暗电流，表示无光照时出现的反向电流，它影响接收机的信噪比；响应速度，它表示对光信号的反应能力，常用对光脉冲响应的上升沿或下降沿表示；结电容 C_d(pF)，它影响响应速度。

注意：为了得到较高的量子效率，必须加大耗尽区的厚度，使得可以吸收大部分光子。但是，耗尽区越厚，光生载流子漂移渡越反向偏置结的时间就越长。由于载流子的漂移时间决定了光电二极管的响应速度，所以必须在响应速度和量子效率之间折中。

4. PIN 光电二极管的特点及应用范围

PIN 光电二极管的优点是噪声小、工作电压低（仅十几伏）、工作寿命长、使用方便和价格便宜；缺点是没有倍增效应，1 个光子最多产生一对电子—空穴对，无增益，即在同样大小入射光的作用下仅产生较小的光电流，所以用它做成的光接收机的灵敏度不高。因此，PIN 光电二极管只能用于较短距离的光纤通信（小容量与大容量皆可）。

4.4.3　雪崩光电二极管（APD）

1. APD 光电二极管的工作机理

APD 光电二极管的工作机理是：利用电离碰撞，1 个光子产生多对电子—空穴对，有增益。如图 4.34 所示，光生载流子——电子—空穴对在高电场作用下高速运动，在运动过程中通过碰撞电离效应产生二次、三次新的电子—空穴对，从而形成较大的光信号电流，其工作过程如下所示：

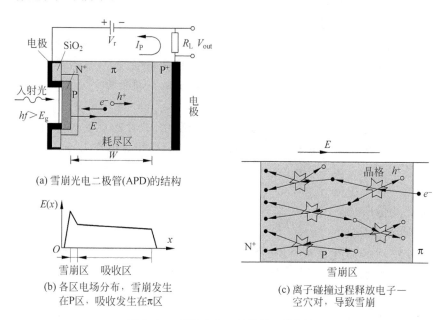

(a) 雪崩光电二极管(APD)的结构

(b) 各区电场分布，雪崩发生在P区，吸收发生在π区

(c) 离子碰撞过程释放电子—空穴对，导致雪崩

图 4.34　雪崩光电二极管的工作原理

$$入射光 \xrightarrow{吸收} 一对电子 — 空穴对(一次光生电流) \xrightarrow{外电场加速}$$

$$与晶体碰撞电离 \rightarrow 多对电子 — 空穴对(二次光生电流)$$

光生的电子—空穴对经过高电场区时被加速,从而获得足够的能量。它们在高速运动中与 P 区晶格上的原子碰撞,使晶格中的原子电离,产生新的电子—空穴对。这种通过碰撞电离产生的电子—空穴对称为二次电子—空穴对。新产生的二次电子和空穴在高电场区里运动时又被加速,又可能碰撞别的原子,这样多次碰撞电离的结果,使载流子迅速增加,反向电流迅速加大,形成雪崩倍增效应,如图 4.34(c)所示。在漂移吸收区,虽不具有像高电场区那样的高电场,但对于维持一定的载流子速度来讲,该电场是足够的。

总之,在同样大小入射光的作用下,由于倍增效应,APD 光电二极管可以产生比 PIN 光电二极管高得多的光电流。但是,正是由于 APD 光电二极管的倍增效应,产生了一种新的噪声——倍增噪声。这是因为在高电场区发生的碰撞电离效应是一个随机过程。也就是说,一个首次电子—空穴对在运动过程中产生的新电子—空穴对的数量是随机的。这一个首次电子—空穴对可能产生 50 个新的电子—空穴对,而另一个首次电子—空穴对可能再产生 100 个新电子—空穴对,而我们只能用其平均效应,即平均增益 G 来描述 APD 光电二极管的倍增性能。倍增效应的起伏性就使 APD 光电二极管产生了一种特殊的噪声——倍增噪声。

需要注意,APD 光电二极管的倍增效应能使得在同样大小光的作用下产生比 PIN 光电二极管大几十倍甚至几百倍的光电流,相当于起了一种光放大作用(实际上不是真正的光放大),因此能大大提高光接收机的灵敏度(比 PIN 光接收机提高约 10dB 以上)。然而,正是由于这种倍增效应产生的倍增噪声会降低光接收机的灵敏度,因此在实际使用中要权衡两者的关系,使 APD 光电二极管处于最佳使用状态——最佳增益。

2. APD 光电二极管的特性参数

作为一种光检测器件,APD 光电二极管也具有一些和 PIN 光电二极管相类似的通用特性参数,如响应度(量子效率)、响应时间、结电容和暗电流等,其物理意义完全相同,在此不再一一叙述。这里介绍 APD 光电二极管特有的三项参数。

(1) 倍增因子 G

倍增因子 G 代表倍增后的光电流与首次光电流之比。从微观上讲,代表一个首次电子—空穴对平均产生的新的电子—空穴对数量,为 APD 输出光电流 I_S 和一次光生电流 I_P 的比值,即

$$G = I_S/I_P \tag{4.21}$$

式中,I_S 是平均输出电流,是一次光生电流。

(2) 倍增噪声系数 F_G

在 APD 中,每个光生载流子不会经历相同的倍增过程,具有随机性,这将导致倍增增益的波动,这种波动是额外的倍增噪声的主要根源。通常用过剩噪声因子 F_G 来表征这种倍增噪声。F_G 可近似表示为 $F_G = G\chi$。

(3) 倍增噪声指数因子 χ

倍增噪声可用倍增噪声指数因子来描述,其大小随 APD 的组成材料而异,也与其结

构形式、工艺水平有一定关系。有如下数据可参考使用：硅 APD，$\chi=0.3\sim0.5$；锗 APD，$\chi=1$；砷化镓类 APD，$\chi=0.5\sim0.7$。

除上述三项重要的特性参数之外，击穿电压（又称雪崩电压）也是 APD 光电二极管的一项参数，其值一般在 100V 左右，其值越小越好。

4.4.4　光检测器的比较

在短距离的应用中，工作在 $0.85\mu m$ 的 Si 器件对于大多数链路是个相对廉价的解决方案。长距离的链路常常需要工作在 $1.31\mu m$ 和 $1.55\mu m$ 窗口，所以常用基于 InGaAs 的器件。APD 检测器与 PIN 检测器相比具有载流了倍增效应，其探测灵敏度特别高，但需要较高的偏置电压和温度补偿电路，要视具体应用场合来选择。

4.5　光放大器

从第 2 章介绍的光纤传输特性中可知，影响线路最大中继距离的主要特性是光纤的损耗和色散。因此，对于传统的长途光纤传输系统，需要每隔一定的距离增加一个再生中继器，以保证信号的质量。这种再生中继器的基本功能是进行光—电—光转换，并在光信号转变为电信号时进行再生、整形和定时处理，恢复信号形状和幅度，再转换回光信号，沿光纤线路继续传输。这种方式有许多缺点。首先，通信设备复杂，系统的稳定性和可靠性不高，特别是在多信道光纤通信系统中更为突出，因为每条信道均需要进行波分解/复用，然后进行光—电—光变换，经波分复用后，再送回光纤信道传输，如图 4.35 所示，所需设备更复杂，费用更昂贵；其次，传输容量受到一定的限制。

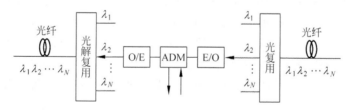

图 4.35　WDM 光—电—光转换再生中继器结构

多年来，人们一直在探索能否去掉上述光—电—光转换过程，直接在光路上对信号进行放大，然后再传输，即用一个全光传输中继器代替目前的这种光—电—光再生中继器。经过努力，科学家们发明了几种光放大器，其中掺铒光纤放大器（EDFA）、分布光纤喇曼放大器（DRA）和半导体光放大器（SOA）技术已经成熟商用化。

光放大器是采用光的各种受激放大机理制作的直接对光信号进行放大的设备。光放大器从本质上看就是一种激光器，因此，在半导体激光器研究的基础上首先研究的是半导体光放大器。之后，随着光纤技术的发展及对光纤中非线性现象的认识的深入，人们又开展了光纤非线性光放大器的研究。按器件材料结构主要分为半导体光放大器和光纤放大器两种类型。半导体光放大器的特点是小型化,容易与其他半导体器件集成;其缺点是性能与光偏振方向有关,器件与光纤的耦合损耗大。光纤放大器实质上是把工作物质制作成光纤形状的固体激光器,也称为光纤激光器。光纤放大器的性能与光偏振方向无关,器件与光纤的耦合损耗很小,因而得到广泛应用。20 世纪 80 年代末期,波长为 $1.55\mu m$ 的掺铒(Er)光纤放大器(Erbium Doped Fiber Amplifier,EDFA)研制成功并投入使用,把光纤通信技术水平推向一个新高度,成为光纤通信发展史上一个重要的里程碑。本节将介绍掺铒光纤放大器(EDFA)。

4.5.1 EDFA 的工作原理

1. EDFA 的组成

EDFA 的基本组成如图 4.36 所示,包括一段掺铒光纤(EDF)、泵浦激光源、波分复用器(WDM)、耦合器和光隔离器等。其中,掺铒光纤(EDF)为核心器件,具有能量及波长转换功能,即通过掺铒光纤(EDF)将泵浦激光源的能量转换为与输入信号波长相同的能量,使输入信号波长得到放大输出,同时泵浦激光源的波长选择具有特别的意义。

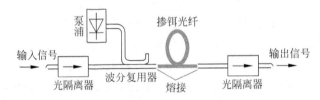

图 4.36　掺铒光纤放大器(EDFA)结构

2. EDFA 的放大原理

铒(Er)是一种稀土元素,在制造光纤的过程中,设法向其掺入一定量的三价铒离子,便形成了掺铒光纤(EDF)。除了所掺的铒以外,这种光纤的构造与通信中单模光纤的构造一样,如图 4.37 所示。铒离子位于 EDF 的纤芯中央地带,将铒离子放在这里有利于其最大地吸收泵浦和信号能量,产生好的放大效果。环绕在纤芯外的折射率较低的玻璃包层则完善了波导结构,并提供了抗机械强度的特性;保护(涂敷)层的加入将光纤总直径增大到 $250\mu m$,由于它的折射率较包层而言有所增加,因而可将任何不希望在其包层中传播的光转移。

图 4.38 所示为铒离子的能级图。若泵浦光的光子能量等于 E_3 与 E_1 之差,铒离子吸收泵浦光后,从 E_1 升至 E_3。但是激活态是不稳定的,激发到 E_3 的铒离子很快返回到 E_2。若信号光的光子能量等于 E_2 和 E_1 之差,则当处于 E_2 的铒离子返回 E_1 时,将产生信号光子,这就是受激发射,使信号光得到放大。为了提高放大器的增益,应尽可能使基态铒离子激发到激发态能级 E_3。从以上分析可知,能级 E_2 和 E_1 之差必须是需要放大信号光的光子能量,而泵浦光的光子能量必须保证使铒离子从基态 E_1 跃迁到激活态 E_3。即其放大原理可用三能级系统来解释,基态为 E_1,激发态为 E_3 与 E_2。在泵浦光的激励下,E_3 能级上的离子数不断增加,又由于其上的离子不稳定,很快跃迁到亚稳态 E_2 能级,实现了离子数反转。当具有 $1.55\mu m$ 波长的光信号通过这段掺铒光纤时,亚稳态的离

子以受激辐射的形式跃迁到基态,并产生和入射光信号中一模一样的光子,大大增加了信号光中的光子数量,实现了信号光在掺铒光纤的传输过程中不断被放大的功能,掺铒光纤放大器由此得名。

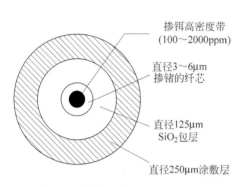

图 4.37　掺铒光纤芯层的几何模型

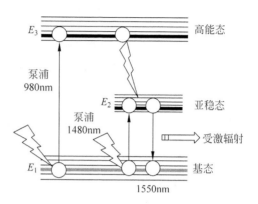

图 4.38　铒离子的能级图

在铒离子受激辐射的过程中,有少部分离子以自发辐射形式自己跃迁到基态,产生带宽极宽且杂乱无章的光子,并在传播中不断地放大,形成自发辐射放大 ASE(Amplified Spontaneous Emission)噪声,并消耗部分泵浦功率。因此,需增设光滤波器,以降低 ASE 噪声对系统的影响。

根据掺铒光纤的能级特点,EDFA 的泵浦波长有 $1.48\mu m$、$0.98\mu m$、$0.807\mu m$、$0.655\mu m$ 及 $0.514\mu m$。选用哪个波长取决于泵浦波长的泵浦效率和光源是否容易获取。所谓泵浦效率,是指放大器增益与泵浦功率之比。泵浦效率高,说明泵浦光功率的转换效率高。在这些泵浦波长中,$0.98\mu m$ 泵浦效率最高,其次是 $1.48\mu m$。由于 $1.48\mu m$ 的大功率泵浦源最先研制成功,因此早期的 EDFA 产品普遍使用 $1.48\mu m$ 泵浦源。目前,$0.98\mu m$ 泵浦源已研制成功,在新的 EDFA 产品中逐步取代 $1.48\mu m$ 泵浦源。使用这两种波长的光泵浦 EDFA 时,只用几毫瓦的泵浦功率就可获得高达 $30\sim40dB$ 的放大器增益。

3. EDFA 的三种结构

EDFA 的结构由于采用的泵浦方式不同而有三种,如图 4.39(a)、(b)、(c)所示。图 4.39(a)所示为前向泵浦结构,图 4.39(b)所示为后向泵浦结构,图 4.39(c)所示为双向泵浦结构。

在图 4.39 中,光隔离器的作用是提高 EDFA 的工作稳定性。如果没有它,后向反射光将进入信号源(激光器),引起信号源的剧烈波动。波分复用器件(WDM)把不同波长的泵浦光和信号光融入掺铒光纤 EDF。光滤波器的作用是从泵浦光和信号光的混合光中滤出信号光。在前向泵浦结构中,泵浦光和信号光同向注入 EDFA 的输入端。在反向泵浦结构中,泵浦光和信号光相向注入 EDFA 的两端。在双向泵浦结构中,两束泵浦光同时从 EDF 的两端注入。这三种泵浦方式的放大器的性能比较如表 4.5 所示。

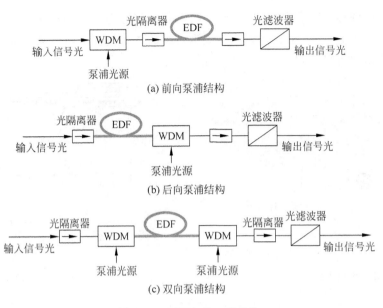

图 4.39 EDFA 的三种结构

表 4.5 三种泵浦方式的放大器的性能比较

性能 \ 方式	前向泵浦	后向泵浦	双向泵浦
转换效率	低	高	最高
噪声指数	小	最大	大
饱和输出功率	小	大	最大

4.5.2 掺铒光纤放大器的特性

1. 功率增益

功率增益反映掺铒光纤放大器的放大能力,定义为输出信号光功率 P_{out} 与输入信号光功率 P_{in} 之比,一般以分贝(dB)来表示,即

$$G = 10\lg \frac{P_{out}}{P_{in}} \quad (\text{dB}) \tag{4.22}$$

功率增益的大小与铒离子浓度、掺铒光纤长度和泵浦功率有关。放大器的功率增益随泵浦功率的增加而增加,但当泵浦功率达到一定值时,放大器增益出现饱和,即泵浦功率再增加,增益也基本保持不变。对于给定的泵浦功率,放大器的功率增益开始时随掺铒光纤长度的增加而上升,当光纤长度达到一定值后,增益反而逐渐下降。也就是说,当光纤为某一长度时,可获得最大增益,这个长度称为最佳光纤长度。例如,采用 $1.480\mu m$ 泵浦光源,当泵浦功率为 5mW,掺铒光纤长度为 30m 时,可获得 35dB 增益。

2. 增益饱和特性

在光纤长度固定不变时,随泵浦功率的增加,增益迅速增加;但泵浦功率增加到一定值后,增益随泵浦功率的增加变得缓慢,甚至不变,这种现象称为增益饱和。这是泵浦功率导致的 EDFA 出现增益饱和的缘故。在泵浦功率一定的情况下,输入信号功率较小时,放大器增益不随输入光信号的增加而变化,表现为恒定不变;当输入信号功率增大到一定值后,增益开始随信号功率的增加而下降,这是输入信号导致 EDFA 出现增益饱和的缘故。

EDFA 的最大输出功率常用 3dB 饱和输出功率来表示,即当饱和增益下降 3dB 时所对应的输出光功率值。它表示了 EDFA 的最大输出能力。

3. 噪声特性

EDFA 的噪声主要来自它的自发辐射。在激光器中,自发辐射是产生激光振荡不可缺少的;而在放大器中,它成为有害噪声的来源。它与被放大的信号在光纤中一起传播、放大,在检测器中检测时得到下列几种形式的噪声:自发辐射的散弹噪声、自发辐射的不同频率光波间的差拍噪声、信号光与自发辐射光间的差拍噪声和信号光的散弹噪声。

由于本身产生的噪声使放大后信号的信噪比下降,造成对传输距离的限制,因而它是放大器的一项重要指标。EDFA 噪声特性可用噪声系数 F 来表示,它定义为放大器的输入信噪比与输出信噪比之比,即

$$F = \frac{(\text{SNR})_{\text{in}}}{(\text{SNR})_{\text{out}}} \tag{4.23}$$

式中,$(\text{SNR})_{\text{in}}$ 和 $(\text{SNR})_{\text{out}}$ 分别代表输入和输出信噪比。一般情况下,噪声系数越小越好。

图 4.40 给出了 EDFA 产品的特性曲线,图中显示出增益、噪声指数和输出信号光功率与输入信号光功率的关系。

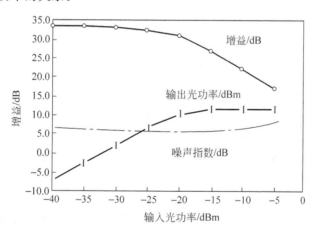

图 4.40 EDFA 增益、噪声指数和输出信号光功率与输入信号光功率的关系曲线

例如,掺铒光纤的输入光功率是 $300\mu\text{W}$,输出功率是 60mW,那么 EDFA 的增益是多少? 假如放大自发辐射噪声功率是 $P_{\text{ASE}} = 30\mu\text{W}$,EDFA 的增益又是多少?

由式(4.22)可以得到 EDFA 增益 $G = P_{\text{out}}/P_{\text{in}} = 60 \times 10^3/300 = 200$,或者 $G_{\text{dB}} = 10\lg(P_{\text{out}}/P_{\text{in}}) = 23\text{dB}$。当考虑放大自发辐射噪声功率时,EDFA 增益为 $G_{\text{dB}} = 10\lg[(P_{\text{out}} - P_{\text{ASE}})/P_{\text{in}}] \approx 23\text{dB}$。

注意:上述结果是单个波长光的增益,不是整个 EDFA 带宽内的增益。

4.5.3 掺铒光纤放大器的优点和应用

EDFA 的主要优点如下：

(1) 工作波长正好落在光纤通信最佳波段($1.5\sim1.6\mu m$)；其主体是一段光纤(EDF)，与传输光纤的耦合损耗很小，可达 0.1dB。

(2) 增益高，为 $30\sim40$dB；饱和输出光功率大，为 $10\sim15$dBm；增益特性与光偏振状态无关。

(3) 噪声指数小，一般为 $4\sim7$dB；用于多信道传输时，隔离度大，无串扰，适用于波分复用系统。

(4) 频带宽，在 $1.55\mu m$ 窗口，频带宽度为 $20\sim40$nm，可进行多信道传输，有利于增加传输容量。

$1.55\mu m$ EDFA 在各种光纤通信系统中得到广泛应用，使得传输距离大幅度增加。其应用可归纳为三种形式，如图 4.41 所示。

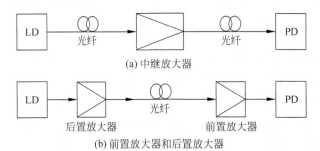

图 4.41　光纤放大器的应用形式

(1) 中继放大器(Line Amplifier, LA)

在光纤线路上每隔一定的距离设置一个光纤放大器，以延长干线网的传输距离。

(2) 前置放大器(Preamplifier, PA)

置于光接收机的前面，放大非常微弱的光信号，以改善接收灵敏度。作为前置放大器，对噪声要求非常苛刻。

(3) 后置放大器(Booster Amplifier, BA)

置于光接收机的后面，以提高发射机功率。对后置放大器的噪声要求不高，其饱和输出光功率是主要参数。

4.6　波分复用技术

4.6.1　波分复用的概念

波分复用(WDM)是将两种或多种不同波长的光载波信号(携带各种信息)在发送端经复用器(亦称合波器，Multiplexer)汇合在一起，并耦合到光线路的同一根光纤中进行传输的技术。在接收端,经解复用器(亦称分波器或称去复用器,Demultiplexer)将各种波长的光载波分离,然后由光接收机作进一步处理以恢复原信号。这种在同一根光纤中同时传输两个或众多不同波长光信号的技术称为波分复用,如图 4.42 所示。例如,棱镜对不同波长的光有不同的折射角,当这些分开的光从棱镜进入空气时,又一次发生折射,进一步把复用光束分开,完成解复用。

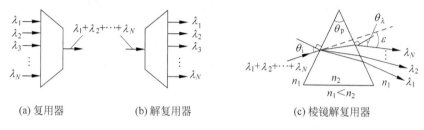

(a) 复用器　　　　(b) 解复用器　　　　(c) 棱镜解复用器

图 4.42　波分复用/解复用示意图

　　光纤的带宽很宽。如图 4.43 所示,在光纤的两个低损耗传输窗口:波长为 $1.31\mu m$

$(1.25\sim1.35\mu m)$ 的窗口,相应的带宽($|\Delta f|=|-\Delta\lambda c/\lambda^2|$,$\lambda$ 和 $\Delta\lambda$ 分别为中心波长和相应的波段宽度,c 为真空中光速)为 17700GHz;波长为 $1.55\mu m(1.50\sim1.60\mu m)$ 的窗口,相应的带宽为 12500GHz。两个窗口合在一起,总带宽超过 30THz。如果信道频率间隔为 10GHz,在理想情况下,一根光纤可以容纳 3000 条信道。

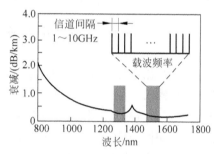

图 4.43　硅光纤低损耗传输窗口
(表示 $1.55\mu m$ 传输窗口的多信道复用)

　　通信系统的设计不同,每个波长之间的间隔宽度也不同。按照通道间隔的不同,WDM 可以细分为 CWDM(Coarse Wavelength Division Multiplexing,稀疏波分复用)和 DWDM(Dense Wavelength Division Multiplexing,密集波分复用)。CWDM 的信道间隔为 20nm,而 DWDM 的信道间隔为 0.2~1.2nm,所以相对于 DWDM,CWDM 称为稀疏波分复用技术。CWDM 和 DWDM 的区别主要有两点:一是 CWDM 载波通道间距较宽,因此,同一根光纤上只能复用 5 个或 6 个波长的光波,"稀疏"与"密集"称谓的差别由此而来;二是 CWDM 调制激光采用非冷却激光,而 DWDM 采用的是冷却激光。冷却激光采用温度调谐,非冷却激光采用电子调谐。由于在一个很宽的波长区段内,温度分布很不均匀,因此温度调谐实现起来难度很大,成本也很高。CWDM 避开了这一难点,大幅降低了成本,整个 CWDM 系统成本只有 DWDM 的 30%。CWDM 是通过利用光复用器将在不同光纤中传输的波长结合到一根光纤中传输来实现的。在链路的接收端,利用解复用器将分解后的波长分别送到不同的光纤,再接到不同的接收机。

　　由于目前一些光器件与技术还不十分成熟,因此要实现光信道十分密集的光频分复用(Orthogonal Frequency Division Multiplexing,OFDM)还比较困难。在这种情况下,人们把在同一窗口中信道间隔较小的波分复用称为密集波分复用(DWDM)。目前在

$1.55\mu m$ 波长区段内的系统,同时用 8、16 或更多个波长在一对光纤上(也可采用单光纤)构成的光通信系统,其各个波长之间的间隔为 1.6nm、0.8nm 或更低,对应于 200GHz、100GHz 或更窄的带宽。WDM、DWDM 和 OFDM 在本质上没有多大区别,以往技术人员习惯采用 WDM 和 DWDM 来区分是 $1.31/1.55\mu m$ 简单复用,还是在 $1.55\mu m$ 波长区段内密集复用,目前在电信界应用时都采用 DWDM 技术。由于 $1.31/1.55\mu m$ 的复用超出了 EDFA 的增益范围,只在一些专门场合应用,所以经常用 WDM 这个更广义的名称来代替 DWDM。

WDM 技术对网络升级、发展宽带业务(如 CATV、HDTV 和 IP over WDM 等)、充分挖掘光纤带宽潜力、实现超高速光纤通信等具有十分重要的意义,尤其是 WDM 加上 EDFA 更是对现代信息网络具有强大的吸引力。目前,"掺铒光纤放大器(EDFA)+密集波分复用(WDM)+非零色散光纤(NZDSF,即 G.655 光纤)+光子集成(PIC)"是国际长途高速光纤通信线路中采用的主要技术。

第 2 章介绍了几种常用的 WDM 合波器/分波器,本节侧重介绍 WDM 系统的基本结构和性能。

4.6.2 WDM 系统的基本形式

波分复用器件是波分复用通信系统的核心光学器件。从原理上看,光分波器和光合波器是相同的。由光的互易性原理,只要将光分波器的输出端和输入端反过来就是光合波器,即只要将解复用器的输出端和输入端反过来使用,就是复用器。因此,复用器和解复用器是相同的(除非有特殊的要求)。

WDM 系统的基本构成主要有两种形式:双纤单向传输和单纤双向传输。

1. 双纤单向传输

单向 WDM 传输是指所有光通路同时在一根光纤上沿同一方向传送。如图 4.44 所示,在发送端将载有各种信息、具有不同波长的已调光信号 $\lambda_1,\lambda_2,\cdots,\lambda_n$ 通过光复用器组合在一起,并在一根光纤中单向传输。由于各信号是通过不同光波长携带的,因而彼此之间不会混淆。在接收端通过光解复用器将不同波长的信号分开,完成多路光信号传输的任务。在反方向,通过另一根光纤传输的原理与此相同。

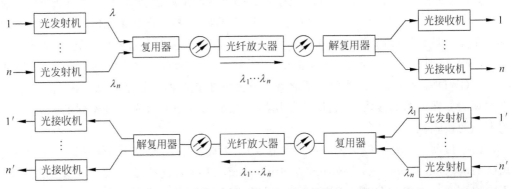

图 4.44 双纤单向 WDM 传输

2. 单纤双向传输

双向 WDM 传输是指光通路在一根光纤上同时向两个不同的方向传输。如图 4.45 所示，所用波长相互分开，以实现双向全双工通信。

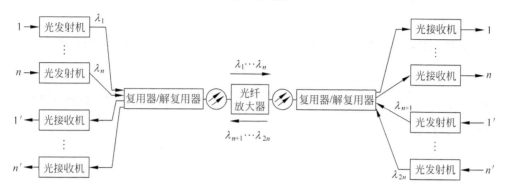

图 4.45　单纤双向 WDM 传输

双向 WDM 系统在设计和应用时必须考虑几个关键的系统因素，如为了抑制多通道干扰(MPI)，必须注意到光反射的影响、双向通路之间的隔离、串扰的类型和数值、两个方向传输的功率电平值和相互间的依赖性、光监控信道(OSC)传输和自动功率关断等问题，同时要使用双向光纤放大器。所以，双向 WDM 系统的开发和应用相对说来要求较高，但与单向 WDM 系统相比，双向 WDM 系统可以减少使用光纤和线路放大器的数量。

另外，通过在中间设置光分插复用器(OADM)或光交叉连接器(OXC)，可使各波长光信号进行合流与分流，实现波长的上/下路(Add/Drop)和路由分配，这样就可以根据光纤通信线路和光网的业务量分布情况，合理地安排插入或分出信号。

4.6.3　光波分复用器的性能参数

光波分复用器是波分复用系统的重要组成部分。为了确保波分复用系统的性能，对波分复用器的基本要求是插入损耗小、隔离度大、带内平坦、带外插入损耗变化陡峭、温度稳定性好、复用通路数多、尺寸小等。

1. 插入损耗

插入损耗是指由于增加光波分复用器/解复用器而产生的附加损耗，定义为该无源器件的输入和输出端口之间的光功率之比，即

$$\alpha = 10 \lg \frac{P_i}{P_o} \quad (\text{dB}) \tag{4.24}$$

式中，P_i 为发送进输入端口的光功率；P_o 为从输出端口接收到的光功率。

2. 串扰抑制度

串扰是指其他信道的信号耦合进某一信道，并使该信道传输质量下降的影响程度，有时也可用隔离度来表示这一程度。对于解复用器，有

$$C_{ij} = -10\lg \frac{P_{ij}}{P_i} \quad (\mathrm{dB}) \tag{4.25}$$

式中，P_i 是波长为 λ_i 的光信号的输入光功率；P_{ij} 是波长为 λ_i 的光信号串入到波长为 λ_j 的信道的光功率。

3. 回波损耗

回波损耗是指从无源器件的输入端口返回的光功率与输入光功率的比，即

$$\mathrm{RL} = -10\lg \frac{P_r}{P_j} \quad (\mathrm{dB}) \tag{4.26}$$

式中，P_j 为发送进输入端口的光功率；P_r 为从同一个输入端口接收到的返回光功率。

4. 反射系数

反射系数是指在 WDM 器件的给定端口的反射光功率 P_r 与入射光功率 P_j 之比，即

$$R = 10\lg \frac{P_r}{P_j} \tag{4.27}$$

5. 工作波长范围

工作波长范围是指 WDM 器件能够按照规定的性能要求工作的波长范围($\lambda_{\min} \sim \lambda_{\max}$)。

6. 信道宽度

信道宽度是指各光源之间为避免串扰应具有的波长间隔。

7. 偏振相关损耗

自发辐射放大 ASE(Amplified Spontaneous Emission)噪声是指由于偏振态的变化所造成的插入损耗的最大变化值。

4.6.4 WDM 系统的基本结构

实际的 WDM 系统主要由五部分组成，即光发射机、光中继放大、光接收机、光监控信道和网络管理系统，如图 4.46 所示。

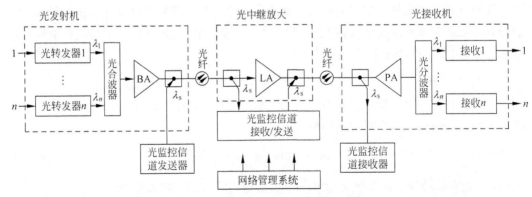

图 4.46 实际 WDM 系统的基本结构

光发射机位于 WDM 系统的发送端。在发送端，首先将来自终端设备(如 SDH 端机)输出的光信号利用光转发器(OTU)把符合 ITU-T G.957 建议的非特定波长的光信

号转换成符合 ITU-T G.692 建议的具有稳定的特定波长的光信号。OTU 对输入端的信号波长没有特殊要求,可以兼容任意厂家的 SDH 信号,其输出端满足 G.692 的光接口,即标准的光波长和满足长距离传输要求的光源;然后,利用合波器合成多路光信号;最后,通过光功率放大器(Booster Amplifier,BA)放大输出多路光信号。

经过一定距离的传输后,要用掺铒光纤放大器(EDFA)对光信号进行中继放大。在应用时,可根据具体情况,将 EDFA 用做"线放(Line Amplifier,LA)"、"功放(BA)"和"前放(Preamplifier,PA)"。在 WDM 系统中,对 EDFA 必须采用增益平坦技术,使得 EDFA 对不同波长的光信号具有接近相同的放大增益。与此同时,还要考虑到不同数量的光信道同时工作的各种情况,保证光信道的增益竞争不影响传输性能。

在接收端,光前置放大器(PA)放大经传输而衰减的主信道光信号,分波器从主信道光信号中分出特定波长的光信号。接收机不但要满足一般接收机对光信号灵敏度、过载功率等参数的要求,还要能承受有一定光噪声的信号,要有足够的电带宽。

光监控信道(Optical Supervisory Channel,OSC)的主要功能是监控系统内各信道的传输情况。在发送端,插入本节点产生的波长为 $\lambda_s(1.51\mu m)$ 的光监控信号,与主信道的光信号合波输出;在接收端,将接收到的光信号分离,输出 $\lambda_s(1.51\mu m)$ 波长的光监控信号和业务信道光信号。帧同步字节、公务字节和网管所用的开销字节等都是通过光监控信道来传送的。网络管理系统通过光监控信道物理层传送开销字节到其他节点,或接收来自其他节点的开销字节对 WDM 系统进行管理,实现配置管理、故障管理、性能管理和安全管理等功能,并与上层管理系统(如 TMN)相连。

WDM 技术在近几年发展迅猛,主要因为它具有以下几方面的特点。

(1) 传输容量大,可节约宝贵的光纤资源。对单波长光纤系统而言,收/发一个信号需要使用一对光纤;而对于 WDM 系统,不管有多少个信号,整个复用系统只需要一对光纤。例如,对于 16 个 2.5Gb/s 系统来说,单波长光纤系统需要 32 根光纤,WDM 系统仅需要 2 根光纤。

(2) 对各类业务信号"透明",可以传输不同类型的信号,如数字信号、模拟信号等,并能对其进行合成和分解。

(3) 网络扩容时不需要敷设更多的光纤,也不需要使用高速网络部件,只需要换端机和增加一个附加光波长,就可以引入任意新业务或扩充容量。因此,WDM 技术是理想的扩容手段。

(4) 组建动态可重构的光网络。在网络节点使用光分插复用器(Optical Add Drop Multiplexer,OADM)或者使用光交叉连接设备(Optical Cross Connect Equipment,OXC),可以组成具有高度灵活性、高可靠性、高生存性的全光网络。

小结

光与物质相互作用时有三种基本过程:自发辐射、受激吸收和受激辐射。当材料中的原子处在高能级的粒子数多、低能级的粒子少的条件下,称为粒子数反转分布;发光的必要条件是工作物质处于粒子数反转分布。

光纤通信系统中所用的光器件笼统地可分为有源器件和无源光器件。半导体光源、半导体光检测器以及光放大器和光调制器均属于有源器件。

光源器件是光发射机的核心器件,其作用是将电信号转换成光信号送入光纤。常用的光源器件有 LD 和 LED 两种。LD 由工作物质、激励源和光学谐振腔组成,常用的有 DFB 和 DBR 两类半导体激光器。LED 与 LD 的区别是前者没有光学谐振腔,它的发光仅限于自发辐射,使所发的光为荧光,是非相干光。

半导体光电检测器是光接收机的核心器件,它利用光电效应将电信号转换成光信号。常用的光电检测器有 PIN 和 APD 两种。PIN 和 APD 光电检测器的主要区别是 APD 利用雪崩倍增效应使光电流得到倍增,所以 APD 能够提供内部增益,PIN 却不能。

对于光源调制而言,有内调制和外调制之分,即直接调制和间接调制。在高速长距离通信系统中,特别是在使用掺铒光纤放大器 EDFA 的同步数字体系 SDH 高速系统和密集波分复用 DWDM 系统中,一般采用外调制方法。目前常用的外调制器有电吸收型光调制器(EAM)和马赫—曾德尔(M-Z)干涉型调制器。

光放大器的分类如下所示:

$$光放大器\begin{cases}半导体光放大器\\光纤放大器\begin{cases}非线性光纤放大器\\掺铒光纤放大器\end{cases}\end{cases}$$

掺铒光纤放大器(EDFA)主要是在泵浦激光源的作用下,使得掺铒光纤处于粒子数反转分布状态,产生受激辐射,实现光的直接放大。EDFA 主要由泵浦光源、光耦合器、光隔离器以及光滤波器等组成。按照泵浦光源的泵浦方式,可分为同向泵浦结构、反向泵浦结构、双向泵浦结构三种方式。

习题与思考题

4.1 光与物质的作用有哪三种基本过程? 自发辐射和受激辐射所发的光各有什么特点?

4.2 什么叫粒子数反转分布? 怎样才可能实现光放大? 什么是泵浦源?

4.3 构成激光器必须具备什么条件?

4.4 在半导体激光器 P-I 曲线中,哪段范围对应于荧光? 哪段对应于激光? I_{th} 是什么?

4.5 什么是光电效应? 简述半导体的光电效应。

4.6 什么是雪崩效应? 试比较 PN 结光电二极管、PIN 光电二极管以及 APD 雪崩光电二极管的优缺点。

4.7 计算一个波长 $\lambda=1\mu m$ 的光子能量,分别对 1MHz 和 100MHz 的无线电波做同样的计算。

4.8 如果激光器在 $\lambda=0.5\mu m$ 上工作,输出 1W 的连续功率。试计算每秒从激活物质的高能级跃迁到低能级的粒子数。

4.9 已知光功率为 25.4×10^{-3} W,光波频率为 3.53×10^{14} Hz,求单位时间传输的光子数。

4.10 光源的外调制有哪些类型? 内调制和外调制各有什么优缺点?

4.11 EDFA 的噪声指数是 6,增益为 100,输入信号 SNR 为 30dB,信号功率为 10μW。计算 EDFA 的输出信号功率(用 dBm 表示)和 SNR(用 dB 表示)。

4.12 EDFA 的带宽约 20nm(1530~1550nm),可以同时放大多少 10GHz 信道?

4.13 光放大器可以把 1μW 的信号放大到 1mW,当 1mW 的功率入射到相同的放大器时,输出功率是多少? 假定饱和功率是 10mW。

4.14 说明同向泵浦、反向泵浦、双向泵浦的含义。对于 0.98μm 泵浦和 1.48μm 泵浦的 EDFA,哪种泵浦方式的功率转换效率高? 哪种泵浦方式的噪声系数小? 为什么?

4.15 有一个密集波分复用系统,复用信道间隔为 0.8nm,光源的谱线为高斯型的,3dB 宽度为 0.15nm。求中心频率为 1552.52nm 和 1552.32nm 的两条信道的串扰。

第 5 章

光纤通信系统

内容提要：
- 光发射机的基本组成
- 光接收机的组成和重要指标
- 光中继器的工作原理
- 光纤通信系统的线路码型

5.1 光发射机

当前，光纤通信系统普遍采用数字编码和强度调制—直接检测（IM-DD）通信系统，其基本结构如图 5.1 所示。

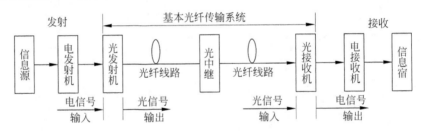

图 5.1 光纤通信系统基本结构

电端机包括电发射机和电接收机，对用户的各种业务信号进行复用/解复用处理，并发送/接收高速数字电信号。

光端机包含光发射机和光接收机，是光纤通信系统中的光纤传输终端设备，位于电端机和光纤传输线路之间。

光发射机是实现电/光（E/O）转换的光端机，其功能是把电端机的信号变换成适合光纤传输和能携带定时信号的线路码并进行电/光变换，再将已调光信号耦合到光纤或光缆中传输。

光接收机是实现光/电（O/E）转换的光端机，其功能是将光纤或光缆传输来的光信号进行光/电变换，转变为电信号，再将微弱的电信号经放大电路放大到足够的电平，送到接收端的电端机。

光纤或光缆主要用来传输光信号，可以是单模光纤或多模光纤。

　　光纤通信系统主要包括光纤(光缆)和光端机。光端机又包含光发送机和光接收机两部分。如果通信距离长时,还要加光中继器。

　　光中继器通常采用掺铒光纤放大器(EDFA)以补偿光纤线路的损耗,也可以采用背靠背的光接收机、光发射机,并在其间配置数字信号再生单元组成的再生器(REG)代替光中继器,简称为电中继。

　　如果中途需要分出/插入部分通道,可以采用分出/插入复用器(ADM)。ADM 其实也是一种可上/下电路的再生器,即在再生单元后配置相应的电端机,从再生的高速数字信号中分出指定的通路,并插入待发的通路。

　　目前,光端机和电端机已合二为一。通常,把光电合一的端机称为终端复用器(TM)。

　　一条光纤通信链路由两端的终端复用器(TM)、光纤线路及插在线路中的若干再生器(REG)和(或)分出/插入复用器(ADM)组成。REG 和(或)ADM 把链路分成若干段。两个相邻的 REG 或 TM 与紧邻的 REG 间的链路段称为(电)再生段;两个相邻的 ADM 或 TM 与紧邻的 ADM 间的链路段称为复用段。一个复用段可以包含几个再生段。在一个再生段中,可插入光中继(放大)器,两个相邻光中继器间的链路称为光中继段。

5.1.1　要求

　　在光纤通信系统中,光发送机的作用是把从电端机送来的电信号进行码型变换(适宜在信道中传输),进行电/光转换后,将电信号转换成光信号,再耦合入光纤线路进行传输。因此,对光发送机有一定的要求。

1. 有合适的输出光功率

　　光发送机的输出光功率通常是指耦合进光纤的功率,亦称为入纤功率。入纤功率越大,可通信的距离就越长,但光功率太大,会使系统工作在非线性状态,产生非线性效应,对通信产生不良影响。因此,要求光源应有合适的光功率输出,一般为 $0.01\sim5\mathrm{mW}$。

　　另外,要求输出光功率保持恒定,在环境温度变化或器件老化的过程中,稳定度要求为 $5\%\sim10\%$。

2. 有较好的消光比

　　消光比定义为全"1"码时的平均输出光功率与全"0"码时的平均输出光功率之比,可用下式表示:

$$\mathrm{EXT} = 10\lg\frac{P_1}{P_0} \quad (\mathrm{dB}) \tag{5.1}$$

式中,P_1 为全"1"码时的平均输出光功率;P_0 为全"0"码时的平均输出光功率。

　　光源的消光比将直接影响接收机的灵敏度。为了不使接收机的灵敏度明显下降,消光比一般应大于 10dB。

3. 调制特性要好

　　所谓调制特性好,是指光源的 $P\text{-}I$ 曲线在使用范围内的线性特性好,否则在调制后将产生非线性失真。

除此之外,还要求电路尽量简单、成本低、稳定性好、光源寿命长等。

5.1.2　光发送机的基本组成

图 5.2 所示为数字光发送机的基本组成,主要包括两部分:输入电路(输入盘)和电/光转换电路(发送盘)。输入电路包括均衡放大、码型变换、扰码、时钟提取、编码;电/光转换电路包括光源、光源的调制(驱动)电路、光源的控制电路及光源的监测和保护电路等。下面介绍各部分的功能。

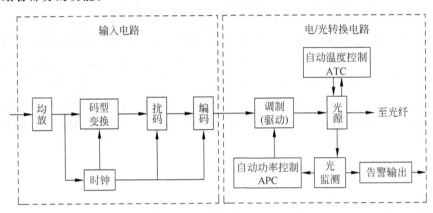

图 5.2　数字光发送机的基本组成示意图

1. 均衡放大

由 PCM 电端机送来的电信号是三阶高密度双极性码(HDB_3)或编码信号反转码(CMI)。首先要进行均衡放大,用以补偿电缆传输所产生的衰减和畸变,保证电端机与光端机间信号的幅度、阻抗适配,以便正确译码。

2. 码型变换

由均衡器输出的仍然是 HDB_3 码或 CMI 码,前者是伪三进码(即$+1$、0、-1),后者是归零码。这两种码型都不适合在光纤通信系统中传输,因为在光纤通信系统中是用有光和无光分别对应"1"码和"0"码,无法与$+1$、0、-1相对应,需要通过码型变换电路将双极性码变换为单极性码,将归零码变换为不归零码(即 NRZ 码),以适应光发送机的要求。

3. 扰码

若信号码流中出现长串连续"1"或长串连续"0"的情况,将会造成收端时钟信号提取困难。为避免这种情况,需要加一个扰码电路,它可以有规律地破坏长串连续"1"或长串连续"0"的码流,达到"0"和"1"等概率出现,利于接收端从线路数码流中提取时钟。

4. 时钟提取

由于码型变换和扰码以及编码过程都需要以时钟信号作为依据,因此,在均衡放大之后,由时钟提取电路提取 PCM 中的时钟信号,供给码型变换、扰码和编码电路使用。

5. 编码

经过扰码后的数码流中"0"和"1"出现的概率大致相等,但它不能进行不中断业务的误码监测(即在线误码检测),编码的目的是将数码流变为适合在光纤线路中传送的线路码型,同时能进行不中断业务的误码监测。

6. 光源

光源是实现电/光转换的关键器件,在很大程度上决定着数字光发送机的性能。它的作用是产生作为光载波的光信号,并作为信号传输的载体携带信号在光纤传输线路中传送。

7. 调制(驱动)电路

光源调制电路又称驱动电路,是光发送机的核心之一。它用经过编码后的数字信号对光源进行调制,让光源发出的光信号强度随电信号码流变化,形成相应的光脉冲送入光纤,即完成电/光转换任务。

8. 自动功率控制(APC)

半导体激光器是对温度敏感的器件,它的输出光功率和输出光谱的中心波长会随着温度的变化或 LD 管的老化而发生变化。为了保证激光器有稳定的输出光功率和波长,需要各种辅助电路,例如功率控制电路、温度控制电路、限流保护电路和各种告警电路等。

自动功率控制电路是利用激光器组件中的光电二极管,监测激光器背向输出光功率的大小。若光功率小于某一额定值,通过反馈电路后,驱动电流增加,并达到额定输出功率值;反之,若光功率大于某一额定值;则驱动电流减小,以保证激光器输出功率基本上恒定不变。如图 5.3 所示为带自动功率控制的 LD 驱动电路,其工作过程为:$I_{LD} \uparrow \rightarrow I_{PD} \uparrow \rightarrow V_A \downarrow \rightarrow V_f \downarrow \rightarrow V_B \downarrow \rightarrow I_b \downarrow \rightarrow I_{LD} \downarrow$。

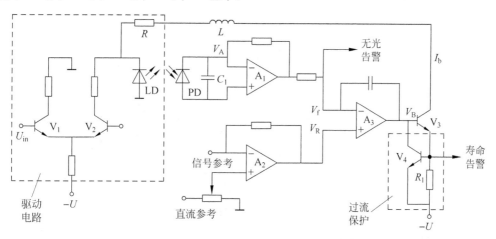

图 5.3　APC 电路原理

9. 自动温度控制(ATC)

温度变化引起 LD 输出光功率的变化,虽然可以通过 APC 电路进行调节,使输出光功率恢复正常值,但如果环境温度升高较多,经 APC 调节后,I_b 增大较多,则 LD 的结温升高很多,致使阈值电流 I_{th} 继续增大,造成恶性循环,从而影响 LD 的使用寿命。因此,为保证激光器长期、稳定地工作,必须采用 ATC,使激光器的工作温度始终保持在 20℃ 左右。如图 5.4 所示为 LD 的自动温度控制原理方框图,它由制冷器、热敏电阻和控制电路组成。

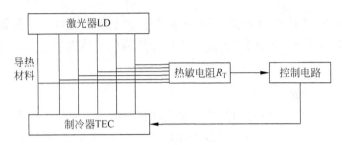

图 5.4　自动温度控制原理方框图

　　图 5.5 所示为温度控制电路,具体的控制过程如下:由 R_1、R_2、R_3 和热敏电阻 R_T 组成"换能"电桥,通过电桥把温度的变化转换为电量的变化。运算放大器 A_1 的差动输入端跨接在电桥的对端,用以改变三极管 V_1 的基极电流。在设定温度(例如 20℃)时,调节 R_3 使电桥平衡,A、B 两点没有电位差,传输到运算放大器 A_1 的信号为零,流过制冷器 TEC 的电流也为零。当环境温度升高时,LD 的管芯和热沉温度升高,使具有负温度系数的热敏电阻 R_T 的阻值减小,电桥失去平衡。这时 B 点的电位低于 A 点的电位,运算放大器 A_1 的输出电压升高,V_1 的基极电流增大,制冷器 TEC 的电流也增大,制冷端温度降低,管芯和热沉的温度也降低,因而保持温度恒定。整个控制过程可以表示如下:

T(环境)↑ → T(LD,热沉)↑ → R_T↓ → I(通过制冷器的电流)↑ → TEC 吸热 → T(LD)↓

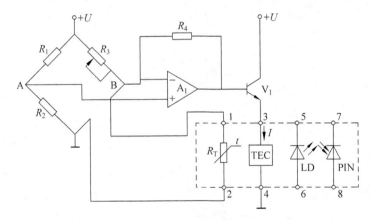

图 5.5　ATC 电路原理

10. 其他保护、监测电路

　　光源是光发送机的核心,它价格昂贵又较易损坏。因此,在光发送机中必须设有保护电路,以防止意外的损坏。另外,当光发送机出现故障时,告警电路应发出相应的声、光告警信号,以便于工作人员维护。

（1）光源的过流保护电路。为了使光源不致因通过大电流而损坏，一般需要对光源进行过流保护，如图 5.3 所示激光器的过流保护电路。其中，V_3 为激光器提供偏流 I_b。保护电路由晶体管 V_4、电阻 R_1 组成。

正常情况下，电阻 R_1 上的电压小于 V_4 的导通压降，因而 V_4 截止，保护电路不工作。当偏流 I_b 过大，致使 R_1 上的压降剧增并超过 V_4 的导通压降时，V_4 饱和导通，从而导致 V_3 截止，保护了激光器不致因偏流 I_b 过大而被损坏。

（2）无光告警电路。当发送机电路出现故障，或输入信号中断，或激光器损坏时，都可能使 LD 长时间不发光。这时，无光告警电路都应动作，发出相应的声、光告警信号。图 5.6 所示为无光告警电路原理图。

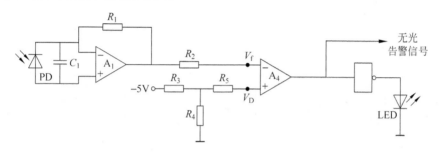

图 5.6　无光告警电路原理图

正常情况下，$V_f > V_D$，A_4 输出高电平，因此无光告警指示灯 LED 不亮；当无光时，$V_f < V_D$，A_4 输出低电平，使无光告警灯发出红色告警显示。

（3）寿命告警电路。随着使用时间的增长，LD 阈值电流将逐渐增大。当阈值电流增大到开始使用时的 1.5 倍时，就认为激光器的寿命终止。图 5.7 所示为寿命告警电路原理图。

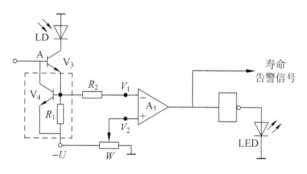

图 5.7　寿命告警电路原理图

5.2　光接收机

光发送机输出的光信号在光纤中传输时，不仅幅度会受到衰减，脉冲的波形也会被展宽。光接收机的主要作用是将经光纤传输后幅度被衰减、波形产生畸变的微弱的光信号变换为电信号,对电信号进行放大、整形、再生后,再生成与发送端相同的电信号,输入到电接收端机,并且用自动增益控制电路(AGC)保证稳定地输出。

5.2.1　光接收机的基本组成

直接强度调制—直接检测(IM-DD)的数字光接收机方框图如图 5.8 所示,主要包括两部分内容:接收电路(接收盘)和输出电路(输出盘)。接收电路包含光电检测器、前置放大器、主放大器、均衡器、时钟恢复电路、取样判决器以及自动增益控制(AGC)电路;输出电路主要包含解码器、解扰器、编码器,它是输入电路的逆过程。下面主要介绍接收电路各部分的功能。

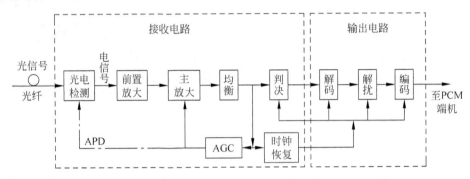

图 5.8　数字光接收机方框图

1. 光电检测器

光电检测器是光接收机的第一个关键部件,其作用是把接收到的光信号转化成电信号。目前在光纤通信系统中广泛使用的光电检测器是 PIN 光电二极管和雪崩光电二极管 APD。PIN 管比较简单,只需要 10～20V 的偏压即可正常工作,且不需要偏压控制,但它没有增益。因此使用 PIN 管的接收机的灵敏度不如 APD 管。APD 管具有 10～200 倍的内部电流增益,可提高光接收机的灵敏度。但使用 APD 管比较复杂,需要几十伏到 200V 的偏压,并且温度变化较严重地影响 APD 管的增益特性,所以通常需对 APD 管的偏压进行控制,以保持其增益不变,或采用温度补偿措施保持其增益不变。对光电检测器的基本要求是高的转换效率、低的附加噪声和快速的响应。由于光电检测器产生的光电流非常微弱(纳安级至微安级),必须先经前置放大器进行低噪声放大。光电检测器和前置放大器合称为光接收机前端,其性能是决定光接收机灵敏度的主要因素。

2. 前置放大器

光接收机的放大器包括前置放大器和主放大器两部分。经光电检测器检测而得的微弱信号电流流经负载电阻转换成电压信号后,由前置放大器放大。但前置放大器在将信号放大的同时,会引入放大器本身电阻的热噪声和晶体管的散弹噪声。另外,后面的主放大器在放大前置放大器的输出信号时,会将前置放大器产生的噪声一起放大。前置放大器的性能优劣直接影响到光接收机的灵敏度。因此,前置放大器应是低噪声、宽频带、高增益放大器,才能获得较高的信噪比。目前有三种不同方式的前置放大器,即低阻抗、高阻抗和跨阻抗前置放大器。

低阻抗前置放大器的特点是：接收机不需要或只需要很少的均衡就能获得很宽的带宽，前置级的动态范围也较大。但由于放大器的输入阻抗较低，造成电路的噪声较大。高阻抗前置放大器的特点是：电路的噪声很小，但放大器的带宽较窄，在高速系统应用时对均衡电路提出了很高的要求，限制了放大器在高速系统的应用。跨阻抗放大器同时具有噪声低和频带宽的特点，与高阻抗前置放大器相比，具有较大的动态范围，因而在高速率、大容量的通信系统中应用广泛。

3. 主放大器

主放大器一般是多级放大器，主要用来提供高的增益，将前置放大器的输出信号放大到适合于判决电路所需的电平，并通过它实现自动增益控制（AGC），以使输入光信号在一定范围内变化时，输出电信号保持恒定。前置放大器的输出信号电平一般为 mV 量级，而主放大器的输出信号一般为 $1\sim3V$（峰—峰值）。主放大器和 AGC 决定着光接收机的动态范围。

4. 均衡器

均衡器的作用是对主放大器输出的失真的数字脉冲信号进行整形，使之成为最有利于判决且码间干扰最小的升余弦波形。即在本码判决时刻，波形的瞬时值为最大值，而此本码的波形的拖尾在邻码判决时刻的瞬时值为零。均衡器的输出信号通常分为两路：一路经峰值检波电路变换成与输入信号的峰值成比例的直流信号，送入自动增益控制电路，用以控制主放大器的增益；另一路送入判决再生电路，将均衡器输出的升余弦信号恢复为“0”或“1”的数字信号。

5. 判决器和时钟恢复电路

判决器和时钟恢复电路共同构成脉冲再生电路，作用是将均衡器输出的升余弦信号恢复为“0”或“1”的数字信号。为了判定信号，首先要确定判决的时刻，这需要从均衡后的升余弦波形中提取准确的时钟信号。时钟信号经过适当的相移后，在最佳时刻对升余弦波形进行取样，然后将取样幅度与判决阈值进行比较，以判定码元是“0”还是“1”，从而把升余弦波形恢复成传输的数字波形。理想的判决器应该是带有选通输入的比较器。

6. 自动增益控制

光接收机的自动增益控制（AGC），就是利用反馈环路来控制主放大器的增益。在采用雪崩光电二极管（APD）的接收机中还通过控制雪崩管的高压来控制雪崩管的雪崩增益。当信号强时，通过反馈环路使上述增益降低；当信号变弱时，通过反馈环路使上述增益提高，使送到判决器的信号稳定，以利于判决。显然，自动增益控制的作用是增加了光接收机的动态范围，使光接收机的输出保持恒定。

5.2.2　光接收机的主要指标

数字光接收机的主要指标有光接收机的灵敏度和动态范围。

1. 光接收机的灵敏度

接收机灵敏度是数字光接收机最重要的指标,它直接决定光纤通信系统中的中继距离和通信质量。光接收机的灵敏度是指系统在满足给定误码率或信噪比指标的条件下,光接收机所需的最小平均接收光功率 P_{min}(mW)。通常用毫瓦分贝(dBm)来表示,即

$$P_r = 10\lg \frac{P_{min}}{1mW} \quad (dBm) \tag{5.2}$$

如果光接收机在满足给定的误码率指标下,P_r 或 P_{min} 越小,意味着数字光接收机接收微弱信号的能力越强,灵敏度越高。此时,当光发射机输出功率一定时,则保证通信质量(满足一定误码率的要求)的中继距离越长。因此,要提高数字光接收机的灵敏度,可以延长光纤通信的中继距离和增加通信容量。影响接收机灵敏度的主要因素是光信号检测过程及前置放大器中的各种噪声。在实际的光纤传输系统中,必须给光接收机的灵敏度留出一定的富余量(3~6dBm),这是由于接收机灵敏度是接收机设计中最基本的问题,需要考虑到元件老化、温度变化及制造公差等引起的退化。

2. 光接收机的动态范围 D

在实际的系统中,由于中继距离、光纤损耗、连接器及熔接头损耗的不同,发送功率随温度的变化及老化等因素,接收光功率有一定的范围。光接收机的动态范围 D(单位:dB)是指在保证系统误码率指标的条件下,接收机的最大允许接收光功率(单位:dBm)与最小接收光功率(单位:dBm)之差,即

$$D = 10\lg \frac{P_{max}}{10^{-3}} - 10\lg \frac{P_{min}}{10^{-3}} = 10\lg \frac{P_{max}}{P_{min}} \quad (dB) \tag{5.3}$$

式中,$10\lg \dfrac{P_{min}}{10^{-3}}$ 即为接收机的灵敏度。宽的动态范围对系统结构来说更方便、灵活,使同一台接收机可用于不同长度的中继距离。

5.3 光中继器

光纤通信是利用光纤传输光信号的通信。光脉冲信号从光发射机输出,经光纤传输若干距离以后,由于光纤损耗和光纤色散的影响,将使光脉冲信号的幅度受到衰减,波形出现失真,造成码间干扰,使误码率增加。这不但限制了光脉冲信号的传输距离,也限制了光纤的传输容量。为了增加光纤的通信距离和通信容量,需要在光纤传输线路中每隔一定距离(50~70km)设置一个光中继器以放大衰减的光信号,恢复失真的波形,使光脉冲再生。所以,在进行长距离光通信传输时,光中继器是保证高可靠性和高质量传输的重要组成部分。光纤通信系统中的光中继器主要有两种,一种是传统的光中继器(即光—电—光中继器);另一种是全光中继器。

5.3.1 光—电—光中继器

光中继器的主要功能是补偿光能量的损耗,恢复信号脉冲的形状。传统的光中继器

是采用光—电—光(O-E-O)转换形式的中继器,它由一个没有码型反变换且能完成光/电变换的光接收端机、电放大器和一个没有码型变换且能完成电/光变换的光发送端机组成。其原理是将接收到的微弱光信号用光电检测器转换成电信号后进行放大、整形和再生,恢复出原来的数字信号,再对光源进行调制,变换为光脉冲信号送入光纤,如图 5.9 所示。当前使用的 PDH 光纤通信系统一般采用光—电—光中继器。

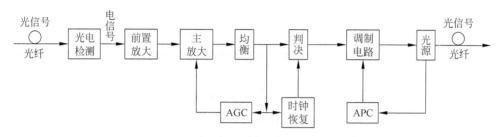

图 5.9　典型的数字光中继器原理方框图

5.3.2　全光中继器

全光中继器即光—光中继器,也就是光放大器。自 20 世纪 80 年代末掺铒光纤放大器(EDFA)问世并很快实用化以来,光放大器开始逐步替代传统的光中继器。光放大器省去了光/电转换过程,可以对光信号直接放大。因此结构比较简单,有较高的效率,在 DWDM 系统中应用广泛。在光放大器中,掺铒光纤放大器应用最为广泛,它具有高增益、低噪声、对偏振不敏感、放大器频带较宽等优点,可在光纤线路中代替目前广泛使用的光—电—光中继器,其工作原理如图 5.10 所示。

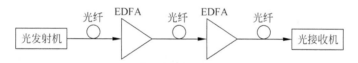

图 5.10　掺铒光纤放大器用做光中继器的原理框图

5.4　线路编码

在数字光纤通信系统中,光端机的接口有电接口和光接口。电接口与 PCM 终端机相连,因而其接口码型应选择与 PCM 终端机的接口码型一致。ITU-T 规定的 PCM 通信系统中的接口速率和码型如表 5.1 所示。

表 5.1　PDH 接口码速率与接口码型

类别	基群	二次群	三次群	四次群
接口码速率/(Mb/s)	2.048	8.448	34.368	139.264
接口码型	HDB$_3$	HDB$_3$	HDB$_3$	CMI

前面已经讲过,HDB₃和CMI都不适合直接在光纤通信系统中传输,因此必须进行码型变换,以适应数字光纤通信系统传输的要求。数字光纤通信系统普遍采用二进制二电平码,即"有光脉冲"表示"1"码,"无光脉冲"表示"0"码。使用简单的单极性二电平码作为传输码型,虽然易于产生、易于译码,但会带来如下问题。

(1) 在码流中,出现"1"码和"0"码的个数是随机变化的,因而直流分量会发生随机波动(基线漂移),给光接收机的判决带来困难。

(2) 在随机码流中,容易出现长串连续"0"和长串连续"1"码,这样可能造成位同步信息丢失,给光纤线路上再生中继器和终端光接收机的定时提取工作带来困难,或产生较大的定时误差。

(3) 不能实现在线(不中断业务)的误码检测,不利于长途通信系统的维护。

为解决以上问题,通常对于由电端机输出的信号码流,在未对 LD(或 LED)调制以前,一般要先扰码,或者进行码型变换,使调制后的光脉冲码流由简单的单极性码,转换为适合于数字光纤传输系统传输的线路码型。数字光纤通信系统对线路码型的主要要求是保证传输的透明性,具体要求如下:

(1) 能限制信号带宽,减小功率谱中的高低频分量。这样就可以减小基线漂移,提高输出功率的稳定性和减小码间干扰,有利于提高光接收机的灵敏度。

(2) 能给光接收机提供足够的定时信息。因而应尽可能减少连"0"码和连"1"码的数目,使"0"码和"1"码的分布均匀,保证定时信息丰富。

(3) 能提供一定的冗余码,用于平衡码流、误码监测和公务通信。但对高速光纤通信系统,应适当减少冗余码,以免占用过大的带宽。

数字光纤通信系统常用的线路码型有加扰二进制码、$mBnB$ 码和插入比特码。

5.4.1　加扰二进制码

为了保证传输的透明性,在系统光发射机的调制器前需要附加一个扰码器,将原始的二进制码序列加以变换,使其接近于随机序列。常用的为 D 触发器和异或门组成的七级扰码器。相应地,在光接收机的判决器之后附加一个解扰器,以恢复原始序列。

加扰二进制码是把信息序列按一定规则进行扰码,使线路码流中"0"码和"1"码出现的概率大致相等,因此码流中不会出现长串连续"0"和长串连续"1"的情况,从而有利于接收端提取时钟信号。但是,这种码型中没有引入冗余码,不能进行在线误码监测。

由于加扰二进制码不能完全满足光纤通信对线路码型的要求,所以许多光纤通信设备除采用扰码外还采用其他类型的线路编码。

5.4.2　$mBnB$ 码

$mBnB$ 码也称为分组码,它是把输入码流每 m 比特分成一组,记为 mB,称为一个码字,然后把一个码字变换为 n 个二进制码,记为 nB,并在同一时隙内输出。这种码型是把 mB 变换为 nB,因此称为 $mBnB$ 码,其中 m 和 n 都是正整数,通常 $n>m$,一般取 $n=m+1$。

常用的 mBnB 码有 1B2B、3B4B、5B6B、8B9B 和 17B18B 等。

1. 1B2B 码

（1）CMI 码

CMI 码又称为传号反转码，它是一种 1B2B 码。其变换规则是原码的"0"码用"01"码代替，原码的"1"码用"00"和"11"交替代替，因此最大的连续"0"数和连续"1"数不会超过 3 个。例如：

原码（NRZ 码，即 1B）　　　　1　　0　　0　　1　　1　　0　　1

CMI 码（RZ 码，即 2B）　　　00　01　01　11　00　01　11

CMI 码的主要优点是：①没有直流分量；②定时提取方便；③有一定的检错能力，因为在 CMI 码流中，只会出现"01"和交替的"00"、"11"，利用这一特点，可以检测部分误码。由于 CMI 码的上述优点，ITU-T 已建议将其作为准同步数字系列（PDH）四次群和同步数字系列（SDH）的 STM-1 接口码型。

（2）双相码（也称为曼彻斯特码）

双相码又称为分相码，它也是一种 1B2B 码。这种编码是将原码的"0"变换为"01"，把"1"变换为"10"，因此最大的连续"0"数和最大的连续"1"数不会超过 2 个，例如 1001 和 0110。

双相码的优点是：①"0"和"1"成对出现，没有直流分量；②"0"和"1"变化出现在每一个原始码元中，有利于位定时的恢复；③接收端易实现误码监测，方法之一是用一个初始值为"1"的累加器，接收到"0"码时减 1，接收到"1"码时加 1，无误码时累加数只能是 0、1 或 2，超出范围表示有误码。

CMI 码和双相码的缺点是码速提高率（为 100%）太大，并且传送辅助信息的性能较差。

（3）DMI 码

DMI 码又称为不同模式反转码，它也是一种 1B2B 码。其变换规则是原码的"1"码用"00"和"11"交替代替。对于原码的"0"码，若前两个码为"01"和"11"，用"01"代替；若前两个码为"10"和"00"，用"10"代替。

2. 3B4B 码

3B4B 码是将输入信号码流中的每 3 比特分为一组，共有 $2^3 = 8$ 个码字，然后编成 4 比特，有 $2^4 = 16$ 个码字。为了保证信息的完整传输，必须从 4B 码的 16 个码字中挑选 8 个码字来代替 3B 码。一个好的方案必须符合光纤系统对数字码流的要求。例如，在 3B 码中有 2 个"0"，变为 4B 码时补 1 个"1"；在 3B 码中有 2 个"1"，变为 4B 码时补 1 个"0"。而 000 用 0001 和 1110 交替使用；111 用 0111 和 1000 交替使用。同时，规定一些禁止使用的码字，称为禁字，例如 0000 和 1111。

3. 5B6B 码

我国三次群和四次群光纤通信系统最常用的线路码型是 5B6B 码，它综合考虑了频带利用率和设备复杂性，虽然增加了 20% 的码速，但换取了便于提取定时信息、低频分量小、可实时监测、迅速同步等优点。

5.4.3　插入比特码

插入比特码是当前我国应用较多的一种线路码型,优点是设计灵活,适合于高码速率系统,能传递丰富的辅助信息及中途能方便地上/下话路。插入比特码是把输入二进制原始码流分成每 m 比特一组,然后在每组 mB 码末尾按一定规律插入一个冗余比特,组成 $m+1$ 个比特为一组的线路码流,组成的线路码速变换为 $\dfrac{m+1}{m}$。根据插入码的用途不同,可以分为 mB1P 码、mB1C 码和 mB1H 码。

1. mB1P 码

在 mB1P 码中,P 码称为奇偶校验码,它可以把 m 位原码通过末位插入 P 码,校正为偶数码或奇数码。

(1) P 码为奇校验码时,其插入规律是使 $m+1$ 个码内"1"码的个数为奇数。以 6B1P 为例:

6B 码:110101　000111　101110　001101

6B1P 码:1101011　0001110　1011101　0011010

当检测到 $m+1$ 个码内"1"码的个数为奇数时,则认为无误码。

(2) P 码为偶校验码时,其插入规律是使 $m+1$ 个码内"1"码的个数为偶数。以 6B1P 为例:

6B 码:110101　000111　101110　001101

6B1P 码:1101010　0001111　1011100　0011011

当检测到 $m+1$ 个码内"1"码的个数为偶数时,则认为无误码。

2. mB1C 码

C 码称为反码,它是 mB 码中最后一位(第 m 位)的反码。若第 m 位码为"1",则 C 码编为"0";反之则编为"1"。以 4B1C 为例:

4B 码:1100　1001　0000　1111　0101

4B1C 码:11001　10010　00001　11110　01010

C 码的作用是引入冗余码,可以进行不中断业务的在线误码监测,同时可以抑制连续"0"或连续"1"数,抑制功率谱中的高低频成分,有利于定时提取。

3. mB1H 码

mB1H 码是 mB1C 码演变而成的,即在 mB1C 码中,扣除部分 C 码,并在相应的码位上插入一个混合码(H 码),所以称为 mB1H 码,H 码具有多种功能。它实际上是由同步码、区间通信、公务、监测、辅助数据信息等插入码和 C 码混合组成。C 码在 mB1H 中不仅能抑制相同连码的数目,增加定时信息,平衡传输信息中"1"和"0"出现的概率,还可以利用 C 码进行不中断业务的误码监测。mB1H 码实现了各种信息在同一根光纤中传送,其基本结构如图 5.11 所示。

图中,C 为 mB 中最后一个信号码的反码,S 为多余比特码,可以在特定的 mB1H 码

图 5.11　mB1H 码的基本结构

中按照各自的帧结构组成辅助信号插入到 S 码位中。C 码和 S 码位插入的辅助信号统称为 H 码。我国采用的 mB1H 码有 1B1H 码、4B1H 码和 8B1H 码。

小结

　　光发射机和光接收机统称为光端机,光端机位于电端机和光纤传输线路之间。光发射机是实现电/光(E/O)转换的光端机;光接收机是实现光/电(O/E)转换的光端机。对光发射机的要求是:有合适的输出光功率;有较好的消光比;调制特性要好。数字光发射机的基本组成包括均衡放大、码型变换、扰码、时钟提取、编码、光源、光源的调制(驱动)电路、光源的控制电路(ATC 和 APC)及光源的监测和保护电路等。数字光接收机主要包括光电检测器、前置放大器、主放大器、均衡器、时钟恢复电路、取样判决器以及自动增益控制(AGC)电路;数字光接收机的主要指标有光接收机的灵敏度和动态范围。

　　光中继器的主要功能有放大衰减的光信号,恢复失真的波形,使光脉冲得到再生。主要有两种类型的中继器:传统的光中继器和全光中继器。

　　数字光纤通信系统常用的线路码型有加扰二进码、mBnB 码和插入比特码。

习题与思考题

　　5.1　试述数字光发射机的组成及各部分功能。

　　5.2　对光发射机的要求是什么?

　　5.3　试述数字光接收机的组成及各部分功能。

　　5.4　在数字光接收机中,设置均衡电路的目的是什么?

　　5.5　在数字光接收机中,为什么要设置 AGC 电路?

　　5.6　光接收机的灵敏度和动态范围指的是什么?

　　5.7　在数字光纤通信系统中,中继器的作用是什么? 两种类型的中继器的区别是什么?

　　5.8　在数字光纤通信系统中,选择码型时应考虑哪些因素? 常用的线路码型有哪些?

第 6 章

SDH 复用原理

内容提要：
- PDH 和 SDH 两种传输体制及各自的特点
- SDH 的帧结构及信号复用
- SDH 的开销和指针

6.1 SDH 的产生和特点

随着社会的进步、科学技术的发展，以往在传送网络中普遍采用的准同步数字体系（Plesiochronous Digital Hierarchy，PDH）已不能满足现代信息网络的传输要求，同步数字体系（SDH）应运而生。SDH 是 Synchronous Digital Hierarchy 的缩写，是公认的理想传输体制。

1. PDH 存在的主要问题

PDH 有两种基础速率，一种以 1544Kb/s 作为第一级基础速率，采用的国家有美国、日本等；另外一种以 2048Kb/s 作为第一级基础速率，采用的国家有中国和欧洲多国。以这两种基础速率往上复接，需通过码速调整逐级实现。

长期以来，PDH 在通信网的传输中占主导地位。PDH 可以很好地适应传统的点对点通信，但这种数字系统主要是为话音设计的，除了低次群采用同步复接外，高次群均采用异步复接，通过增加额外比特使各支路信号与复接设备同步，虽然各支路的数字信号流标称值相同，但它们的主时钟彼此独立。随着数字通信技术的发展，PDH 暴露出一些固有弱点，主要问题是：

（1）全世界存在 3 种不同的地区性数字体制标准，三者互不兼容，造成国际互通困难。这 3 种标准是：北美的 1.5Mb/s-6.3Mb/s-45Mb/s-N×45Mb/s；日本的 1.5Mb/s-6.3Mb/s-32Mb/s-100Mb/s-400Mb/s；欧洲的 2Mb/s-8Mb/s-34Mb/s-140Mb/s，如表 6.1 所示。

（2）只有地区性的电接口标准，没有世界性的光接口标准规范。PDH 仅制定了电接口（G.703）的技术标准，但未制定光接口的技术标准，导致各个厂家自行开发的专用光接口大量滋生，不同厂家的设备只有转换成标准 G.703 接口才能互通和调配电路，使得传输设备在光路上只能实现纵向兼容，无法实现横向兼容，限制了联网应用的灵活性，也增加了网络复杂性和运营成本。

表 6.1　准同步数字体系

地区和国家	一次群（基群）	二次群	三次群	四次群
北美	24 路 1.544Mb/s	96 路（24×4） 6.312Mb/s	672 路（96×7） 44.736Mb/s	4032 路（672×6） 274.176Mb/s
日本	24 路 1.544Mb/s	96 路（24×4） 6.312Mb/s	480 路（96×5） 32.064Mb/s	1440 路（480×3） 97.782Mb/s
欧洲和中国	30 路 2.048Mb/s	120 路（30×4） 8.448Mb/s	480 路（120×4） 34.368Mb/s	1920 路（480×4） 139.264Mb/s

（3）目前的准同步系统是逐级复用的，其复用结构多数采用异步复用，即使用插入比特来使各支路信号与复用设备同步后复用成高速信号。当要在传输点上/下电路时，需要配备背靠背的各种复/分接器，就是将整个高速信号一步一步地解复用到所要的低速信号等级，再一步一步地复用至高速信号，分出/插入不灵活，且结构复杂，硬件数量大，上/下业务费用高，还降低了设备的可靠性，使传输性能劣化。

（4）PDH 各级信号帧中预留的开销比特很少，网络管理能力弱。因为传统的准同步运行、管理和维护（OAM）靠人工的数字信号配线和暂停业务测试，不需要在复用信号帧结构中安排很多维护管理比特。今天，这种维护管理比特的缺乏成为进一步改进网络 OAM 能力的主要障碍，使网络无法适应不断演变的电信网的要求，更难以支持新一代的网络。

（5）面向话音业务。PDH 主要是为话音业务设计，不适应业务多元化、宽带化、智能化和个人化的发展趋势。

（6）传统的准同步结构缺乏灵活性，无法提供最佳的路由选择。PDH 是建立在点到点传输基础之上的，网络结构简单，缺乏灵活性，造成网络的调度性较差，同时很难实现良好的自愈功能。据一些调查结果表明，传输时需要进行转接的业务达 77%，而点到点的传输仅占 23%。

2. SDH 的产生

随着光纤干线网络的逐步形成和扩大，以及信息社会与网络时代的到来，人们开始从全国，甚至全球网络化的角度规划和建设通信网。对一个四通八达的信息高速公路网的基本要求是数字化、光纤化、大容量、宽频带、高效率、易调度、易维护管理、安全可靠，能纵横兼容，能自我保护，生存力强。为此，美国贝尔通信研究所提出了同步光网络（SONET）的概念和相应的标准，其基本思想是采用一整套分等级的标准化数字传送结构组成同步光网络，从而把各种数字化业务信号作为净负荷按规定的标准化结构复用成规范的成帧码流，经扰码和电/光变换后在光纤线路上传送。这一体系于 1986 年成为美国数字体系的新标准。1988 年 CCITT（现更名为国际电联标准化组织 ITU-T）经充分地讨论、协商，接受了 SONET 的概念，并进行了适当的修改，重新命名为同步数字体系（SDH），使之成为不仅适于光纤，也适于微波和卫星传输的通用技术体制。

SDH 与 SONET 相比，两者的主体思想和内容基本一致，但在一些技术细节上不尽相同，主要反映在速率等级、复用映射结构、开销字节定义、指针中比特定义和净负荷类型等方面。表 6.2 给出了 SDH 与 SONET 在速率等级上的对照情况。近年来,SDH 与 SONET 的标准各自都进行了修改,并向彼此靠拢,尽量做到兼容互通。

表 6.2　SDH 和 SONET 网络节点接口的标准速率

SDH			SONET	
等　级	标称速率 /(Mb/s)	简　称	等　级	标称速率 /(Mb/s)
			OC-1/STS-1(480CH)	51.840
STM-1(1920CH)	155.520	155Mb/s	OC-3/STS-3(1440CH)	155.520
			OC-9/STS-9	466.560
STM-4(7680CH)	622.080	622Mb/s	OC-12/STS-12	622.080
			OC-18/STS-18	933.120
			OC-24/STS-24	1244.160
			OC-36/STS-36	1866.240
STM-16(30720CH)	2488.320	2.5Gb/s	OC-48/STS-48(32356CH)	2488.320
			OC-96/STS-96 *(尚待确定)	4976.640
STM-64(122880CH)	9953.280	10Gb/s	OC-192/STS-192(129024CH)	9953.280

注:STM—Synchronous Transport Module,同步传送模式。

STS—Synchronous Transport Signal,同步传送信号。

OC—Optical Carrier,光载波;括号内的值为等效话路(CH)容量。

6.1.1　SDH 的技术特点

与 PDH 相比,SDH 具有下列特点。

(1) SDH 能容纳北美和欧洲两大准同步数字系列(或称三种地区性标准),为国际间的互通提供了方便。

(2) SDH 统一了光接口标准,减少和简化了接口种类。SDH 各网络单元的光接口有严格的标准规范,因此,光接口成为开放型接口,任何网络单元在光纤线路上可以互连,不同厂家的产品可以互通,有利于建立世界统一的通信网络。另一方面,标准的光接口综合进各种不同的网络单元,简化了硬件,降低了网络成本。

(3) SDH 复用结构使不同等级的码流在 STM 帧结构内的排列是有规律的,而净负荷是与网络同步的,因而利用软件可以从高速信号中一次分插低速支路信号,避免了对全部高速信号进行解复用的做法,省去了全套背靠背复用设备,不仅使上/下业务十分容易,而且使 DXC 的实现大大简化了。如图 6.1 所示为 PDH 和 SDH 分插信号流的比较。

(4) 网络管理能力强。在 SDH 帧结构中安排了比较丰富的维护管理比特,可以实现故障检测、区段定位、端到端性能监视和单端维护管理功能。

(5) SDH 信号结构的设计已经考虑了网络传输和交换应用的最佳化,因而在电信网的各个部分(长途、市话和用户网)中,都能提供简单、经济和灵活的信号互联和管理。

(6) 具有完全的前向兼容性和后向兼容性。前向兼容性是指 SDH 网与现有的 PDH 网能完全兼容。后向兼容性是指 SDH 网能容纳各种新的业务信号,例如局域网中的光

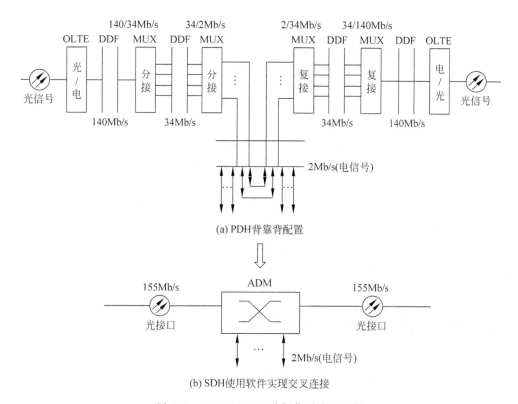

图 6.1　PDH 和 SDH 分插信号流的比较

纤分布式数据接口(FDDI)信号,城域网中的分布排队双总线(DQDB)信号,以及宽带的异步传递模式(ATM)信号。

6.1.2　SDH 存在的问题

SDH 具有许多优良的性能,但也存在不足之处,主要有以下几个方面。

(1) 频带利用率低

SDH 为得到丰富的开销功能,在 STM-N 帧中加入了大量的开销字节,从而造成频带利用率不如传统的 PDH 系统高。

(2) 抖动性能劣化

SDH 由于引入了指针调整技术,所以引起了较大的相位跃变,使抖动性能劣化,尤其是经过 SDH/PDH 的多次转接,使信号损伤更为严重,必须采取有效的相位平滑措施,才能满足抖动和漂移性能的要求。

(3) 软件权限过大

SDH 中由于大规模地采用软件控制和智能化设备,使网络应用十分灵活,设备的体积减小了许多,但由于软件的权限过大,各种人为的错误、计算机软件和硬件故障、计算机病毒的侵入,以及各种非法用户的侵入等都可能导致网络出现重大故障,甚至造成全网瘫痪,所以必须进行强有力的安全管理。

（4）定时信息传送困难

由于 SDH 中的关键设备 ADM 和 DXC 具有分插和重选路由功能,较难区分出来自不同方向的、具有不同经历的 2.048Mb/s 信号,也就难以确定最适于做网络定时的 2.048Mb/s 信号,同时由于其具有指针调整功能,无法承载定时信息,给网同步规划及性能保障增加了难度。

（5）IP 业务对 SDH 传送网结构的影响

当网络的 IP 业务量越来越大时,将会出现业务量向骨干网的转移、收/发数据的不对称性、网络 IP 业务量大小的不可预测性、网络 IP 业务量变动的不可预测性和 IP 业务量的多跳性等特征,对底层的 SDH 传送网结构将会产生重大的影响。

综上所述,虽然 SDH 还存在一些弱点,但从总体技术上看,SDH 以其良好的性能得到了举世公认,成为目前传送网的发展主流。尤其是与一些先进技术相结合,如波分复用（WDM）技术、ATM 技术和 Internet 技术等,使 SDH 网络的作用越来越大,成为目前通信网中的主要物理传送平台。

6.2　SDH 信号的帧结构和复用步骤

6.2.1　SDH 信号——STM-N 的帧结构

STM-N 信号的帧结构是实现 SDH 网络诸多功能的基础。对它的基本要求是:①能够满足对支路信号进行同步数字复用和交叉连接;②支路信号在帧内的分布是均匀的、有规律和可控的,便于接入和取出;③对 PDH 1.544Mb/s 系列和 2.048Mb/s 系列信号都具有统一的方便性和实用性。为满足上述要求,ITU-T 规定了 STM-N 的帧是以字节（8b）为单位的矩形块状帧结构。

1. 基本帧结构

基本帧结构即基本传送模块 STM-1 的帧结构,如图 6.2 所示。

STM-1 的一帧由 270 列和 9 行组成,即每帧包含 $270 \times 9B = 2430B$,重复周期为 $125\mu s$。

字节的传输是从左到右按行进行的,首先由图中左上角第 1 个字节开始,从左向右,由上而下按顺序传送,直至整个 $270 \times 9B$ 都传送完毕后再转入下一帧,如此一帧一帧地传送,每秒共传送 8000 帧,因此 STM-1 的传送速率为

$$270 \times 9 \times 8 \times 8000 = 155.520\text{Mb/s}$$

从图 6.2 可以看出,整个帧结构由 3 个部分组成:段开销,包括再生段开销（RSOH）和复用段开销（MSOH）;管理单元指针（AU-PTR）;信息净负荷（payload）。

（1）段开销（SOH）

所谓段开销,是指 STM 帧结构中为了保证信息正常、灵活运转所必需的附加字节,主要是运行、管理和维护字节,例如误码监视、帧定位、数据通信、公务通信和自动保护倒

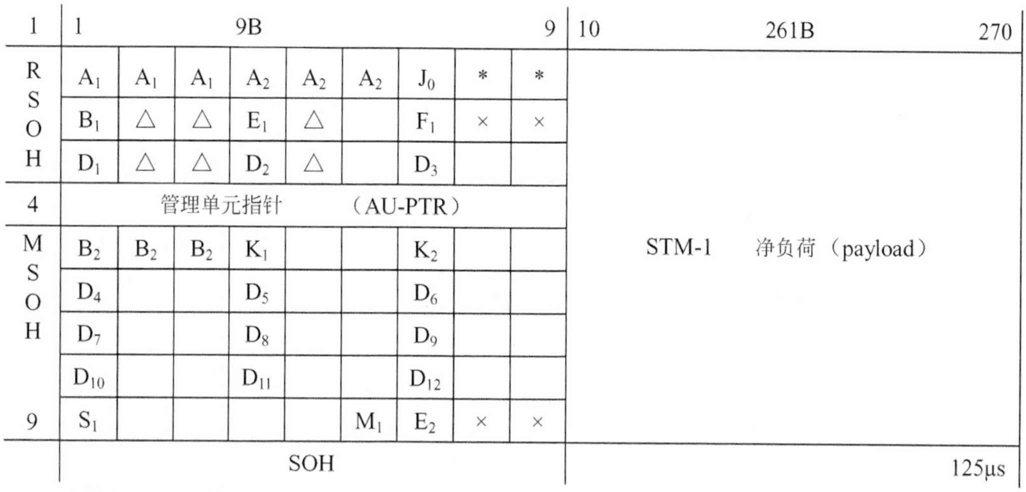

1	1			9B			9		10	261B	270
R S O H	A_1	A_1	A_1	A_2	A_2	A_2	J_0	*	*		
	B_1	△	△	E_1	△		F_1	×	×		
	D_1	△	△	D_2	△		D_3				
4	管理单元指针　　（AU-PTR）									STM-1　　净负荷（payload）	
M S O H	B_2	B_2	B_2	K_1			K_2				
	D_4			D_5			D_6				
	D_7			D_8			D_9				
	D_{10}			D_{11}			D_{12}				
9	S_1					M_1	E_2	×	×		
	SOH										125μs

△　与传输媒质有关的特征字节

×　国内使用的保留字节　　　　　　　　注：所有未标记字节由将来国际标准确定

*　不扰码字节

图 6.2　STM-1 帧结构图

换字节等。

STM-1 信号帧的第 1 列到第 9 列中的第 1 行到第 3 行和第 5 行到第 9 行为段开销。段开销为 9 列×8 行，共 72B，相当 576b。由于每秒 8000 帧，因此共有 4.608Mb/s 的带宽可用于维护管理，可见段开销相当丰富。

SOH 提供定帧和有关维护、操作及性能监视功能的信息，它可分为再生段开销（RSOH）和复用段开销（MSOH）。RSOH 既可在线路终端设备上接入，也可在再生器上接入；MSOH 透明通过再生器并终止在管理单元组（AUG）的集散点，即只能在终端设备接入。那么，RSOH 和 MSOH 的区别是什么呢？简单地讲，二者的区别在于监管的范围不同。举个例子，若光纤上传输的是 2.5Gb/s 信号，那么 RSOH 监控的是 STM-16 整体的传输性能，而 MSOH 监控 STM-16 信号中每一个 STM-1 的性能情况。

（2）管理单元指针（AU-PTR）

管理单元指针是一种指示符，其值定义为虚容器相对于支持它的传送实体的帧参考点的帧偏移，主要用来指示净负荷的第 1 个字节在 STM-N 帧内的准确位置，以便接收端正确地分解。STM-1 信息帧的第 1 列到第 9 列中的第 4 行用做管理单元指针。

（3）信息净负荷（payload）

所谓信息净负荷，就是网络节点接口码流中可用于电信业务的部分，通常包括信令，也存放了少量可用于通道性能监视、管理和控制的通道开销（POH）。对于 STM-1 而言，图中右边 261 列×9 行共 2349B，即 18792b 都属于净负荷区域，其速率为 150.336Mb/s。

2. STM-N 的帧结构

STM-N 传送模块由 N 个 STM-1 组成，将 N 个 STM-1 帧按字节间插同步复用组成帧长为 270×N 列×9 行，即 9×270N 个字节的 STM-N 帧。目前，N 只能取 1、4、16 和

64。STM-N 的帧结构如图 6.3 所示。

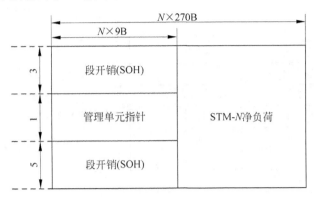

图 6.3　STM-N 的帧结构

6.2.2　SDH 的复用结构和步骤

SDH 的复用包括两种情况：一种是低阶的 SDH 信号复用成高阶 SDH 信号；另一种是低速支路信号（例如 2Mb/s、34Mb/s、140Mb/s）复用成 SDH 信号 STM-N。

前面已经提到过第一种情况，其复用的方法主要是通过字节间插复用方式来完成的，复用的个数是四合一，即 4×STM-1→STM-4，4×STM-4→STM-16。在复用过程中保持帧频不变（8000 帧/秒），这就意味着高一级 STM-N 信号是低一级 STM-N 信号速率的 4 倍。在进行字节间插复用过程中，各帧的信息净负荷和指针字节按原值进行间插复用，段开销则有些取舍。在复用形成的 STM-N 帧中，SOH 并不是所有低阶 SDH 帧中的段开销间插复用而成，而是舍弃了一些低阶帧中的段开销，其具体复用方法在 6.2.3 小节讲述。

第二种情况用得最多的就是将 PDH 信号复用进 STM-N 信号中去。传统的将低速信号复用成高速信号的方法有两种：比特塞入法（也称为码速调整法）和固定位置映射法。

比特塞入法利用固定位置的比特塞入指示来显示塞入的比特是否载有信号数据，允许被复用的净负荷有较大的频率差异（即异步复用），因为存在一个比特塞入和去除塞入的过程（即码速调整），而不能将支路信号直接接入高速复用信号，或从高速信号中分出低速支路信号，也就是说，不能直接从高速信号中上/下低速支路信号，要一级一级地进行，这也是 PDH 的复用方式。

固定位置映射法是利用低速信号在高速信号中的特殊位置来携带低速同步信号，要求低速信号与高速信号同步，也就是说，帧频相一致，可方便地从高速信号中直接上/下低速支路信号。但当高速信号和低速信号间出现频差和相差（即不同步）时，要用 125μs（8000 帧/秒）缓存器来进行频率校正和相位对准，导致信号有较大延时和滑动损伤。

由此可以看出上面这两种复用方式都有缺陷，比特塞入法无法从高速信号中直接上/下低速支路信号，固定位置映射法引入的信号延时过大。

SDH 网的兼容性要求 SDH 的复用方式既能满足异步复用（例如将 PDH 信号复用进 STM-N），又能满足同步复用（例如 STM-1→STM-4），而且能方便地由高速 STM-N

信号分出/插入低速信号,同时不造成较大的信号延时和滑动损伤,这就要求 SDH 需采用自己独特的一套复用步骤和复用结构。在这种复用结构中,通过指针调整定位技术来取代 125μs 缓存器,用以校正支路信号频差和实现相位对准,各种业务信号复用进 STM-N 帧的过程都要经历映射(相当于信号打包)、定位(相当于指针调整)、复用(相当于字节间插复用)3 个步骤。

ITU-T 规定了一套完整的复用结构(即复用路线),通过这些路线可将 PDH 3 个系列的数字信号以多种方法复用成 STM-N 信号。ITU-T 规定的复用路线如图 6.4 所示。

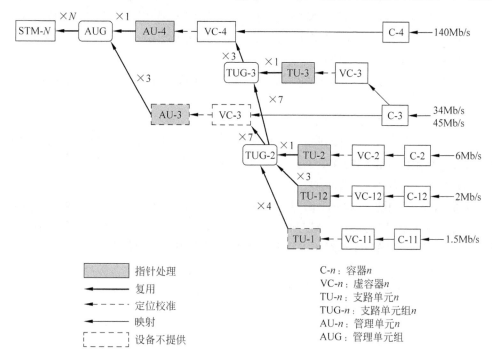

图 6.4　SDH 的一般复用结构

复用过程如下:

(1) 将异步信号映射进容器

容器(Container)是一种信息结构,主要完成适配等功能。在容器单元里可以用增加冗余码速调整和加入调整控制等方法,将异步信号变为同步信号。

ITU-T 建议 G.709 规定了 5 种标准容器。分别如下:

① C-11 对应速率为 1544Kb/s;

② C-12 对应速率为 2048Kb/s;

③ C-2 对应速率为 6312Kb/s;

④ C-3 对应速率为 34368Kb/s 和 44736Kb/s;

⑤ C-4 对应速率为 139264Kb/s。

(2) 构成虚容器

由标准容器出来的信号加上通道开销构成虚容器 VC(Virtual Container)。VC 是

SDH中最重要的一种信息结构,其功能是支持通道连接。VC的包封速率是与网络同步的,因而不同速率的包封是互相同步的。包封内部允许装载不同容量的准同步支路信号。VC在SDH网中传输时总是保持完整不变的。它作为一个独立的实体在通道中任一点取出或插入,进行同步复用或交叉连接,十分灵活、方便。

(3) 形成管理单元 AU

AU(Administrative Unit)是管理单元,也是一种信息结构,它提供适配功能。AU与VC的不同在于前者多了指针,也就是说,AU等于高阶VC加上 AU PTR(Pointer)。指针用来指明高阶VC在STM-N帧内的位置。高阶VC在STM-N帧内的位置是浮动的,但指针 AU PTR 本身在 STM-N 帧内的位置是固定的。

(4) 形成管理单元组 AUG

由若干个 AU-3 或单个 AU-4 按字节间插方式可组成管理单元组 AUG(Administrative Unit Group)。

(5) 加入段开销形成 STM-1

在 AUG 的基础上加入段开销就可以形成 STM-1。段开销(SOH)包括再生段开销(RSOH)和复用段开销(MSOH)。

(6) N 个 AUG 形成 STM-N

N 个 AUG 复用进 STM-N 的过程如图 6.5 所示。AUG 由 9 行 261 列的净负荷加上第 4 行的 9 个字节(为 AU 指针)所组成。从 N 个 AUG 复用进 STM-N 帧是通过字节间插方式完成的,且 AUG 相对于 STM-N 帧来说具有固定的相位关系。

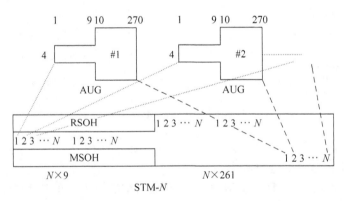

图 6.5　将 N 个 AUG 帧映射进 STM-N 帧

适合我国使用的复用结构如图 6.6 所示,支路速率为 2048Kb/s、34368Kb/s 和 139264Kb/s。下面分别介绍 140Mb/s、34Mb/s 和 2Mb/s 的 PDH 信号是如何复用进 STM-N 信号中的。

1. 140Mb/s 复用进 STM-N 信号

首先将标称速率为 139.264Mb/s 的 PDH 四次群信号经过码速调整(比特塞入法)适配进入 C-4 容器。参与 SDH 复用的各种速率的业务信号都首先通过码速调整适配技术装进一个与信号速率级别相对应的标准容器:2Mb/s→C-12,34Mb/s→C-3,140Mb/s→

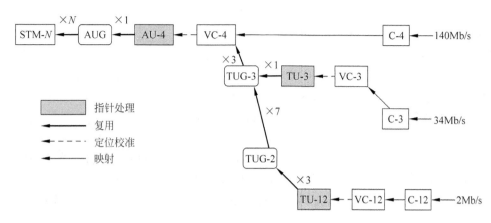

图 6.6　我国的 SDH 复用结构

C-4。140Mb/s 的信号装入 C-4,相当于将其打了一个包封,使 140Mb/s 信号的速率调整为标准的 C-4 速率。140Mb/s 的信号在适配成 C-4 信号时已经与 SDH 传输网同步了。经速率调整后,C-4 的标称速率为 149.760Mb/s。

C-4 是块状结构,由 9 行×260 列组成,如图 6.7 所示。字节数为 2340B,每个字节 8b,取样频率为 8000 帧/秒,所以 C-4 的标称速率为

$$C\text{-}4 = 9 \times 260 \times 8 \times 8\text{Kb/s} = 149.760\text{Mb/s}$$

为了能够对 140Mb/s 的通道信号进行监控,在复用过程中要在 C-4 的块状帧前加上一列通道开销字节(此处为高阶通道开销 VC-4 POH),C-4 加上每帧 9 字节的 POH(相当于 $9 \times 8 \times 8000\text{b/s} = 576\text{Kb/s}$)后便成了 VC-4(150.336Mb/s),如图 6.8 所示。

$$VC\text{-}4 = C\text{-}4 + POH$$

即 VC-4 的标称速率为 149.760Mb/s+0.576Mb/s=150.336Mb/s。

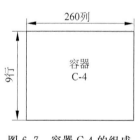

图 6.7　容器 C-4 的组成

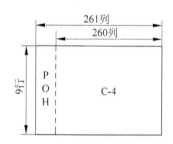

图 6.8　虚容器 VC-4 的组成

VC-4 是与 140Mb/s PDH 信号相对应的标准虚容器,此过程相当于对 C-4 信号再打一个包封,将对通道进行监控管理的开销(POH)打入包封,以实现对通道信号的实时监控。

将 PDH 信号打包成容器 C,再加上相应的通道开销而形成虚容器 VC 这种信息结构,整个过程就叫做映射。

VC-4 与 AU-4 的净负荷容量一样,但速率可能不一致,需调整。管理单元为高阶通道层和复用段层提供适配功能,由高阶 VC 和 AU 指针组成。AU 指针的作用就是指明

VC-4 相对 AU-4 的相位,它占 9B,速率为 576Kb/s。于是,考虑 AU 指针后的 AU-4 速率为 150.912Mb/s。AU-4 的组成如图 6.9 所示。

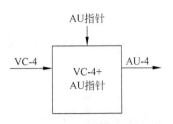

图 6.9 管理单元 AU-4 的组成

$$AU\text{-}4 = VC\text{-}4 + AU \text{ 指针}$$

速率为 150.336Mb/s + 0.576Mb/s = 150.912Mb/s。

一个或多个在 STM 帧中占有固定位置的 AU 组成 AUG——管理单元组。

N 个 AUG 经字节间插并加上段开销(SOH)便构成了 STM-N 信号。当 N 为 1 时,一个 AUG(150.912Mb/s)加上速率为 4.608Mb/s 的 SOH 后就构成了 STM-1,其标称速率为 155.520Mb/s。这里的开销包括再生段开销 RSOH 和复用段开销 MSOH,所以开销速率为

$$(3 \times 9 + 5 \times 9) \times 8 \times 8Kb/s = 4.608Mb/s$$

$$STM\text{-}1 = AU\text{-}4 + RSOH + MSOH$$

标称速率为 150.912Mb/s + 4.608Mb/s = 155.520Mb/s。

2. 34Mb/s 复用进 STM-N 信号

将 34368Kb/s 信号先经过码速调整适配到相应的标准容器 C-3 中。C-3 的帧结构由 9 行×84 列净负荷组成,如图 6.10 所示,每帧周期为 125μs。净负荷又分为 3 个子帧 T1、T2 和 T3。C-3 容器为 756B,速率为 9×84×64Kb/s = 48384Kb/s。

由容器 C-3 加上相应的 9 个通道开销字节组成虚容器 VC-3,VC-3 由 9 行×85 列组成,如图 6.11 所示。VC-3 的速率为 48384Kb/s + 9×8×8Kb/s = 48384Kb/s + 576Kb/s = 48960Kb/s。

上述 VC-3/VC-4 高阶通道开销 HP-POH 均如图 6.11 所示,各字节定义及功能如下所述(参见表 6.3)。

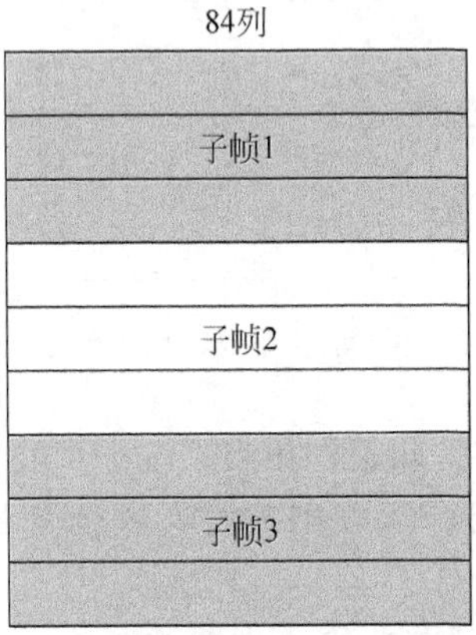

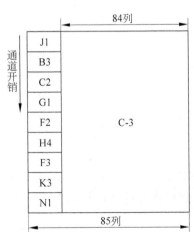

图 6.10 容器 C-3

图 6.11 虚容器 VC-3 的组成

表 6.3　高阶通道开销字节的功能

J1	通道跟踪,用于重复发送 VC-3/VC-4 高阶虚容器通道接入点识别符(HOAPID),以确认与特定 VC-3/VC-4 虚容器发送端的持续连接状态							
B3	监视通道上 BIP-8 字节,用于指示比特误码率							
C2	信号标记字节							
	1　0000 0000　　未装入信号							
	2　0000 0001　　装入非 G.702 规定数字系列信息							
	3　0000 0010　　装入 TUG 结构信息							
	4　0000 0011　　装入锁定 TU 同步信息							
	5　0000 0100　　将异步 34368Kb/s 和 44736Kb/s 装入 C-3 容器							
	6　0001 0010　　将异步 139264Kb/s 装入 C-4 容器							
	7　0001 0011　　将异步传递方式 ATM 装入							
	8　0001 0100　　装入 MAN 信号							
	9　0001 0101　　装入 FDDI 信号							
G1	通道状态指示字节							
	1	2	3	4	5	6	7	8
	远端误码块 REI				远端告警 RDI	备用		保留
F2	用户通信通路字节							
H4	复帧位置指示字节							
F3 K3 N1	F3、K3、N1 保留给国际标准使用 VC-31 POH 不包含这 3 个字节							

（1）通道踪迹字节 J1

J1 是 VC 的第一个字节,其位置由相关的 AU-4 PTR 或 TU-3 PTR 来指示,以便接收端据此 AU-4 PTR 或 TU-3 PTR 的值来正确地分离出 VC。该字节的作用与后面将要介绍的段开销字节中的 J0 和 J2 类似,也是被用来重复发送"高阶通道接入点识别符",使通道接收端能够据此确认与所指定的发送端是否处于持续的连接状态。若收到的值与所期望的值不一致,则产生高阶通道踪迹标识失配(HP-TIM)告警。

（2）比特误码监视(通道 BIP-8)字节 B3

该字节负责监测 VC-3/VC-4 在 STM-N 帧中传输的误码性能,监测机理与段开销字节中的 B1 和 B2 类似,只不过 B3 是对扰码前上一帧的 VC-3/VC-4 的所有字节进行 BIP-8 奇偶校验,并将结果置于本帧扰码前的 B3 字节。

若接收端监测出误码块,则将误码块情况在 G1 字节中的高阶通道远端差错指示(HP-REI)回送给发送端。若 B3 误码过量,监测的误码块个数超过规定值,本端产生高阶通道误码率越限(HP-EXC)告警。

（3）信号标记字节 C2

C2 用来指示 VC 帧的复接结构和信息净负荷的性质,例如通道是否已装载、所载业务种类和它们的映射方式,如表 6.3 所示。其中,C2 为全"0"码,表示通道未装载信号,此时接收端设备出现高阶通道未装载告警(HP-UNEQ)。若收、发两端的 C2 不匹配,则接收端出现高阶通道信号标记失配(HP-SLM)告警。

(4) 通道状态指示字节 G1

该字节用来将通道宿端检测出的通道状态和性能回送给 VC-3/VC-4 通道的源端,从而允许在通道的任一端或通道中任一点对整个双向通道的状态和性能进行监视。G1字节的比特分配如表 6.3 所示。表中,G1 字节 1~4 比特称为远端误码块(REI),用于放置 BIP-8 校验编码的检验结果,这 4 比特的安排如表 6.4 所示。高阶通道远端告警指示(HP-RDI)占用第 5 比特,当收到信号处于告警状态,或者 TU-3/TU-4 AIS 信号、信号失效或通道跟踪失配时,REI=1,否则 REI=0。第 6、7 比特作为任选项,若不采用该任选项,则这两个比特被设置为"00"或"11",此时的第 5 比特为单比特 HP-RDI,接收机应将这两个比特(b6 和 b7)的内容忽略不计;若采用该任选项,则这 3 个比特一起作为增强型 HP-RDI(增强型 HP-RDI 能区别出远端失效的类型)使用。究竟是否使用该任选项,由产生 G1 字节的通道源端决定。第 8 比特留作将来使用,其值未作规定,要求接收机对其内容忽略不计。

表 6.4　G1 字节前 4 比特的安排

前 4 比特编码组合	误 码 情 况	前 4 比特编码组合	误 码 情 况
0000	未检出误码	1000	检出 8 个误码
0001	检出 1 个误码	1001	未检出误码
0010	检出 2 个误码	1010	未检出误码
0011	检出 3 个误码	1011	未检出误码
0100	检出 4 个误码	1100	未检出误码
0101	检出 5 个误码	1101	未检出误码
0110	检出 6 个误码	1110	未检出误码
0111	检出 7 个误码	1111	未检出误码

(5) TU 位置指示字节 H4

H4 字节指示有效负荷的复帧类别和净负荷的位置,既可以为净负荷提供一般位置的指示,也可以指示特殊的净负荷位置。注意,只有当 PDH 信号为 2Mb/s,复用进 VC-4时,H4 字节才有意义。因为 2Mb/s 的信号装进 C-12 时是以 4 个基帧组成 1 个复帧的形式装入的,在接收端,为了正确定位、分离出 PDH 信号,必须知道当前的基帧是复帧中的第几个基帧。H4 字节就是指示当前的 TU-12(VC-12 或 C-12)是当前复帧的第几个基帧的,起着位置指示的作用。

(6) 备用字节 K3

其中,b1~b4 这 4 个比特用作高阶通道自动保护倒换(HP-APS)指令;b5~b8 这 4 个比特留待将来应用,接收端忽略它们即可。

(7) 网络运营者字节 N1

该字节用来提供高阶通道的串联监视(TCM)功能,用于特定的管理目的。在不同网络运营公司的边界处,利用此功能,每个公司可以知道自己收到了多少个差错,以及将多少个差错传给了下一个网络运营公司,从而比较容易解决各网络运营者之间的争议。

为了便于接收端定位 VC-3,以便将它从高速信号中直接拆离出来,由 VC-3 加入

3 个指针字节——支路单元指针(TU-PTR),组成支路单元 TU-3(与 34Mb/s 的信号相应的信息结构),支路单元提供低阶通道层(低阶 VC,例如 VC-3 和 VC-12)和高阶通道层之间的桥梁。TU-3 的帧结构有点残缺,加上塞入脉冲就组成支路单元组 TUG-3,它是 9 行×86 列的块状结构,如图 6.12 所示,其速率为 9×86×64Kb/s=49536Kb/s。

　　由 3 个 TUG-3 通过字节间插复用方式复合成 VC-4,如图 6.13 所示,由 9 行×261 列组成,前面两列为塞入比特,速率为

$$9×261×64Kb/s = 150.336Mb/s$$

　　下面的工作就是将 C-4→STM-N,与前面所讲的将 140Mb/s 信号复用进 STM-N 信号的过程类似,此处不再重复。

图 6.12　TUG-3

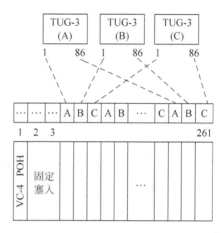

图 6.13　3 个 TUG-3 复用进 VC-4

3. 2Mb/s 复用进 STM-N 信号

　　当前运用最多的复用方式就是将 2Mb/s 复用进 STM-N 信号,它也是 PDH 信号复用进 SDH 信号最复杂的一种复用方式。

　　将语音信号进行取样、量化、编码,变为 PCM 信号。每路占用的速率为 64Kb/s。将 30 个话路信号、帧同步和信令等进行汇总(32 个时隙),组成基群帧结构,其速率为 2048Kb/s。经物理接口处理得到符合 G.703 建议的数字信号,如图 6.14 所示。

图 6.14　物理接口处理得到符合 G.703 建议的数字信号

　　加入塞入字节,将 2048Kb/s 信号装载到对应的标准容器 C-12 中。为了便于速率的适配,采用复帧的概念,即将 4 个 C-12 基帧组成 1 个复帧。C-12 基帧的帧频是 8000 帧/秒,那么 C-12 复帧的帧频就为 2000 帧/秒。

　　为了在 SDH 网的传输中能实时监测任一个 2Mb/s 通道信号的性能,需将 C-12 加入相应的通道开销(低阶通道开销),使其成为 VC-12 的信息结构。此处,低阶通道开销是加在每个基帧左上角的缺口上的,一个复帧有一组低阶通道开销,共 4 个字节:V5、J2、N2 和 K4。

由 2.048Mb/s 信号经码速调整等处理适配入容器 C-12,再加入通道开销比特,便形成虚容器 VC-12,该过程如图 6.15 所示。

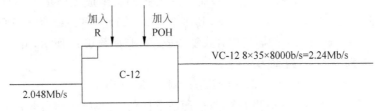

(a) 从2.048Mb/s到VC-12的映射示意图

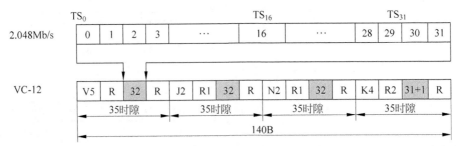

R1=C₁C₂0000RR ; R2=C₁C₂RRRRS₁ ; 最后31+1时隙中的1个时隙内容为S₂IIIIIII,其中I为7信息比特

(b) 从2.048Mb/s到VC-12的映射,且1个复帧内字节的安排

图 6.15 形成虚容器 VC-12

图 6.15(b)中,R 为塞入字节;V5、J2、N2 和 K4 为低阶通道开销字节(LP-POH)。V5 字节为 VC-1/VC-2 通道的信号标记和通道状态字节,称为路开销字节。J2、N2 和 K4 称为复帧路开销字节。各通道开销字节功能如下所述。

(1)信号标记和通道状态字节 V5

V5 是复帧的第一个字节,提供 VC-1/VC-2 通道的误码检测、信号标记和通道状态等功能,其字节功能如表 6.5 所示。

表 6.5　VC-1/VC-2 POH 的 V5 字节功能

名称	BIP-2 通道误码奇偶校验比特		REI 远端误码块指示	RFI 远端失效指示	信号标记L1、L2 和 L3			RDI 远端告警指示
比特位	1	2	3	4	5	6	7	8
功能	计算所有字节中奇数编号比特的奇偶性,使之有偶数个 1	计算所有字节中偶数编号比特的奇偶性,使之有偶数个 1	(从前称为 FEBBE)BIP-2 检出有误码时,置 1,否则置 0	失效时,RFI=1;否则,RFI=0	000　VC-1/VC-2 通道未装载 001　已载一个特定净负荷 010　异步浮动映射 011　比特同步浮动 100　字节同步浮动 101　已装载未使用 110　O.181 测试信号 111　VC-AIS			(从前称为 FERF)当收到 AIS 或信号失效时,RDI=1,否则为 0

① b1、b2：BIP-2,用于低阶通道的误码性能监视,其基本原理是：第 1 比特的设置应使前一帧 VC-1/VC-2 的所有字节的全部奇数编号比特（即第 1、3、5、7 比特）的奇偶校验结果为偶数；第 2 比特的设置应使前一帧 VC-1/VC-2 的所有字节的全部偶数编号比特（即第 2、4、6、8 比特）的奇偶校验结果为偶数。在整个 BIP-2 码计算过程中应包括 VC-1/VC-2 POH 字节,但不包括 V1、V2、V3 和 V4 字节。若 V3 用作负调整,应将 V3 包括进去。

若接收端通过 BIP-2 检测到误码块,则将误码块情况用 b3 码指示的低阶通道远端差错指示(LP-REI)回送给发送端。若误码块过量,即检测的误码块个数超过规定值时,本端产生低阶通道误码率越限(LP-EXC)告警。

② b3：VC-1/VC-2 通道的远端误码块（差错）指示（REI）。当 BIP-2 码检测到 1 个或多个误码块时,REI 设置为"1",并回送给 VC-1/VC-2 通道发送端；否则就设置为"0"。

③ b8：VC-1/VC-2 通道的远端缺陷（告警）指示（RDI）。当接收端收到 AIS（Automatic Identification System,自动识别系统）信号,或通道有远端缺陷时,RDI 设置为"1",并回送给发送端一个低阶通道远端缺陷指示(LP-RDI)；否则设置为"0"。

④ b4：VC-1/VC-2 通道的远端失效（故障）指示（RFI）。当一个缺陷(Defect)持续的时间超过了传输系统保护机制设定的门限时,缺陷就转化为故障,设备将进入失效状态,此时 RFI 比特设置为"1",并回送给发送端一个低阶通道远端故障指示(LP-RFI),告知发送端在接收端相应通道的接收出现故障；否则该比特为"0"。

⑤ b5～b7：提供 VC-1/VC-2 信号标记功能,表示净负荷的装载情况及映射方式。这 3 个比特共有 8 种可能的二进制数值。具体表示情况如表 6-5 所示。只要收到的值不全是"0",就表示通道已装载。若 b5～b7 为 000,则表示 VC 通道未装载,这时接收端设备出现低阶通道未装载(LP-UNEQ)告警。若收、发两端 V5 的 b5～b7 不匹配,则接收端出现低阶通道信号标记失配(LP-SLM)告警。

(2) VC-1/VC-2 复帧开销字节 J2、N2 和 K4

在 TU 结构中,存在浮动与锁定两种复接方式。

当使用浮动方式时,连续 4 个 125μs VC-n 帧结构组成一个 500μs 的复帧。VC-1/VC-2 复帧路开销由 V5、J2、N2 和 K4 字节组成。V5 字节的功能已于前面说明,J2、N2 和 K4 字节的功能如表 6.6 所示。表中,16 字节的帧结构如表 6.7 所示。

表 6.6　J2、N2 和 K4 字节功能

名称	J2：通道踪迹字节	N2：串联连接监视	K4：未定义
位置	复帧第 2 帧中的第 1 个字节	复帧第 3 帧中的第 1 个字节	
功能	重复发送低阶通道接入点识别符(LOAPID),使通道接收端能确定。处于与指定发送端的持续连接状态。APID 利用 E.164 编号格式,并利用 16 字节的帧来传送 E.164 编号	提供 VC-1/VC-2 串联连接监视	

表 6.7　16 字节帧结构

字节顺序号	传送内容
1	帧起始符 1CCCCCCC
2	0×××　××××
⋮	⋮
16	0×××　××××

在表 6.7 中,第 1 字节传送起始符"1CCCCCCC"。其中,"CCCCCCC"放置 7 比特组成校验编码校验位,它是前一帧的循环编码校验码(CRC-7)的计算结果;第 2～16 字节均用"0×××　××××"表示,这 15 个字节用于放置 E.164 建议规定的编号所用的 15 个 ASCII 字符。

① J2:VC-1/VC-2 通道踪迹字节。J2 的作用类似于 J0,它被用来重复发送内容由收、发两端商定的"低阶通道接入点识别符",以便接收端能够据此确认与所指定的发送端是否处于持续的连接状态。若收到的值与所期望的值不一致,则产生低阶通道踪迹识别符失配(LP-TIM)告警。

② N2:网络运营者字节。该字节用来提供低阶通道的串联连接监视(TCM)功能,用于特定的管理目的。

③ K4:备用字节。其中,b1～b4 共 4 个比特用做低阶通道自动保护倒换(LP-APS)指令;b5～b7 这 3 个比特是保留的任选比特,用作增强型 RDI(增强型 RDI 能区别出远端失效的类型)。若使用增强型 RDI,则 K4(b5)与 V5(b8)保持一致,另外两个比特表示 RDI 的类型;若使用单比特 RDI,只用 V5(b8),K4(b5～b7)应设置为"000"或"111",留作将来使用,接收机将其内容忽略不计。究竟是否使用该任选功能,由产生 K4 字节的源端决定。b8 比特留作将来使用,其值不做规定,接收机将其内容忽略不计。

可见,VC-12 等于原来的 2.048Mb/s 信号加上塞入字节,再加上通道开销字节,写成公式为

$$VC\text{-}12 = 2.048Mb/s + V5 + R + R$$

此时,速率变为

$$8 \times 35 \times 8000b/s = 2.24Mb/s$$

1 帧为 35 列,$125\mu s$,1 复帧有 140B。1 复帧内有下列内容。

信息比特(I):$32 \times 3 \times 8 + 31 \times 8 + 7 = 1023$(b)。

塞入比特(R):49b。

调整机会比特(S1、S2):2b。这两套调整机会比特使用 3 位码组,用来分别控制两个调整机会比特 S_1 和 S_2。当 $C_1C_1C_1 = 111$ 时,表示 S_1 是调整比特;当 $C_1C_1C_1 = 000$ 时,表示 S_1 是信息比特。同样,当 $C_2C_2C_2 = 111$ 时,表示 S_2 是调整比特;当 $C_2C_2C_2 = 000$ 时,表示 S_2 是信息比特。

就 1 帧而言,VC-12 为 35 时隙(即列),所以它的速率为 $35 \times 8 \times 8000b/s = 2.24Mb/s$。另外注意,在图 6.15(b)中的第 4 个 35 列中的 31+1 时隙中的第 1 列时隙为 S_2IIIIIII,即为一个 S_2 调整比特+7 个信息比特,而后面 31 列时隙才是纯信息比特时隙,故用 31+1

表示。

从 2.048Mb/s 到形成 VC-12 的过程,我们可以用三种方法从不同角度来理解:第一,用图示的方法,用图 6.15(b)来理解从 2.048Mb/s 到形成 VC-12 的过程;第二,用公式来理解;第三,用物理概念来理解。以下每一步骤都可以用这些方法来理解。

为了使接收端能正确定位 VC-12 的帧,在 VC-12 复帧的 4 个缺口上再加入 4 个字节的 TU-PTR 支路单元指针 V1~V4,组成支路单元 TU-12。

2.24Mb/s 信号进入后面支路单元 TU-12,在这里加入支路单元指针 PTR,如图 6.16 所示。可见,2.24Mb/s 信号加上支路单元指针便可组成支路单元,写成公式为

$$TU\text{-}12 = VC\text{-}12 + (V1 + V2 + V3 + V4)(复帧)$$

此时,速率(1 帧)变为

$$8 \times 36 \times 8000 b/s = 2.304 Mb/s$$

V1、V2、V3 和 V4 为指针,用此指针指示本虚容器在高阶虚容器中的位置。

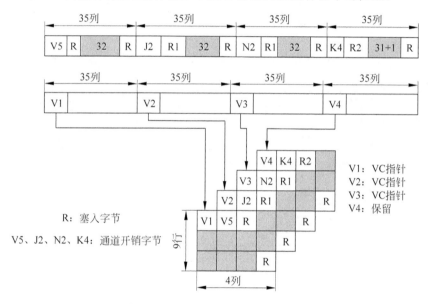

图 6.16 从 VC-12 到 TU-12 的映射

由 3 个 TU-12 组成支路单元组写成公式为

$$TUG\text{-}2 = 3 \times TU\text{-}12$$

此时,速率变为

$$2.304 Mb/s \times 3 = 6.912 Mb/s$$

可见,由 3 个支路单元 TU-12 进行交替复接,可组成支路单元组 TUG-2,如图 6.17 所示。

由 7 个 TUG-2 进行字节交替复接,组成更高一级的支路单元组 TUG-3,如图 6.18 所示,前面需加入两列固定塞入比特(STUFF),写成公式为

$$TUG\text{-}3 = 7 \times TUG\text{-}2 + 2$$

此时,速率变为

$$86 \times 9 \times 8 \times 8000 b/s = 49.536 Mb/s$$

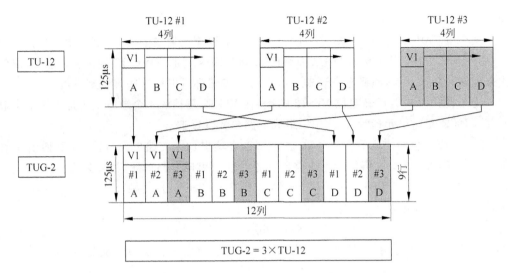

图 6.17   从 TU-12 到 TUG-2 的复用

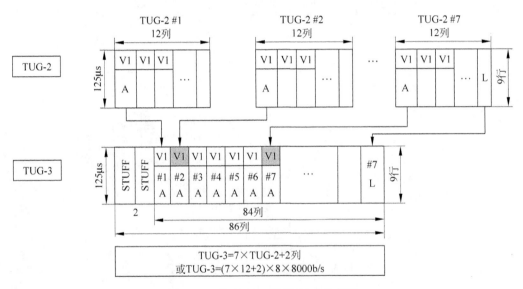

图 6.18   从 TUG-2 到 TUG-3 的复用

由 3 个 TUG-3 进行交替复接,并加入通道开销 POH,组成高阶虚容器 VC-4,如图 6.19 所示,写成公式为

$$VC\text{-}4 = 3 \times TUG\text{-}3 + POH + 2$$

它有 9 行 261 列,此时速率变为

$$261 \times 9 \times 8 \times 8000 \text{b/s} = 150.336 \text{Mb/s}$$

由高阶虚容器 VC-4 加上 AU 指针便形成管理单元组 AU-4,如图 6.20 所示。AU 指针用于指示 VC-4 将来在上一阶同步单元中的位置,指针为 9B,VC-4 为 2349B(261×9)。所以,AU-4 的速率为

$$(2349 + 9) \times 8 \times 8000 \text{b/s} = 150.912 \text{Mb/s}$$

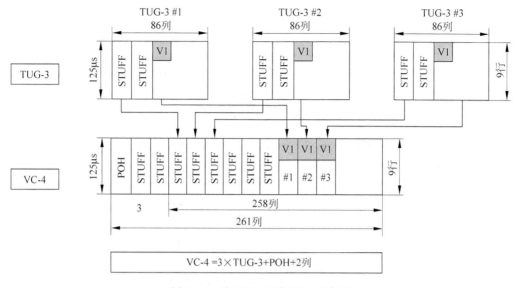

图 6.19　从 TUG-3 到 VC-4 的复用

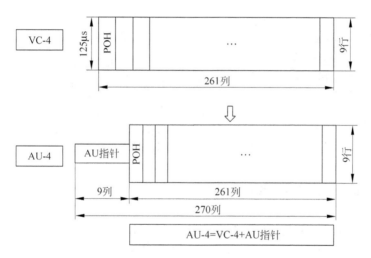

图 6.20　从 VC-4 到 AU-4 的映射

从 AU-4 加上中继段开销 RSOH 和复用段开销 MSOH,便形成基本同步传送模块
STM-1,如图 6.21 和图 6.22 所示。

STM-1 的参数如下:

STM-1 帧长＝270×9B＝2430B

帧传输率＝8000 帧/秒

比特传送率＝2430×8×8000b/s＝155.520Mb/s

STM-1＝AU-4＋RSOH＋MSOH

经过上述步骤,就可以将语音信号 64Kb/s 变换到基本同步传送模块 STM-1 的速率
155.520Mb/s,这个速率就是信息高速公路使用的基本速率。

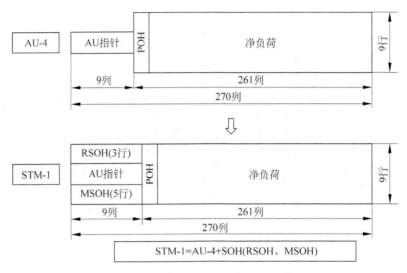

图 6.21　从 AU-4 到 STM-1 的复用

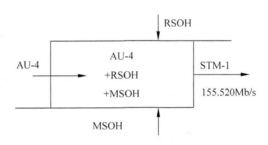

图 6.22　从 AU-4 到 STM-1

6.2.3　映射、定位和复用的概念

在将低速支路信号复用成 STM-N 信号时,要经过 3 个步骤:映射、定位和复用。

定位是把 VC-n 放进 TU-n 或 AU-n 中,同时将其与帧参考点的偏差也作为信息结合进去的过程。它依靠 TU-PTR 和 AU-PTR 功能实现灵活和动态的定位,即在发生相对帧相位偏差使 VC 帧起点浮动时,TU-PTR 和 AU-PTR 指针值亦随之调整,从而始终保证指针值准确指示 VC 帧的起点。通俗地说,定位是指通过指针调整,使指针的值时刻指向低阶 VC 帧的起点在 TU 净负荷中或高阶 VC 帧的起点在 AU 净负荷中的具体位置,使接收端能据此正确地分离相应的 VC。这部分内容在 6.3 节将详细论述。

复用是一种使多个低阶通道层的信号适配进高阶通道层(例如 TU-12(×3)→TUG-2(×7)→TUG-3(×3)→VC-4),或把多个高阶通道层信号适配进复用层的过程(例如 AU-4(×1)→AUG(×N)→STM-N)。复用也就是通过字节交错间插方式把 TU 组织进高阶 VC,或把 AU 组织进 STM-N 的过程。由于经过 TU 和 AU 指针处理后的各 VC 支路信号已相位同步,因此该复用过程是同步复用。

映射即装入,是一种在 SDH 网络边界处,把支路信号适配进相应虚容器的过程。例如,将各种速率的 PDH 信号(140Mb/s、34Mb/s、2Mb/s)先分别经过码速调整装入相应的标准容器,再加上相应的低阶或高阶通道开销,形成各自对应的虚容器的过程。

实现映射这个装入过程,需要选择映射方法和映射的工作模式。

1. 映射方法

为了适应各种不同的网络应用情况,在 SDH 技术中有异步映射、比特同步映射和字节同步映射 3 种映射方法。

(1) 异步映射

异步映射是一种对映射信号的结构无任何限制(即信号有无帧结构均可),也无须与网络同步(例如 PDH 信号与 SDH 网不完全同步),仅利用码速调整将信号适配进 VC 的映射方法。

此种映射方法的通用性大,可直接从高速信号(STM-N)中分出/插入一定速率级别的低速信号(例如 140Mb/s、34Mb/s、2Mb/s)。因为映射的最基本的不可分割单位是这些低速信号,所以分/插出来的低速信号的最低级别也就是相应的这些速率级别的低速信号。我国多采用这种方法。

(2) 比特同步映射

比特同步映射是一种对支路信号的结构无任何限制,但要求低速支路信号与网络同步,无须通过码速调整即可将低速支路信号打包成相应的 VC 的映射方法。比特同步映射类似于将以比特为单位的低速信号(与网同步)进行比特间插复用进 VC 中,在 VC 中每个比特的位置是可预见的。

(3) 字节同步映射

字节同步映射是一种要求映射信号具有字节为单位的块状帧结构,并与网络同步,无须任何速率调整即可将信息字节装入 VC 内规定位置的映射方式。因此,这种映射方式可以直接从 STM-N 信号中上/下 64Kb/s 或 $N \times 64$Kb/s 的低速支路信号。

2. 工作模式

在 SDH 网中,映射的工作模式有浮动 VC 和锁定 TU 两种。

(1) 浮动 VC 模式

浮动 VC 模式是指 VC 净负荷在 TU 帧内的位置不固定,并由 TU-PTR 指示 VC 起点位置的一种工作模式。

在浮动 VC 模式下,VC 帧内可安排相应的 VC POH,因此可进行通道级别的端对端性能监控。三种映射方法都能以浮动 VC 模式工作。140Mb/s、34Mb/s 和 2Mb/s 映射进相应的 VC,就是异步映射浮动模式。

(2) 锁定 TU 模式

锁定 TU 模式是一种信息净负荷与网络同步并处于 TU 帧内固定位置,因而无须 TU-PTR 来定位的工作模式。PDH 基群只有比特同步和字节同步两种映射方法才能采用锁定 TU 模式。

综上所述,三种映射方法和两类工作模式共可组合成五种映射方式。当前最通用的是异步映射浮动模式。异步映射浮动最适用于异步/准同步信号映射,包括将 PDH 通道映射进 SDH 通道的应用,能直接上/下低速 PDH 信号,但是不能直接上/下 PDH 信号中的 64Kb/s 信号,能直接上/下 64Kb/s 和 $N\times 64Kb/s$ 信号的是字节同步映射浮动模式。异步映射接口简单,引入映射延时少,可适应各种结构和特性的数字信号,是一种最通用的映射方式,也是 PDH 向 SDH 过渡期内必不可少的一种映射方式。当前各厂家的设备绝大多数采用的是异步映射浮动模式。

6.3　开销和指针

6.3.1　开销

SDH 所使用的开销字节配置如表 6.8 所示。有两种开销,一种是通道开销(POH),另一种是段开销(SOH)。通道开销分为低阶通道开销(LPOH)和高阶通道开销(HPOH),段开销又分为中继(再生)段开销 RSOH 和复用段开销 MSOH。

表 6.8　SDH 所使用的开销字节

MSOH:在端站之间进行网络管理	RSOH:在再生器之间进行网络管理	VC-3/VC-4 POH:在虚容器 VC-3/VC-4 之间进行网管	VC-1/VC-2/VC-3 POH:在虚容器 VC-1/VC-2/VC-3 之间进行网管
B2:误码监视	A1、A2:帧定位	J1:通道跟踪	V5:路开销
E2:公务	B1:误码监视	B3:指示比特误码率	J2:路跟踪
K1,K2:自动保护切换	E1:公务	C2:信号标记	N2:串联连接监视
D4～D12:数据通信通路	D1～D3:数据通信通路	G1:通道状态指示	K4:未定义
S1(b5～b8):同步状态	C1:指示 STM-1 在 STM-N 中的位置	F2:用户通信通路	
S1(b1～b4):尚未正式决定	F1:网络提供者专用	H4:复帧位置指示	

通道开销用于在虚容器之间进行网络管理,再生段开销用于在再生器之间进行网络管理,复用段开销用于在终端站之间进行网络管理。

为了阐述的连贯性,在图 6.11 之后分别对高、低阶虚容器中的通道开销各字节功能做了详细阐述,这里详细介绍段开销(SOH)字节功能。

STM-1 信号帧的第 1 列到第 9 列中的第 1 行到第 3 行和第 5 行到第 9 行为段开销,如图 6.2 所示,段开销为 9 列×8 行,共 72B,相当于 576b。由于每秒 8000 帧,因此共有 4.608Mb/s 的带宽可用于维护管理,可见段开销相当丰富。至于 STM-N($N=4,16,\cdots$) 的 SOH 字节,可利用字节间插复用方式构成,安排规则如下:第 1 个 STM-N 的 SOH 被完整地保留,其余 $N-1$ 个 SOH 中仅保留定帧字节 A1、A2 和 BIP-$N\times 24$ 字节 B2,其他字节(B1、E1、E2、F1、K1、K2 和 D1～D12)均省去,M1 字节要重新定义位置。

SOH 提供定帧和有关维护、操作及性能监视功能的信息,它可分为再生段开销(RSOH)和复用段开销(MSOH)。RSOH 既可在线路终端设备上接入,也可在再生器上接入。在 3×9B 的 RSOH 区和 5×9B 的 MSOH 区,标有"×"的字节留待国内使用,未标记的字节供今后国际标准化的其他用途(如传输媒介及方向识别等)。表 6.9 说明了 SOH 各字节的作用,从中可看出段层的功能。

表 6.9 SOH 字节功能说明

类 别	字 节	功 能
RSOH	A1、A2	帧定位信号(A1=11110110,A2=00101000)
	B1	再生段误码监视,对前一个 STM-N 帧扰码后,所有比特进行 BIP-8 计算求得
	J0	再生段踪迹字节
	D1~D3	再生段数据通信通路(DCC,192Kb/s)
	E1	语音通信公务通路
	F1	为特殊维护目的而提供的临时语音/数据通路
MSOH	B2	复用段误码监视。对前一个 STM-N 帧,除 RSOH 外,所有比特的 BIP-24 计算结果
	D4~D12	复用段数据通信通路(DCC,576Kb/s)
	E2	复用段公务联络话路
	K1	自动保护倒换(APS)通路。前面 4 比特表示 APS 请求原因、指令用语、系统现状,后 4 比特表示发出 APS 请求的系统序号
	K2	APS 和告警字节。前面 4 比特表示倒换指令的响应侧的倒换开关桥接的系统序号和工作状态,第 5 比特表示"1+1"或 $n:1$ 倒换,第 6~8 比特用于传送复用段 AIS 和 RDI(远端接收故障)
	S1	同步状态指示
	M1	复用段远端误码块字节

下面以 STM-1 为例,介绍各开销字节的定义、功能及应用。

1. 定帧字节 A1 和 A2

定帧字节的作用有点类似于指针,起定位的作用,主要用来识别一帧的起始位置,以区分各帧,即实现帧同步功能。通过它,接收端可从信息流中定位、分离出 STM-N 帧,再通过指针定位到帧中的某一个低速信号。

接收端是怎样通过 A1 和 A2 字节定位帧的呢? A1 和 A2 有固定的值,其二进制码分别为 A1: 11110110(F6H),A2: 00101000(28H)。接收端检测信号流中的各个字节,当发现连续出现 $3N$ 个 A1 字节,又紧跟着出现 $3N$ 个 A2 字节时,就断定现在开始收到一个 STM-N 帧。接收端通过定位每个 STM-N 帧的起点,来区分不同的 STM-N 帧,以达到分离不同帧的目的。当 $N=1$ 时,区分的是 STM-1 帧。

当连续 5 帧以上($625\mu s$)收不到正确的 A1 和 A2 字节,即连续 5 帧以上无法判别帧头(区分出不同的帧)时,接收端进入帧失步状态,产生帧失步(OOF)告警。若 OOF 持续了 3ms,则进入帧丢失状态,设备产生帧丢失(LOF)告警,下插告警指示信号(AIS),整个业务中断。在 LOF 状态下,若接收端连续 1ms 以上又处于定帧状态,那么设备回到正常状态。

2. 再生段踪迹字节 J0

该字节用于确定再生段是否正确连接。该字节被用来重复地发送"段接入点识别符",以便使接收端能据此确认与指定的发送端处于持续的连接状态。若收到的值与所期望的值不一致,则产生再生段踪迹标识适配(RS-TIM)告警。在同一个运营者的网络内,该字节可为任意字符;在不同两个运营者的网络边界处,要使设备收、发两端的 J0 字节相同。通过 J0 字节,可使运营者提前发现和解决故障,缩短网络恢复时间。

J0 字节还有一个用法。在 STM-N 帧中,每一个 STM-1 帧的 J0 字节定义为 STM 的标识符 C1,用来指示每个 STM-1 在 STM-N 帧中的位置,即指示该 STM-1 是 STM-N 中的第几个 STM-1(间插层数),以及该 C1 在该 STM-1 帧中的第几列(复列数),可帮助 A1 和 A2 字节进行帧识别。

3. 数据通信通路(DCC)字节 D1~D12

DCC 用来构成 SDH 管理网(SMN)的传送通路,在网元之间传送运行、管理、维护(OAM)信息。DCC 嵌入段开销,所有网元都具备,便于实现统一的网络管理。

其中,D1~D3 是再生段数据通路字节(DCCR),速率为 $3 \times 64\text{Kb/s} = 192\text{Kb/s}$,用于再生段终端间传送 OAM 信息;D4~D12 是复用段数据通路字节(DCCM),速率为 $9 \times 64\text{Kb/s} = 576\text{Kb/s}$,用于复用段终端间传送 OAM 信息。

4. 公务联络字节 E1 和 E2

这两个字节分别提供一个 64Kb/s 的公务联络语音通道,语音信号放在这两个字节中传输。其中,E1 属于 RSOH,用于再生段之间的本地公务联络,可在所有终端接入;E2 属于 MSOH,用于复用段之间的直达公务联络,可在复用段终端接入。

5. 使用者通路字节 F1

该字节是留给使用者(通常为网络提供者)专用的,主要为特殊维护目的而提供临时的数据/语音通路连接,其速率为 64Kb/s。

6. 比特间插奇偶检验 8 位码(BIP-8)B1

为了在不中断业务的前提下提供误码性能的监测,在 SDH 中采用了 BIP-n 的方法。B1 字节用于再生段的在线误码监测,使用偶校验的比特间插奇偶检验码。

BIP-8 误码监测的机理如下:若某信号帧有 4 个字节,A1 = 01010101,A2 = 00110011,A3 = 00001111,A4 = 00111100,那么将这个帧进行 BIP-8 奇偶检验的方法是以 8b 为一个校验单位(一个字节),将此帧分成 4 块(每字节为一块),按图 6.23 所示摆放整齐。依次计算每一列中"1"的个数。若为奇数,则在得数(B)的相应位置填"1",否则填"0"。这种校验方法就是 BIP-8 奇偶校验。B 的值就是将 A1A2A3A4 进行 BIP-8 校验所得的结果。

A1	01010101
A2	00110011
BIP-8 A3	00001111
A4	00111100
B	01010101

图 6.23 BIP-8 奇偶校验示意图

B1 字节的工作机理是:发送端对本帧(设为第 N 帧)加扰后的所有字节进行 BIP-8 偶校验,将结果放在下一个待扰码帧(第 N+1 帧)中的 B1 字节;接收端将当前待解扰帧(第 N-1 帧)的所有比特进行 BIP-8 校验,所得的结果与下一帧(第 N 帧)解扰后的 B1 字节的值相异或比较。若这两个值不一致,则异或有"1"出现。根据出现多少个"1",可监测出第 N 帧在传输中出现了多少个误码块。

7. 比特间插奇偶检验 N×24 位码（BIP-N×24）B2

B2 的工作机理与 B1 类似，只不过 B2 字节是用作复用段的在线误码监测。B1 字节是对整个 STM-N 帧信号进行传输误码监测的，一个 STM-N 帧中只有一个 B1 字节，而 B2 字节是对 STM-N 帧中的每一个 STM-1 帧的传输误码情况进行监测。STM-N 帧中有 N×3 个 B2 字节，每 3 个 B2 对应 1 个 STM-1 帧。监测机理是发送端对前一个待扰的 STM-1 帧中除了 RSOH（RSOH 包括在 B1 对整个 STM-N 帧的校验中了）的全部比特进行 BIP-24 计算，结果放于本帧待扰 STM-1 帧的 B2 字节位置。接收端对当前解扰后 STM-1 的除了 RSOH 的全部比特进行 BIP-24 校验，其结果与下一个 STM-1 帧解扰后的 B2 字节相异或。根据异或后出现"1"的个数来判断该 STM-1 在 STM-N 帧中的传输过程中出现了多少个误码块。可监测出的最大误码块个数是 24。

8. 自动保护倒换（APS）通路字节 K1 和 K2（b1~b5）

这两个字节用作传送自动保护倒换（APS）信令，实现复用段的保护倒换（MS-APS），响应时间较快，一般小于 50ms。

K1 和 K2 字节各比特的具体作用为：K1 字节的前面 4 比特（b1~b4）用来描述 APS 请求的原因和系统当前的状态，后 4 比特（b5~b8）表示请求 APS 的系统序号；K2 字节的前 4 比特（b1~b4）表示响应 APS 的系统序号，b5 比特用于区分 APS 的保护方式，"0"表示 1+1 保护，"1"表示 1：N 保护。若系统发生复用段的保护倒换，则产生保护倒换（PS）告警。

9. 复用段远端失效指示（MS-RDI）字节 K2（b6~b8）

这是一个对告的信息，由接收端（信宿）向发送端（信源）回送指示信号，表示接收端检测到来话故障（即输入失效）或正收到复用段告警指示（MS-AIS）信号。若收到的 K2 的 b6~b8 为 110 码，则此信号为对端对告的 MS-RDI 告警信号；若收到的 K2 的 b6~b8 为 111 码，则此信号为本端收到的 MS-AIS 信号，此时要向对端发 MS-RDI 信号，即在发往对端的信号帧 STM-N 的 K2 的 b6~b8 放入 110 比特图案。

10. 同步状态字节 S1（b5~b8）

S1（b5~b8）表示同步状态消息，这 4 个比特可以有 $2^4=16$ 种不同编码，因而可以表示 16 种不同的同步质量等级（即时钟质量级别），使设备能据此判定接收的时钟信号的质量，以此决定是否切换时钟源，即切换到较高质量的时钟源上。S1（b5~b8）的值越小，表示相应的时钟质量级别越高。

图 6.24 所示为 STM-16 的段开销结构图。

11. 复用段远端误码块指示（MS-REI）字节 M1

这也是一个对告信息，由接收端回发给发送端。M1 字节用来传送接收端由 BIP-N×24（B2 字节）所检出的误块数，以便发送端能据此了解接收端的收信误码情况。

12. 备用字节

图 6-2 中的"×"表示国内使用的保留字节；"△"表示与传输媒质有关的特征字节；

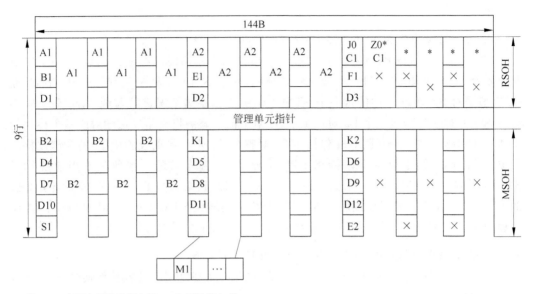

注：× 为国内使用保留字节；*为不扰码字节。

　　所有未标注字节将来国际标准确定(与媒质有关的应用，附加国内使用和其他用途)。

　　Z0待将来国际标准确定。

图 6.24　STM-16 SOH 字节安排

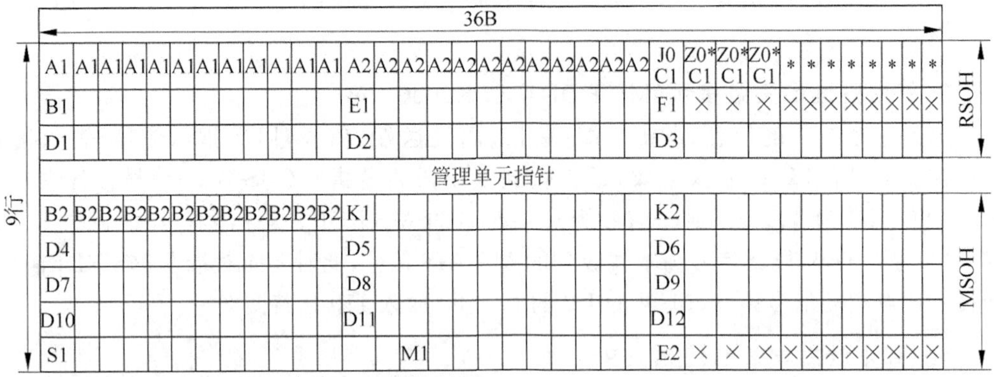

注：×为国内使用保留字节；*为不扰码字节。

　　所有未标注字节将来国际标准确定(与媒质有关的应用，附加国内使用和其他用途)。

　　Z0待将来国际标准确定。

图 6.25　STM-4 SOH 字节安排

未标记的用做将来国际标准确定。

　　下面再说明一下 STM-N 帧 SOH 字节的安排。N 个 STM-1 帧通过字节间插复用成 STM-N 帧，在复用时各 STM-1 帧的 AU-PTR 和净荷的所有字节原封不动地按字节间插复用方式复用，而段开销的复用方式就有所区别。图 6.25 所示为 STM-4 帧的段开销结构图。

　　在 STM-N 中只有一个 B1，有 N×3 个 B2 字节(因为 B2 为 BIP-24 校验的结果，故每个 STM-1 帧有 3 个 B2 字节）。STM-N 帧中有 D1～D12 各一个字节；E1、E2 各一个字节；一个 M1 字节；K1、K2 各一个字节。

6.3.2　指针

指针是一种指示符，其值定义为虚容器相对于支持它的传送实体的帧参考点的帧偏移。指针是同步数字复接设备的一种特有设置，它使设备具有更大的灵活性，方便实现上/下话路和系统同步等。指针的作用如下：

（1）当网络处于同步工作状态时，指针用于进行同步的信号之间的相位校准。

（2）当网络失去同步时，指针用做频率和相位校准；当网络处于异步工作时，指针用做频率跟踪校准。

（3）指针还可以用来容纳网络中的相位抖动漂移。

指针的类型主要有管理单元指针（AU 指针）和支路单元指针（TU 指针）两类。

1. 管理单元指针（AU 指针）

AU-4 指针提供了 AU-4 帧中灵活和动态的 VC-4 定位方法。动态定位意味着允许 VC-4 在 AU-4 帧内浮动。于是指针不仅能适应 VC-4 和 SOH 的相位差，也能适应其帧速率的差异。

（1）AU-4 指针位置

AU-4 指针占用 STM-1 帧结构中的第 4 行前 9 列，用以指示 VC-4 的首字节 J1 在 AU-4 净负荷的具体位置，以便接收端能据此正确分离 VC-4，如图 6.26 所示。AU-4 指针包含在 H1、H2 和 H3 字节中。H1 和 H2 分别占用 1B，H3 占用 3B。图中，Y 字节为 1001SS11（S 比特不规定），1 * 为全"1"字节。

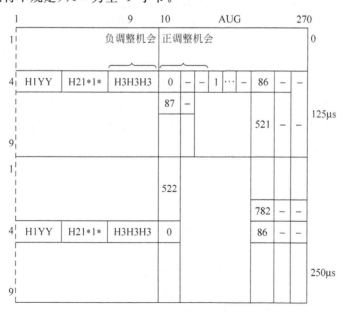

图 6.26　AU-4 指针位置

（2）AU 指针功能分配

AU 指针有 3 种字节，即 H1、H2 和 H3 字节。H1 和 H2 字节主要用于指示指针值，H3 字节用于码速调整，具体的分配如图 6.27 所示。

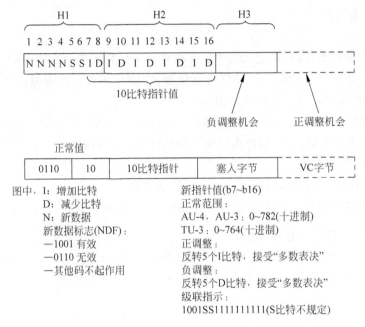

图中：I：增加比特
D：减少比特
N：新数据
新数据标志（NDF）：
—1001 有效
—0110 无效
—其他码不起作用

新指针值(b7~b16)
正常范围：
AU-4，AU-3：0~782(十进制)
TU-3：0~764(十进制)
正调整：
反转5个I比特，接受"多数表决"
负调整：
反转5个D比特，接受"多数表决"
级联指示：
1001SS1111111111(S比特不规定)

注：在AIS出现时，指针置为全"1"。

图 6.27　AU/TU-3 指针功能分配

在正常工作情况下，H1 和 H2 的 16 个比特分配如下：

① 1~4 比特：称为 N 比特，用于新数据标志，记为 NDF；

② 5~6 比特：称为 S 比特，用于表示 AU/TU 类型；

③ 7~16 比特：称为 ID 比特，用于载入指针值。

（3）AU 指针的取值

H1 和 H2 字节中的指针指示 VC-4 起始位置。H1 和 H2 这两个字节可以看做一个码字，其中后 10 个比特(7~16)放置指针值。AU-4 指针值为十进制数 0~782 范围内的二进制数。该值用来指示 VC-4 第一个字节的起点相对于指针的距离位置，并以 3 个字节为单位进行增减调整。

（4）AU 类型标志

在 H1 和 H2 字节中，用第 5、6 比特来表示 AU/TU 的类型。

（5）新数据标志

指针字的 1~4 比特（N 比特）为新数据标志（NDF），用于标志净负荷的变化情况。这里之所以分配 4 比特作为新数据标志，是为了实现误码纠错，以便可靠工作。在正常工作状态下，这些码位取值为 0110，当有 NDF 出现时，取值反相为 1001。当 4 个比特中有 3 个与 1001 相符时，解释为净负荷有新数据；当 4 个比特中有 3 个与 0110 相符时，解释为净负荷无新数据；其余的值即 0000、0011、0101、1100、1111，应解释为无效。伴随

NDF 指针值指示新的调整同步。

（6）码速调整

如高阶通道信号超前于系统的复用器部分，即 VC-4 相对于 AU-4 速率更高，则 VC 的定位必须周期性地前移，此时 3 个负调整机会字节显现于 AU-4 帧的 3 个 H3 字节，即这 3 字节用来装该帧 VC-4 的信号，相当于 VC-4 帧"减短"了 3 个字节。在这帧之后，VC-4 的起点就向前移 3 个字节编号，即指针值随之减 1。每次负调整，相位变化约 0.2μs。

如高阶通道信号滞后系统的复用器部分，即 VC-4 相对于 AU-4 速率低，则 VC 的定位必须周期性地后滑，此时 3 个正调整机会字节立即显现在这个 AU-4 帧的最后一个 H3 字节之后，这 3 个字节复用器虽然发送但未装信号。相应地，在这之后的 VC-4 的起点将后滑 3 个字节，其编号将增加 1，即指针值加 1。每次正调整相当于 VC-4 帧"加长"了 3 个字节，每个字节约 0.065μs，3 个字节约 0.2μs。

上述正或负的调整，将根据 VC-4 相对于 AU-4 的速率差一次又一次周期性进行，直到二者速率相当。只不过这种调整操作至少要隔 3 帧（即每第 4 帧）才允许进行一次。

总之，指针的作用是提供在 AU 帧内对 VC 灵活和动态定位的方法，以便 VC 在 AU 帧内浮动，适应 VC 与 AU 或 TU 之间相位的差异和帧速率差异。

在一个 STM-1 帧内，可以装 $261 \times 9B = 2349B$ 净负荷。为了在接收端有效地分解出净负荷中的各个 VC，在一个映射中，必须指出 VC 的开头在何处，指针值就用来标明装进 STM-1 的 VC 的起始点。

从图 6.26 可以看出，在 STM-1 中从第 4 行第 10 字节开头，相邻 3 个字节共用一个编号，从 0 编到 782，共有 783 个（$2349 \div 3$）净荷可能利用的起始点，用指针的数值（H1 和 H2 字节的后 10 个比特）来表征（参见图 6.27）。

由于 VC 的起始位可以在 STM-1 帧内浮动，即可以从 783 个位置中的任何一个起始，并按码速调整的需要，起始位逐次前移或后滑。VC-4 能够在 STM-1 帧内灵活地浮动的这种动态定位功能，使得在同步网内能够对信号方便地进行复用和交叉连接。

另外，VC-4 可以从 AU 帧内任何一点起始，因而其净荷未必能够全部装进某个 AU 帧，多半会是从某帧中开头，在下帧中结束。

2. TU-3 指针

设置 TU-3 指针可以为 VC-3 在 TU-3 帧内灵活和动态地定位提供一种手段。

（1）TU-3 指针的位置

3 个单独的 TU-3 指针中的任意一个都包含在 3 个分离的 H1H2H3 字节中。

当 TUG-2 复用进 VC-4 时，TU-3 指针位置设置为无效指针指示（NPI），即 H1H2 两个字节中的第 1~4 比特为 1001，第 5、6 比特未规定，第 7~11 比特为 1，第 12~16 比特为 0。NPI 的这种特殊码字将报告给指针处理器，说明目前没有确定的指针值。

（2）TU-3 指针功能分配

指针功能分配如图 6.28 所示。

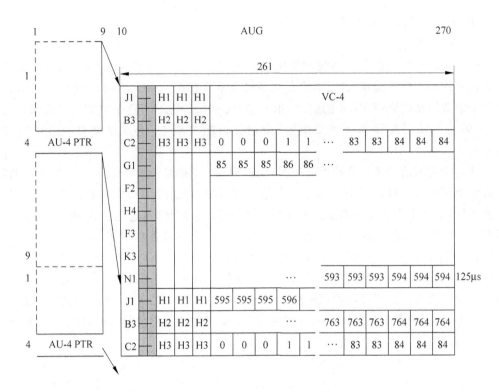

图 6.28 TU-3 指针偏移的编号

（3）TU-3 指针的取值

TU-3 指针值表示 VC-3 开始的字节位置，它包含在 H1 和 H2 两个字节中（如图 6.28 所示），因此可以把 H1 和 H2 看做 1 个码字。

码字的第 7～16 比特携带具体指针值。指针值是二进制数，用十进制表示的指针偏移范围（85×9）可达 0～764，足以覆盖实际可能的最大偏移字节。指针值表示了指针和 VC-3 第一个字节间的相对位置。指针值每增/减 1，代表 1 个字节的偏移量。

（4）TU 类型标志

与前同。

（5）新数据标志

与 AU 指针一样，在 TU-3 指针内也设置了载入新数据标志（NDF），用于标志净负荷的变化情况。

（6）码速调整

码速调整是指针的一项重要任务。指针的正、负码速调整能用于校正 TU-3 帧与 VC-3 帧之间的频率相位偏差。指针值的增、减标志着正、负码速调整，但是指针不能轻率地更改，必须连续 4 帧要求正码速调整，或连续 4 帧负码速调整时，才能进行调整操作并增、减指针值。在不够连续 4 帧要求码速调整时，不作码速调整，指针值也不改变。

如果 TU-3 帧速率与 VC-3 的帧速率不同，即有频率偏差，指针值将按照需要增加或减少,还伴随有相应的正调整字节或负调整字节出现或变化。当频率偏移较大,需要连续多次指针调整操作时,相邻两次的操作必须至少分开 3 帧,即每个第 4 帧才能进行指针调整操作,两次操作之间的指针值保持为常数不变。

当 VC-3 帧速率比 TU-3 帧速率快时,需降低 VC-3 帧速率,此时可以利用 TU-3 指针区的 3 个 H3 字节来存放实际 VC-3 信息(即负调整字节),从而降低了 VC-3 帧速率。但由于 VC-3 信息的前几个字节存入了 TU-3 指针区,实际 VC-3 在时间上向前移动了 3 个字节,因而用来指示其起始位置的指针值要减 1。进行这一操作的指示是将指针码字的 5 个减少比特(D 比特),即将第 8、10、12、14 和 16 比特进行反转来表示。在接收机中,按 5 比特多数表决准则作出决定。

当 VC-3 帧速率比 TU-3 帧速率慢时,需提高 VC-3 帧速率,此时可以在 VC-3 前插入 3 个填充伪信息的空闲字节(即正调整字节),从而增加了 VC-3 帧速率。但由于插入了正调整字节,实际 VC-3 在时间上向后推移,因而用来指示其起始位置的指针值要增加 1。进行这一操作的指示是将指针码字的 5 个增加比特(I 比特),即将第 7、9、11、13 和 15 比特进行反转来表示。在接收机中,按 5 比特多数表决准则作出决定。

3. TU-1/TU-2 指针

支路单元 TU-nx 是虚容器 VC-nx 加上支路单元指针(TU PTR)组成。这里 TU-1 包括 TU-11 和 TU-12,TU-2 包括 TU-21 和 TU-22,它们分别对应于 PDH 信号 1544Kb/s、2048Kb/s、6312Kb/s 和 8448Kb/s 的支路。

为了适应不同容量的净负荷在网中的传送需要,SDH 允许组成若干不同的 TU 复帧形式,并用 VC POH 中的位置指示字节 H4 作复帧指示。TU-1/TU-2 指针为净负荷 VC-1/VC-2 在 TU-1/TU-2 复帧内灵活、动态地定位提供了一种方法。这种定位方法与 VC-1/VC-2 的实际内容无关。

(1) TU-1/TU-2 指针的位置

$500\mu s$ 作为一个 TU 复帧的周期。在 TU 复帧中有 4 个字节分给 TU 指针使用,这 4 个字节是 V1、V2、V3 和 V4。其中,V1 是第 1 个 TU 帧的第 1 个字节;V2 是第 2 个 TU 帧的第 1 个字节;V3 是第 3 个 TU 帧的第 1 个字节;V4 是第 4 个 TU 帧的第 1 个字节。

TU-1/TU-2 指针包含在 V1 和 V2 字节中;V3 作为负调整字节,其后的那个字节作为正调整字节;V4 作为保留字节,如图 6.29 所示。此外,在每个 TU 净负荷 VC-1/VC-2 中有一个字节的 VC POH,即 V5 字节。

(2) TU-1/TU-2 指针功能分配

V1 和 V2 字节可以看做一个码字,指针功能分配如图 6.30 所示。其中,第 1~4 比特是 N 比特,用于新数据标志(NDF);第 5、6 比特是 S 比特,表示 TU 的类型,I 表示增加,D 表示减少;第 7~16 比特是载入指针值。

对于 NDF 新数据标志比特,正常操作时取为 0110;当标志新数据时,取 1001。关于 S 比特的取值,如表 6.10 所示。

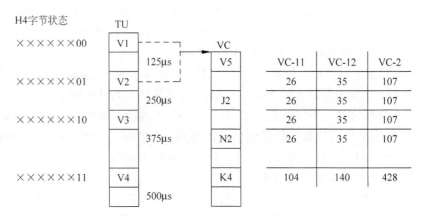

图 6.29　将 VC 映射进 TU 复帧

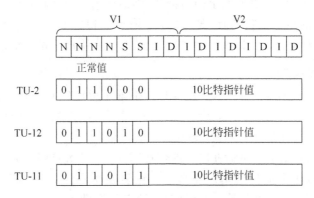

图 6.30　TU-1/TU-2 指针编码

表 6.10　TU 类型标志

TU 类型	第 5、6 比特(SS)	TU 类型	第 5、6 比特(SS)
TU-11	11	TU-21	00
TU-12	10	TU-22	01

　　在 TU-1/TU-2 指针中,V3 用于码速调整,其码速调整方法与 AU 码速调整相似。当正码速调整时,紧跟在 V3 字节之后进行调整;对于负码速调整,数据可以写入 V3 字节,具体情况如图 6.31 所示。

　　(3) TU-1/TU-2 指针值

　　7～16 比特是二进制数的指针值,TU-1/TU-2 指针值用于指示 VC-1/VC-2 第 1 个字节的起始点相对于 V2 字节的调整位置,其取值范围与本身尺寸有关,如表 6.11 和表 6.12 所示。

　　从图 6.31 可以看出,当不作码速调整或只作正码速调整时,V3 字节不予定义,因而在接收端可将 V3 省略。判断是否进行码速调整的方法仍然是用指针中的 I 比特和 D 比特表示,I 比特表示正码速调整,D 比特表示负码速调整。

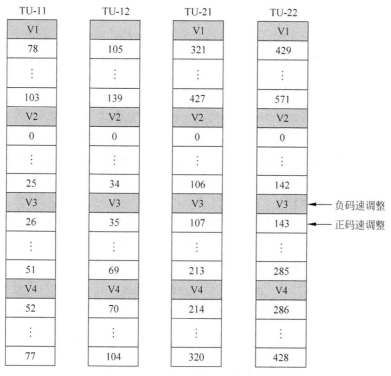

图 6.31　TU 指针调整

表 6.11　TU-1/TU-2 尺寸（速率）

TU 类型	尺寸/B	速率/(Kb/s)	指针尺寸/B	VC 尺寸/B	C 尺寸/B
TU-11	27	1728	1	26	25
TU-12	36	2304	1	35	34
TU-21	108	6913	1	107	106
TU-22	144	9216	1	143	142

表 6.12　TU-1/TU-2 复帧指针值范围

TU 类型	尺寸/B	指针尺寸/B	VC 尺寸/B	指针取值范围/B
TU-11	108	4	26(104/4)	0～103
TU-12	144	4	35(140/4)	0～139
TU-21	432	4	107(428/4)	0～427
TU-22	576	4	143(572/4)	0～571

（4）TU-1/TU-2 位置指示字节 H4

TU-1/TU-2 位置指示字节 H4 与 SDH 复用结构的最低一级有关,它表示有多种不同的复帧结构可用于某些净负荷。采用复帧结构可以提高净负荷传输效率和便于信令安排,目前可以提供以下 3 种复帧结构。

① 500μs(4 帧)复帧,可用于识别浮动 TU-1/TU-2 模式中含 TU-1/TU-2 指针的帧,以及锁定 TU-1 模式中的保留字节位置。

② 2ms(16 帧)复帧,可以锁定 TU-1 模式中用于 2.048Mb/s 净负荷字节同步的随路信令信号。

③ 3ms(24 帧)复帧,可以锁定 TU-1 模式中用于 1.544Mb/s 净负荷的字节同步随路信令信号。

(5) 码速调整

TU-1/TU-2 指针对 VC-1/VC-2 进行码速调整的方式与 TU-3 指针对 VC-3 进行码速调整的方式完全相同。正调整紧随 V3 字节。V3 字节也可以作为负调整,此时 V3 被实际数据重写。当 V3 字节未被用作负调整时,其值不作规范,此时接收机必须对 V3 的数值忽略不计。

(6) TU-1/TU-2 的规格

TU-1/TU-2 共有 3 种不同的规格,即 TU-11(对应 1.544Mb/s)、TU-12(对应 2.048Mb/s)和 TU-2(对应 6.312Mb/s)。利用 TU-1/TU-2 指针的第 5、6 比特可以表示不同的规格,如表 6.13 所示。

表 6.13　TU-1/TU-2 的规格

规　格	名　称	TU 指针范围(500μs 复帧)
00	TU-2	0~427
10	TU-12	0~139
11	TU-11	0~103

(7) 级联

某些业务可能需要大于 C-2 而小于 C-3 的中间容量,例如数字图像和高容量租用线等,此时可以将若干 TU-2 级联起来形成 TU-2-mC(即 m 个 TU-2 级联),以便传送容量大于 C-2 的净负荷。

小结

SDH 是公认的理想传输体制,它有优点,也有缺点。SDH 的帧结构为块状帧,它由 9 行和 270×N 列组成,帧周期为 125μs,主要包括 3 个部分:段开销、管理单元指针和信息净负荷。SDH 的复用包括两种情况:一种是低阶的 SDH 信号复用成高阶 SDH 信号,另一种是低速支路信号复用成 SDH 信号 STM-N。将各种速率的信号装入 SDH 帧结构,需要经过映射、定位和复用 3 个步骤。SDH 开销是实现 SDH 网管的比特。SDH 所使用的开销有两种:POH 和 SOH。指针是一种指示符,主要用做定位。

习题与思考题

6.1　PDH 存在什么问题? SDH 有哪些优点?

6.2　SDH 的帧结构由哪几部分组成? 各部分的功能是什么?

6.3　试简述 2Mb/s、34Mb/s 和 140Mb/s 信号复用进 STM-N 信号的过程。

6.4　STM-1 可复用进多少个 2Mb/s 信号? 多少个 34Mb/s 信号? 多少个 140Mb/s 信号?

6.5　指针是什么? 它的作用是什么? 有哪些种类?

6.6　SDH 帧的开销是什么意思?

6.7　在 SDH 系统中有哪些种类的开销? 各种开销的作用是什么? 在什么位置上?

6.8　复合功能由哪些部分组成? 各部分的作用是什么?

6.9　试计算出 STM-1 和 STM-16 段开销的比特数。

6.10　试计算出 STM-1 和 STM-64 的码速率。

6.11　为什么 PDH 从高速信号分出低速信号要一级一级进行? 而 SDH 信号能直接从高速信号中分出低速信号?

6.12　在 SDH 帧结构中,用于误码检测的字节一共有哪几个? 请简述各自的作用。

6.13　STM-N 的块状帧在线路上是怎样传输的? 传完 1 帧 STM-N 信号需要多长时间?

6.14　画图说明 2Mb/s 是如何复用映射到 STM-1 帧结构的。

6.15　简述异步映射的概念和特点。

第 7 章

SDH 传送网

内容提要：

- SDH 网络的常见网元
- SDH 网络结构和网络保护机理
- SDH 的物理接口
- SDH 中的定时与同步
- SDH 的传输性能

SDH 传送网可分为电路层、通道层和传输媒质层，其分层模型如图 7.1 所示。电路层网络为用户提供交换业务，包括 64Kb/s 电路交换网、分组交换网、ATM 交换及租用线电路网。通道层网络用于支持不同类型的电路层网络，可分为低阶通道层网络和高阶通道层网络，具有管理、控制通道层网络中连接性的潜力是 SDH 网络的关键特征之一。传输媒质层网络分为段层网络和物理媒质层网络。段层网络包括复用段层网络和再生段层网络，物理媒质层网络是指光缆或无线传输媒质。

下面分别介绍 SDH 传送网所涉及的设备和技术。

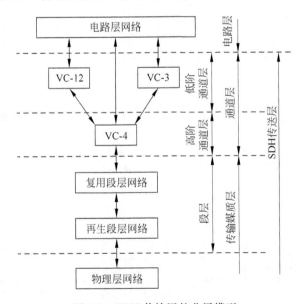

图 7.1 SDH 传输网的分层模型

7.1　SDH 网元设备

7.1.1　SDH 设备的逻辑功能块

SDH 网是由 SDH 网元设备通过光缆互连而成的，网络节点（网元）和传输线路的几何排列就构成了网络的拓扑结构。第 6 章介绍了 SDH 体系的产生和优势就是为适应 SDH 产品的横向兼容性，ITU-T 采用功能参考模型的方法对 SDH 设备进行规范，将设备所应完成的功能分解为各种基本的标准功能块，功能块的实现与设备的物理实现无关，不同的设备由这些基本的功能块灵活组合而成，以完成设备不同的功能。通过基本功能块的标准化，来规范设备的标准化，同时使规范具有普遍性，叙述清晰、简单。

ITU-T 采用功能参考模型的方法对 SDH 设备进行规范。同步设备参考逻辑功能框图如图 7.2 所示，这是 G.782 和 G.783 规定的 SDH 同步设备的功能框图和接口。

为了更好地理解图 7.2，对图中出现的功能块名称说明如下。

PPI：PDH 物理接口　　　　　　　　LPA：低阶通道适配

LPT：低阶通道终端　　　　　　　　LPC：低阶通道连接

LOI：低阶接口　　　　　　　　　　LUG：低阶通道未装载发生器

LPOM：低阶通道开销监控　　　　　LCS：低阶连接监控

HPA：高阶通道适配　　　　　　　　HPT：高阶通道终端

HOA：高阶组装器　　　　　　　　　HPC：高阶通道连接

HOI：高阶接口　　　　　　　　　　SPI：SDH 物理接口

RST：再生段终端　　　　　　　　　MST：复用段终端

MSP：复用段保护　　　　　　　　　MSA：复用段适配

TTF：传输终端功能　　　　　　　　HCS：高阶连接监控

OHA：开销接入功能　　　　　　　　SEMF：同步设备管理

SETS：同步设备时钟源　　　　　　SETPI：同步设备定时物理接口

MCF：消息通信功能

这些框图的指导思想是将同步设备的功能按一种所谓的功能参考模型分解成单元功能（EF）、复合功能（CF）及网络功能（NF），使设备的实现得以简化。包括终端复接器、上/下复接器和数字交叉连接在内的同步设备，均可由若干个 CF 和 EF 组合成一个 NF，形成具体的设备，其中复合功能是若干单元功能的组合。在同步设备中，实施信息传送的逻辑功能主要有终接功能（T）、适配功能（A）和连接功能（C）。终接功能是一种传送处理功能，指的是产生分层网的特征信息（用一定速率和格式来表征的信息），并通过对附加开销信息的处理，确保信息的完整性。适配功能也是一种传送处理功能，它包括编码、速率变换、帧对准、指针调整、复接等多种过程。除此之外，同步设备还包括一些必不可少的开销接入功能（OHA）、定时功能（SETS）、设备管理功能（SEMF）、管理信息通信功

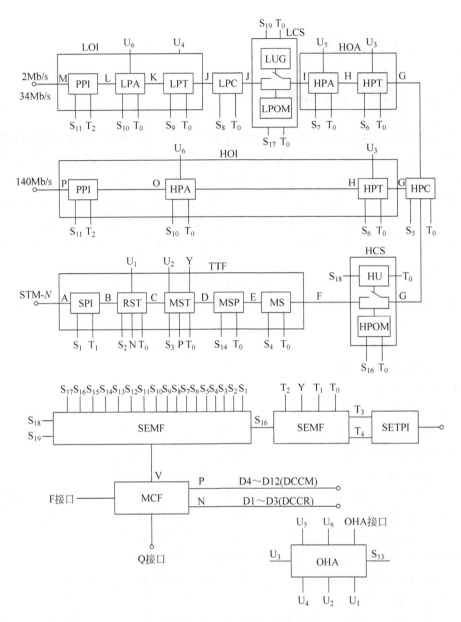

图 7.2　SDH 设备功能块组成

能(MCF)等功能单元,这些功能单元用于同步、定时和监控等。

　　同步设备的传送功能按层次分为再生段(RS)、复接段(MS)、高阶通道(HP)及低阶通道(LP)。图 7.2 中的各单元功能 EF 即按这样的层次和上述三种功能来命名。这些功能块间的界面称为参考点,参考点并非物理接口。

　　图 7.2 中所有单元功能 EF 和复合功能 CF 的信息流均为双向的,每个功能块的传送和处理与信息或信号的流向有关。下面简述各 EF 和 CF 的功能。

1. 单元功能（EF）

（1）同步物理接口（SPI）

SPI 是设备和光路的接口，提供 STM-N 的物理传输媒质接口，其功能包括码变换、电平转换、定时提取和相应告警的检测。

（2）再生段终端功能（RST）

RST 是 RSOH 开销的源和宿。其功能包括成帧/帧识别（A1、A2）、STM-N 帧级联指示（C1）、BIP-8 计算/误码检测（B1）、再生段公务信道终接（E1）、RST 间 DCCR 信道终接（D1~D3）。

（3）复用段终端功能（MST）

MST 是复用段开销的源和宿。其功能包括 BIP-24（BIP-24N）计算/误码检测（B2）、APS（自动保护倒换）字节 K1 和 K2 的插入或恢复、复接段公务信道终接（E2）、MST 间 DCCM 信道终接（D4~D12）以及复用段保护，如 MS-AIS 检测和 MS-RDI 指示（K2）。

（4）复用段保护功能（MSP）

MSP 用以在复用段内（MST~MST）保护 STM-N 信号，防止随路故障。MSP 功能间通过 K1 和 K2 字节中规定的协议进行通信联络，从故障条件（信号失效 SF，信号劣化 SD）到 APS 启动的倒换时间在 50ms 以内，复原模式的等待恢复时间为 5~12min。

（5）复用段适配功能（MSA）

MSA 主要完成高阶通道 VC-3/VC-4 与管理单元 AU-3/AU-4 间的装/拆、AU 与 AUG 间及 AUG 与 STM-N 间的组合/分解，即指针处理（H1、H2 和 H3）及复接功能。

（6）高阶通道连接功能（HPC）

HPC 实际上相当于一个交叉矩阵，它完成对高阶通道 VC-4 进行交叉连接的功能，除了信号的交叉连接外，信号流在 HPC 中是透明传输的（所以 HPC 的两端都用 G 点表示）。一种 SDH 设备功能的强大与否，主要是由其交叉能力决定的，而交叉能力又是由交叉连接功能块即高阶 HPC、低阶 LPC 来决定的。为了保证业务的全交叉，HPC 的交叉容量最小应为 $2N$ VC-4$\times 2N$ VC-4，相当于 $2N$ 条 VC-4 入线，$2N$ 条 VC-4 出线。

（7）高阶通道终端功能（HPT）

HPT 是高阶通道开销的源和宿，形成和终接高阶虚容器。终接功能包括如 BIP-8 计算/误码检测（B3）、VC-3/VC-4 通道寻迹（J1）、VC-3/VC-4 通道维护，如 AU-AIS 检测和 VC-3/VC-4 通道 RDI 及 REI（G1）。

（8）高阶通道适配功能（HPA）

HPA 的作用有点类似 MSA，它完成低阶 VC（VC-1/VC-2/VC-3）与支路单元 TU（TU-1/TU-2/TU-3）间的装/拆、TU 与 TUG（TUG-2/TUG-3）间的汇合/分解。

HPA-m/n（$m=1,2,3$；$n=3,4$）还产生和处理指示 VC-12 在复帧中顺序的复帧指示（MFI），并通过信令来检验复帧的丢失（LOM）与恢复情况的字节（H4）。

分配给缓存器（PB）的指针滞后特性门限间隔，对于 TU-3 及 TU-1/TU-2 至少为 4B 和 2B。

(9) 低阶通道连接功能(LPC)

与 HPC 类似,LPC 也是一个交叉连接矩阵。一个设备若要具有全级别交叉能力,就一定要包括 HPC 和 LPC。信号流在 LPC 功能块处是透明传输的(所以 LPC 两端参考点都为 J)。

(10) 低阶通道终端功能(LPT)

低阶通道终端功能与 HPT 类似,它是低阶 POH 的源和宿,在这里插入和终接 VC-1/VC-2/VC-3 POH。终接功能包括如 BIP-8 计算/误码检验(B3 或 V5)、VC-1/VC-2/VC-3 通道寻迹(J2 或 J1)、VC-1/VC-2/VC-3 通道维护,如 TU-AIS 检测、VC-1/VC-2/VC-3 通道 RDI 和 REI 指示(V5 或 G1)。

(11) 低阶通道适配功能(LPA)

LPA 将 G.703 准同步信号装入到容器或拆装,即完成映射功能(码速调整)。

(12) PDH 物理接口(PPI)

PPI 主要完成码型变换、电平转换的接口功能,以及提取支路定时供系统使用的功能。在 SDH 设备中,只有电的 PDH 接口。

(13) 高阶通道未准备的指示的产生功能(HUG)

在一个"未使用"的连接场合,由它在 F 参考点产生一个带有信号标签"未准备好"的 VC-n($n=3,4$),G.783 规定了这个 VC-n 产生的顺序;在一个"使用"的连接场合,即从 HPC 到 HCS 方向有一个在 HPC 上交换的 VC-n 的场合,则在参考点 G 处的 VC-n 穿越 HCS 到达 F 参考点无须作任何变动。

(14) 高阶通道开销监控器(HPOM)

在 F 参考点的 VC-n 信号(具有规定的净荷或未规定净荷)中的一部分 VC POH 在这里恢复(J1、G1),整个 VC-n 不改变地向前传到 G 参考点,从这里恢复的字节中获得关于通道段落的告警和性能信息。

(15) 低阶通道未准备的指示的产生功能(LUG)

与 HUG 类似,只不过 LUG 处理的是低阶通道 VC-1/VC-2/VC-3。

(16) 低阶通道开销监控器(LPOM)

与 HPOM 类似,只不过 LPOM 处理的是低阶通道 VC-1/VC-2/VC-3。

2. 复合功能(CF)

(1) 传输终端功能(TTF)

完成 STM-N 信号与 VC-3/VC-4 之间的处理,主要是提供再生段和复用段的终接、保护和适配(复接)。由 SPI、RST、MST、MSP 和 MSA 共 5 个 EF 组成。

(2) 高阶接口(HOI)

HOI 复合功能块由 HPT、HPA 及 PPI 三个 EF 组成,完成 VC-3/VC-4 与 PDH 支路信号间的处理,包括映射功能和高阶通道终接功能。

(3) 低阶接口(LOI)

LOI 复合功能块由 LPT、LPA 及 PPI 三个 EF 组成,完成 VC-1/VC-2/VC-3 与 PDH 支路信号间的处理,包括映射功能和低阶通道终接功能。

（4）高阶组装器（HOA）

HOA 复合功能块由 HPT 和 HPA 两个 EF 组成，完成低阶通道 VC-1/VC-2/VC-3 与高阶通道 VC-3/VC-4、PDH 间的处理，主要是适配功能（复接）和高阶通道终接功能。

（5）高阶连接监控功能（HCS）

HCS 复合功能块由 HUG 和 HPOM 两个 EF 组成，起到部分高阶 POH 源和宿的作用。

（6）低阶连接监控功能（LCS）

其作用与 HCS 类似，由 LUG 和 LPOM 两个 EF 组成。

3. 辅助功能

除了上述传输功能外，SDH 设备中还有不可缺少的定时、开销及管理功能块。

（1）同步设备定时源（SETS）

SETS 功能块的作用就是提供 SDH 网元乃至 SDH 系统的定时时钟信号。SETS 时钟信号的来源有 4 个，其中外部时钟有 3 个：由 SPI 功能块从线路上的 STM-N 信号中提取的时钟信号 T1；由 PPI 从 PDH 支路信号中提取的时钟信号 T2；由同步设备定时物理接口（SETPI）提取的外部时钟源 T3，如 2MHz 方波信号或 2Mb/s 信号。当这些时钟信号源都劣化后，为保证设备的定时，由 SETS 的内置振荡器产生时钟。SETS 对这些时钟进行锁相后，选择其中一路高质量时钟信号，通过输出时钟 T0 传给设备中除 SPI 和 PPI 外的所有功能块使用。同时，SETS 输出时钟 T4 通过 SETPI 功能块向外提供 2Mb/s 和 2MHz 时钟信号，供其他设备——交换机、SDH 网元等作为外部时钟源使用。

（2）同步设备定时物理接口（SETPI）

作为 SETS 与外部时钟源的物理接口，SETS 通过它接收外部时钟信号，或提供外部时钟信号并进行编/解码。

（3）同步设备管理功能（SEMF）

SEMF 的作用是收集其他功能块的状态信息，进行相应的管理操作，包括本站向各个功能块下发命令，收集各功能块的告警、性能事件，通过 DCC 通道向其他网元传送运行管理维护（OAM）信息，向网络管理终端上报设备告警、性能数据以及响应网管终端下发的命令。

DCC（D1～D12）通道的 OAM 内容是由 SEMF 决定的，并通过消息通信功能（MCF）在 RST 和 MST 中写入相应的字节，或通过 MCF 功能块在 RST 和 MST 提取 D1～D12 字节，传给 SEMF 处理。

（4）消息通信功能（MCF）

MCF 功能块实际上是 SEMF 和其他功能块及网管终端的一个通信接口。通过 MCF，SEMF 可以和网管进行消息通信（F 接口、Q 接口），以及通过 N 接口和 P 接口分别与 RST 和 MST 上的 DCC 通道交换 OAM 信息，实现网元和网元间 OAM 信息的互通。

（5）开销接入功能（OHA）

OHA 的作用是从 RST 和 MST 提取或写入相应 E1、E2 和 F1 公务联络字节，进行相应的处理。

7.1.2 SDH 网络的常见网元

SDH 传输网是由不同类型的网元通过光缆线路的连接组成的，通过不同的网元完成 SDH 网的传送功能：上/下业务、交叉连接业务、网络故障自愈等。SDH 网中常见的网元有终端复用设备(TM)、分插复用设备(ADM)、再生中继器(REG)、同步数字交叉连接设备(SDXC)等。下面分别介绍它们的基本功能和功能框图。

1. 终端复用设备

终端复用设备分为接口终端复用设备和高阶终端复用设备两种。

(1) 接口终端复用设备

接口终端复用设备如图 7.3 所示，其功能如下：

① 输入/输出 G.703 建议所规定的各种信号，例如 2Mb/s、34Mb/s、140Mb/s。

② 进行复接/分接。

在图 7.3(a)中，支路端口连接了 63 个相同的 2Mb/s 支路信号，由它们组成 STM-1；相反地，也可以将 STM-1 进行分接，分接为 63 个 2Mb/s 支路信号。在图 7.3(b)中，支路端口连接了 12 个相同的 34Mb/s 支路信号，由它们组成 STM-4；也可以从 STM-4 中分接出 34Mb/s 信号。在图 7.3(c)中，支路端口连接的可以是符合 G.702 建议的各种信号。在图 7.3(d)中，支路端口连接的是各种信号的混合，可以是符合 G.702 建议的信号，也可以是 ATM 信号，还可以是其他信号。

其功能框图如图 7.4 所示，由低阶接口 (LOI)、高阶接口(HOI)、高阶组装器(HOA)、传输终端(TTF)等部分组成。高阶接口用来完成 VC-3/VC-4 与 PDH 支路信号之间处理，包括映射功能和高阶通道终端功能。低阶接口用来完成 VC-1/VC-2/VC-3 与 PDH 支路信

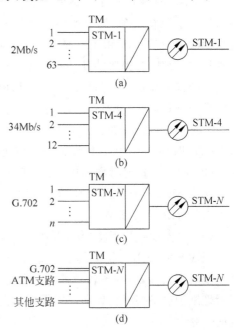

图 7.3 接口终端复用设备功能框图

号间的处理，包括映射功能和低阶通道终端功能。高阶组装器用来完成低阶通道 VC-1/VC-2/VC-3 与 VC-3/VC-4 间的处理。传输终端用来完成 STM-N 信号与 VC-3/VC-4 之间的处理，主要是提供再生段和复用段的终接、保护和适配。

由功能框图可以看出，其工作过程的要点如下：

① 由低阶接口完成 VC-1/VC-2/VC-3 与 PDH 支路信号间的处理。

② 由高阶组装器完成 VC-1/VC-2/VC-3 与 VC-3/VC-4 间的处理。

③ 由传输终端功能完成 VC-3/VC-4 与 STM-N 之间的处理。

图 7.4　接口终端设备功能框图

（2）高阶终端复用设备

高阶终端复用设备的功能是将若干个 STM-N 信号交错同步复接成 STM-M(M>N)，或作相反的处理，其功能示意图如图 7.5 所示。图 7.5(a)表示由 STM-1 交替复接组成 STM-4，或作相反的处理。图 7.5(b)表示由 STM-1 交替复接组成 STM-16，也可以由 STM-4 交替复接成 STM-16，或作相反的处理。

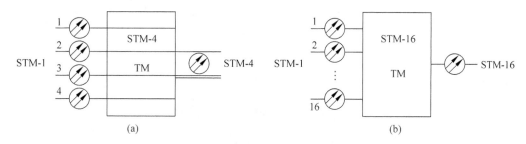

图 7.5　高阶终端复用功能示意图

高阶终端复用功能框图如图 7.6 所示，它由若干个传输终端块组成。支路信号是 STM-N，复接组成的信号是 STM-M。在这种结构中，支路信号 STM-N 中每个 VC-3/VC-4 的位置在 STM-M 汇总信号帧结构的位置是灵活分配的；也可以作相反的处理，进行解交错，从 STM-M 信号恢复原 STM-N 信号。

图 7.6　高阶终端复用功能框图

在实际使用中，一个设备往往同时具有接口终端复用功能和高阶终端复用功能。

2. 分插复用设备（ADM）

分插复用设备（ADM）有时也称为上/下路复用设备或分支/插入复用设备。SDH 分插复用设备基本上分两种类型：一种是在 STM-M 信号中分离出能满足 G.703 规定的物理与电气接口性能的支路信号的上/下路；另一种是在 STM-M 信号中分离能满足 G.707 规定的数字系列信号 STM-N(M>N)的上/下路。

（1）上/下 G.703 支路信号的设备

如图 7.7 所示，其功能有如下两点：可实现符合 G.703 规定的各类异步支路信号的上/下路；提供标准光接口。

图 7.7(a)表示从 STM-1 分离出相同的 2Mb/s 信号，图 7.7(b)表示从 STM-4 分离出相同的 2Mb/s 信号，图 7.7(c)表示从 STM-4 分离出 2Mb/s、34Mb/s 和 140Mb/s 信号。

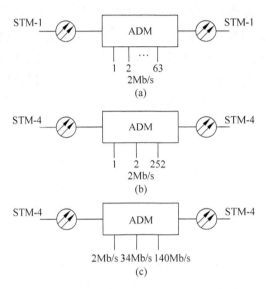

图 7.7　上/下 G.703 支路信号示意图

其功能框图如图 7.8 所示，由传输终端（TTF）、高阶路通道连接（HPC）、高阶组装器（HOA）、低阶路通道连接（LPC）、低阶接口（LOI）等组成。

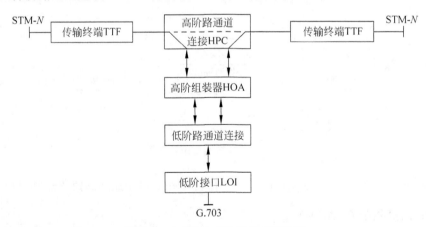

图 7.8　上/下 G.703 信号功能框图

分/插复用设备工作过程要点如下：

① 由传输终端完成 STM-N 与 VC-3/VC-4 之间的信号处理。

② 由高阶路通道连接完成对高阶 VC-n 的重排。

③ 由高阶组装器完成 VC-1/VC-2/VC-3 与高阶通道 VC-3/VC-4 POH 间的处理。

④ 由低阶路通道连接完成低阶 VC-1/VC-2/VC-3 的交叉连接和分插复接。

⑤ 由低阶接口完成低阶 VC-1/VC-2/VC-3 与 PDH 信号间的处理。

（2）上/下 STM-N 信号的设备

如图 7.9 所示，其功能如下：从 STM-M 信号分出 STM-N(M>N)，或作相反的处理；具有光接口。

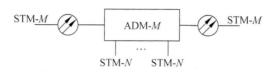

图 7.9 ADM-M 上/下支路复用设备示意图

上/下 STM-N 信号的功能框图如图 7.10 所示，其工作过程与前面的叙述类似。

ADM 是 SDH 最重要的一种网元，通过它可等效成其他网元，即能完成其他网元的功能。例如，一个 ADM 可等效成两个 TM。

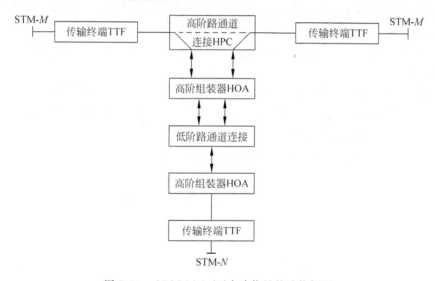

图 7.10 ADM-M 上/下支路信号的功能框图

3. 同步数字交叉连接设备（SDXC）

数字交叉连接设备（DXC）是一种具有一个或多个准同步数字体系（G.703）或同步数字体系（G.707）信号的端口，可以在任何端口信号速率（及其子速率）间进行可控连接和再连接的设备。适用于 SDH 的 DXC 称为 SDXC，SDXC 能进一步在端口间提供可控的 VC 透明连接和再连接。这些端口信号可以是 SDH 速率，也可以是 PDH 速率。

交叉连接设备可分为高阶 VC 交叉连接、低阶 VC 交叉连接和高低阶 VC 交叉连接三种。

（1）高阶 VC 交叉连接

这种设备用来实现高阶 VC 之间的交叉连接。高阶 VC 交叉连接的功能框图如

图 7.11 所示,由传输终端(TTF)、高阶连接监控(HCS)、高阶接口(HOI)、高阶路通道连接(HPC)等组成。其工作过程要点如下:

① 对于输入的 G.703 信号,由高阶接口(HOI)完成接口处理。

② 对于输入的 STM-N 信号,由 TTF 完成 STM-N 信号与 VC-3/VC-4 间的处理,经高阶连接监控功能(HCS)单元送往 HPC。

③ 在高阶路通道连接(HPC)实现高阶 VC 的交叉连接。

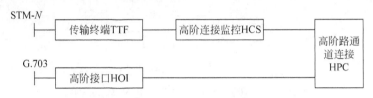

图 7.11　高阶 VC 交叉连接功能框图

(2) 低阶 VC 交叉连接

这种设备用来实现低阶 VC 之间的交叉连接。低阶 VC 交叉连接设备的功能框图如图 7.12 所示,由传输终端(TTF)、高阶组装器(HOA)、低阶连接监控(LCS)、低阶接口(LOI)和低阶路通道连接(LPC)等组成,其工作过程要点如下:

① 对于输入的 G.703 信号,由低阶接口电路完成 VC-1/VC-2/VC-3 与 PDH 支路信号间的处理。

② 对于输入的 STM-N 信号,由 TTF 完成 STM-N 信号与 VC-3/VC-4 间的处理,由高阶组装器完成低阶通道 VC-1/VC-2/VC-3 与 VC-3/VC-4 POH 间的处理,经低阶连接监控(LCS)送至低阶路通道连接(LPC)。

③ 在低阶路通道连接(LPC)实现低阶 VC 的交叉连接。

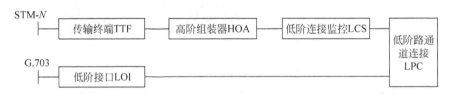

图 7.12　低阶 VC 交叉连接功能框图

(3) 高低阶 VC 交叉连接

这种设备既可实现高阶 VC 之间的交叉连接,又可实现低阶 VC 之间的交叉连接。

高低阶 VC 交叉连接功能框图如图 7.13 所示,由传输终端(TTF)、高阶连接监控(HCS)、高阶接口(HOI)、高阶路通道连接(HPC)、高阶组装器(HOA)、低阶连接监控(LCS)、低阶接口(LOI)和低阶路通道连接(LPC)等组成。其工作过程要点如下:

① 由传输终端(TTF)、高阶连接监控(HCS)、高阶接口(HOI)、高阶路通道连接(HPC)实现高阶 VC 之间的交叉连接。

② 由高阶路通道连接(HPC)、高阶组装器(HOA)、低阶连接监控(LCS)、低阶接口(LOI)、低阶路通道连接(LPC)实现低阶 VC 的交叉连接。

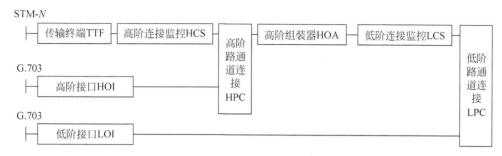

图 7.13　高低阶 VC 交叉连接功能框图

通常用 DXC m/n 来表示一个 DXC 的类型和性能(此处 $m \geqslant n$),m 表示可接入 DXC 的最高速率等级,n 表示能够进行交叉连接的最低速率级别。m 越大,表示 DXC 的承载容量越大;n 越小,表示 DXC 的交叉灵活性越大。m 和 n 的相应数值的含义如表 7.1 所示。

表 7.1　m 和 n 的数值与速率对应表

m 或 n	0	1	2	3	4		5	6
速率	64Kb/s	2Mb/s	8Mb/s	34Mb/s	140Mb/s	155Mb/s	622Mb/s	2.5Gb/s

常用的 DXC1/0 又称为电路 DXC,表示接入端口的最高速率为一次群信号,而交叉连接速率为 64Kb/s,主要提供 64Kb/s 电路的数字交叉连接功能;DXC4/1 表示接入端口的最高速率为 140Mb/s 或 155Mb/s,而交叉连接的最低速率为一次群信号,即 DXC4/1 设备允许所有一、二、三、四次群电信号和 STM-1 信号接入和进行交叉连接,主要用于局间中继网;DXC4/4 允许 PDH 的四次群电信号和 STM-1 信号接入和进行交叉连接,其接口速率与交叉连接速率相同,一般用于长途网。

4. 再生中继器

光传输网的再生中继器有两种:一种是纯光的再生中继器,主要进行光功率放大,以延长光传输距离,如采用第 4.5 节所介绍的直接光放大器实现中继光放大;另一种是用于脉冲再生整形的电再生中继器,主要通过光/电变换、电信号抽样、判决、再生整形和电/光变换,以达到不积累线路噪声,保证线路上传送信号波形的完好性,这在第 1 章和第 5.3 节光中继放大器的意义中已做了明确的阐述,这里不再赘述。

7.2　SDH 网络结构和网络保护机理

7.2.1　基本的网络拓扑结构

SDH 网的基本网络拓扑结构有链形、星形、树形、环形和网孔形 5 种类型,如图 7.14 所示。

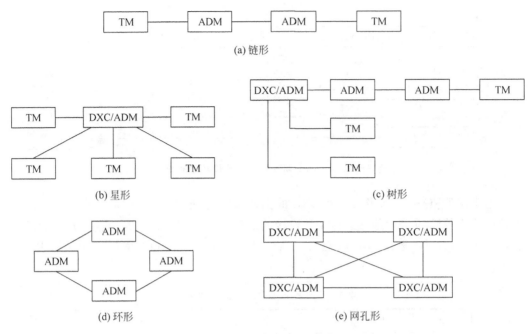

图 7.14　基本网络拓扑结构

（1）链形

这种网络拓扑是将网中的所有节点一一串联，而首尾两端开放。这种拓扑的特点是较经济，但无法应付节点和链路失效，生存性较差。链形网的两个端点称为终端节点，采用终端复用器（TM）；中间节点称为分/插节点，采用分/插复用器（ADM）。链形拓扑在SDH 网的早期用得较多，主要用于专网（如铁路网）中。

（2）星形

这种网络拓扑是将网中的一个网元作为特殊节点与其他各网元节点相连，其他各网元节点互不相连，网元节点的业务都要经过这个特殊节点转接。这种网络拓扑的特点是可通过特殊节点来统一管理其他网络节点，利于分配带宽，节约成本，但存在特殊节点的安全保障和处理能力的潜在瓶颈问题。特殊节点的作用类似交换网的汇接局。该拓扑多用于本地网（接入网和用户网）。

（3）树形

这种网络拓扑可看成是链形拓扑和星形拓扑的结合，也存在特殊节点的安全保障和处理能力的潜在瓶颈。该拓扑结构适合于广播式业务，但不适于提供双向通信业务。有线电视网多采用这种网络。

（4）环形

这种网络拓扑实际上是指将链形拓扑首尾相连，从而使网上任何一个网元节点都不对外开放。在 SDH 中通常使用环形分/插结构，在这种环上没有终端节点，每个节点由分/插复用器（ADM）构成，也可以使用数字交叉连接设备（DXC）。这是当前使用最多的网络拓扑形式，主要是因为它具有很强的生存性，即自愈功能较强。环形网常用于局间中继网、本地网(接入网和用户网)。

(5) 网孔形

所有网元节点两两相连,就形成了网孔形网络拓扑。这种网络拓扑为两个网元节点提供多条传输路由,使网络的可靠性更强,不存在瓶颈问题和失效问题。但是由于系统的冗余度高,必会使系统有效性降低,成本高且结构复杂。在 SDH 网中,网孔形结构的各节点主要采用 DXC,一般用于业务量很大的长途网,以提供网络的高可靠性。

综上所述,所有这些拓扑都各有特点,在网中都可能获得不同程度的应用。当前用得最多的网络拓扑是链形和环形,通过它们的灵活组合,可构成更加复杂的网络。本节主要讲述链网的组成和特点,以及环网的几种主要自愈形式(自愈环)的工作机理和特点。

7.2.2　链网和自愈环

传输网上的业务按流向可分为单向业务和双向业务。下面以环网为例,说明单向业务和双向业务的区别,如图 7.15 所示。

若 A 和 C 之间互通业务,A 到 C 的业务路由假定是 A→B→C,若此时 C 到 A 的业务路由是 C→B→A,则业务从 A 到 C 和从 C 到 A 的路由相同,称为一致路由;若此时 C 到 A 的路由是 C→D→A,则业务从 A 到 C 和业务从 C 到 A 的路由不同,称为分离路由。

我们称一致路由的业务为双向业务,分离路由的业务为单向业务。常见组网的业务方向和路由如表 7.2 所示。

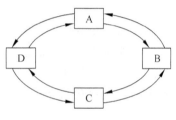

图 7.15　环形网络

表 7.2　常见组网的业务方向和路由表

组网类型		路　由	业务方向
链形网		一致路由	双向
环形网	双向通道环	一致路由	双向
	双向复用段环	一致路由	双向
	单向通道环	分离路由	单向
	单向复用段环	分离路由	单向

1. 链形网

典型的链形网如图 7.16 所示。链形网的特点是具有时隙复用功能,如图 7.16 中,A—B、B—C、C—D 以及 A—D 之间通有业务,这时可将 A—B 之间的业务占用 A—B 光缆段时隙(序号为 X 的 VC,例如第 3 个 VC-4 的第 48 个 VC-12),将 B—C 的业务占用 B—C 光缆段的 X 时隙(第 3 个 VC-4 的第 48 个 VC-12),将 C—D 的业务占用 C—D 光缆段的 X 时隙(第 3 个 VC-4 的第 48 个 VC-12),这种情况就是时隙重复利用。这时,A—D 的业务因为光缆的 X 时隙已被占用,所以只能占用光路上的其他时隙 Y 时隙,例如第 3 个 VC-4 的第 49 个 VC-12 或者第 7 个 VC-4 的第 48 个 VC-12。

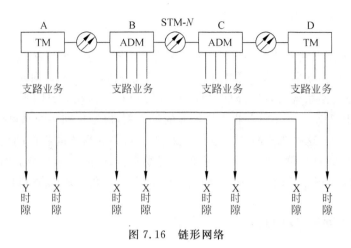

图 7.16　链形网络

链形网的这种时隙重复利用功能使网络的业务容量较大。网络的业务容量指能在网上传输的业务总量。网络的业务容量与网络拓扑、网络的自愈方式和网元节点间业务分布关系有关。

链形网的最小业务量发生在链形网的端站为业务主站的情况下。所谓业务主站,是指各网元都与主站互通业务,其余网元间无业务互通。以图 7.16 为例,若 A 为业务主站,那么 B、C、D 之间无业务互通。此时,B、C、D 分别与网元 A 通信,这时由于 A—B 光缆段上的最大容量为 STM-N(因系统的速率级别为 STM-N),则网络的业务容量为STM-N。

链形网达到业务容量最大的条件是链形网中只存在相邻网元间的业务。如图 7.16 所示,此时网络中只有 A—B、B—C、C—D 的业务而不存在 A—D 的业务,这时可时隙重复利用,那么在每一个光缆段上,业务都可占用整个 STM-N 的所有时隙。若链形网有 M 个网元,此时网上的业务最大容量为 $(M-1) \times STM\text{-}N$, $M-1$ 为光缆段数。

常见的链形网有二纤链——不提供业务的保护功能(即不提供自愈功能)、四纤链——一般提供业务的 $1+1$ 或 $1:1$ 保护。四纤链中的两根光纤收/发作为主用信道,另外两根收/发作为备用信道。

2. 环网——自愈环

所谓自愈网,是指不需要人为干预,在发生故障后极短的时间内(ITU-T 规定为 50ms 内),网络就能恢复所携带的业务,使用户感觉不到网络已经出了故障。其基本原理是不需要人为干预,网络自身具备发现故障路由、替代传输故障路由并重新确立通信的能力。替代路由可采用备用设备或利用现有设备中的冗余能力,以满足全部或指定优先级业务的恢复。由上可知,网络具有自愈能力的先决条件是有冗余的路由、网元强大的交叉能力以及网元一定的智能。

需要说明的是,自愈仅是通过备用信道将失效的业务恢复,而不涉及具体故障的部件和线路的修复或更换,所以故障点的修复仍需人工干预才能完成,就像断了的光缆还需人工接好。

自愈网技术可分为保护型和恢复型两类。保护型自愈网要求在节点之间预先提供固定数量的用于保护的容量配置,以构成备用路由。当工作路由失效时,业务将从工作路由迅速倒换到备用路由,如 1＋1 保护、m：n 保护等,保护倒换的时间很短(小于 50ms)。恢复型自愈网所需的备用容量较小,网络中并不预先建立备用路由,当发生故障时,节点或在网络管理系统的指挥下,或自发利用网络中仍能正常运转的空闲信道建立迂回路由,恢复受影响的业务,具有较长的计算时间,如 DXC 自愈网,通常需要几秒到几分钟时间,或更长。

当前广泛使用的 3 种自愈技术是线路保护倒换、ADM 自愈环和 DXC 网状自愈网。其中,线路保护倒换和 ADM 自愈环采用的是保护型策略,其技术比较成熟并已得到了广泛的应用。DXC 网状自愈网采用的是恢复型策略,它充分开发 DXC 节点的智能,利用网络内的空闲信道恢复受故障影响的通道。

1) 线路保护倒换方式分类

在 PDH 系统中采用线路保护倒换方式,这是最简单的自愈网。其工作原理是当工作通道传输中断或性能劣化到一定程度后,系统倒换设备将主信号自动倒换到备用光纤系统传输,使接收端仍能接收到正常的信号,而感觉不到网络已出了故障。线路保护倒换方式有 1＋1、1：1、1：n。下面以图 7.17 所示模型为例来说明。

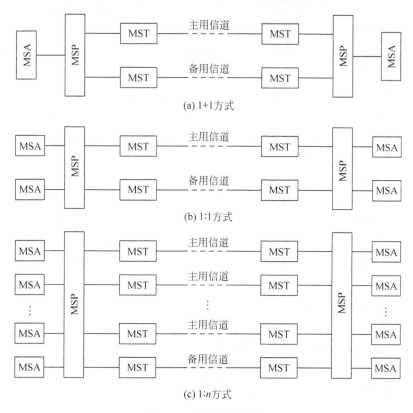

图 7.17　线路保护倒换

1＋1 方式指发送端在主、备两条信道上发送同样的信息(即并发),接收端在正常情况下选收主用信道上的业务,因为主、备信道上的业务一模一样(均为主用业务),所以在主用信道损坏时，通过切换选收备用信道而使主用业务得以恢复。此种倒换方式又叫做单端倒换（仅收端切换），倒换速度快，但信道利用率低。

　　1∶1方式指在正常时发送端在主用信道上发送主用业务，在备用信道上发送额外业务（指低级别业务），接收端从主用信道接收主用业务，从备用信道接收额外业务。当主用信道损坏时，为保证主用业务的传输，发送端将主用业务发送到备用信道上，接收端将切换到从备用信道选收主用业务。此时额外业务被终结，主用业务传输得到恢复。这种倒换方式称为双端倒换（收/发两端均进行切换），倒换速率较慢，但信道利用率高。由于额外业务的传送在主用信道损坏时要被终结，所以额外业务也叫做不被保护的业务。

　　1∶n方式指一条备用信道保护n条主用信道，这时信道利用率更高，但一条备用信道只能同时保护一条主用信道，所以系统可靠性降低了。

　　2）ADM自愈环保护

　　实际的自愈环是采用分插复用设备（ADM）组成环形网实现自愈的一种保护方式。自愈环的分类可按保护的业务级别、环上业务的方向、网元节点间的光纤数来划分。

　　按保护的业务级别，可将自愈环划分为通道保护环和复用段保护环。对于通道保护环，业务的保护是以通道为基础的，也就是保护的是STM-N信号中的某个VC（对STM-1为VC-12，对STM-4为VC-12或VC-4，对STM-16为VC-4），倒换与否按环上的某一个别通道信号的传输质量来决定，一般通过接收端是否收到告警指示信号（AIS）来决定是否应该倒换。这种环属于专用保护，保护时隙为整个环专用。在正常情况下，保护段也传业务信号。

　　复用段倒换环是以复用段为基础的，倒换与否是根据环上传输的复用段信号的质量决定的。倒换是由K1和K2（b1～b5）字节所携带的APS协议来启动的。当复用段出故障时，环上整个节点间的复用段业务信号都转向保护段。这种环多属于共享保护，即保护时隙由每一个复用段共享。正常情况下，保护段传送额外业务。

　　按环上业务的方向可将自愈环分为单向环和双向环。在单向环中，收/发业务信息的传送线路是一个方向，在双向环中收/发业务信息的传送线路是两个方向。通常，双向环工作于复用段倒换方式，单向环工作于通道倒换方式或复用段倒换方式。

　　按网元节点间的光纤数，可将自愈环划分为双纤环（一对收/发光纤）和四纤环（两对收/发光纤）。对于双向复用段倒换环，既可用二纤方式也可用四纤方式；对于通道倒换环，只可用二纤方式。

　　（1）二纤单向通道倒换环

　　① 环的组成

　　二纤单向通道倒换环如图7.18所示，它由A、B、C、D四个节点和两根光纤构成。一根光纤称为S_1，另一根光纤称为P_1。S_1光纤用来传送业务信号，P_1光纤用于保护。业务信号由S_1光纤携带，保护信号由P_1光纤携带。

　　② 工作原理

　　在正常状态，假定信号要由A节点送至C节点。在A节点，将信号同时馈入两根光纤S_1和P_1，S_1光纤按顺时针方向将业务信号送至C节点，P1光纤按逆时针方向将业务信号送至C节点。这样，在C节点就同时收到来自两个方向的同一个信号，根据通道信

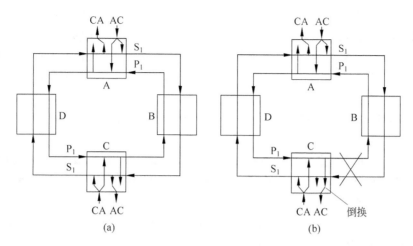

图 7.18　二纤单向通道倒换环

号的优劣选出一路作为分路信号。在正常情况下,以 S_1 光纤送来的信号为主信号。

在故障状态,假定 B 和 C 节点间的两根光纤同时被切断。在 C 节点,由于从 A 节点出发经 S_1 光纤到 C 节点的信号 AC 丢失,按通道选优准则,倒换开关由 S_1 光纤倒向 P_1 光纤,这样,在 C 节点接收到由 A 节点发送经 P_1 光纤逆时针送来的 AC 信号,使 AC 节点间的业务信号得以维持,不会丢失。

（2）二纤单向复用段倒换环

① 环的组成

二纤单向复用段倒换环如图 7.19 所示,有 A、B、C、D 四个节点,有 S_1 和 P_1 两根光纤。节点在支路分插功能前的每一条高速线路上都有一个保护倒换开关。

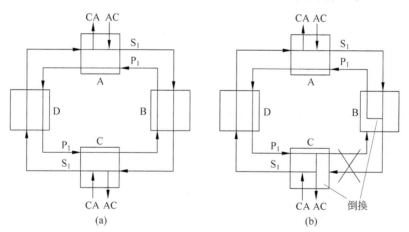

图 7.19　二纤单向复用段倒换环

② 工作原理

在正常状态,信号由 A 节点,经 S_1 光纤顺时针方向送至 C 节点。低速支路信号仅仅从 S_1 光纤进行分插,保护光纤 P_1 是空闲的。

在故障状态,假定 B 和 C 节点间的两根光纤同时被切断。与故障点相邻的两个节点 B 和 C 的倒换开关根据 APS 协议执行环回功能。节点 A 和 D 完成正常的桥接作用。业务信号由 A 节点出发,沿 S_1 光纤顺时针传送到 B 节点,经保护倒换开关,沿 P_1 光纤逆时针途径 A 和 D 节点到达 C 节点。在 C 节点,经 C 节点保护倒换开关回到 S1 光纤,在 S1 光纤落地。

(3) 四纤双向复用段倒换环

① 环的组成

四纤双向复用段倒换环的组成如图 7.20 所示。设有 A、B、C 及 D 4 个节点和 4 根光纤,其中两根为业务光纤 S_1 和 S_2(一发一收),两根为保护光纤 P_1 和 P_2(一发一收)。业务光纤 S_1 形成一个顺时针方向业务信号环,P_1 形成与 S_1 反方向的保护信号环,业务光纤 S_2 形成一个逆时针方向业务信号环,P_2 形成与 S_2 反方向的保护信号环。在每根光纤上都有一个保护倒换开关作保护倒换用。

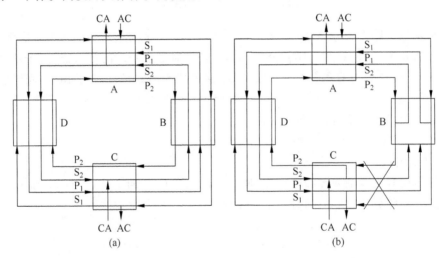

图 7.20　四纤双向复用段倒换环

② 工作原理

假设信号要在 A 和 C 两个节点间传送。

在正常状态,A 发 C 收时,信号由 A 节点进入环,按顺时针方向沿 S_1 光纤传送至 C 节点;C 发 A 收时,信号由 C 节点进入环,按逆时针方向沿 S_2 光纤传送至 A 节点。此时,保护光纤 P_1 和 P_2 都空闲着。

在故障状态,假定 B 和 C 节点间的四根光纤同时被切断。

(4) 二纤双向复用段倒换环

二纤双向复用段保护环是目前 SDH 应用最广泛的一种保护方式。

① 环的组成

二纤双向复用段倒换环如图 7.21 所示,有 A、B、C 及 D 4 个节点,S_1/P_2 和 S_2/P_1 两根光纤。每根光纤传输容量的一半为工作通道(S);一半为保护通道(P),且为另一根光纤的工作通道提供反方向保护。如 S1/P2 光纤的工作通道为 S1,保护通道为 P2,P2 为第二根光纤的工作通道 S2 提供反方向保护。另一根光纤 S2/P1 的含义与之类似。节点在支路分插功能前的每一条高速线路上都有一个保护倒换开关。

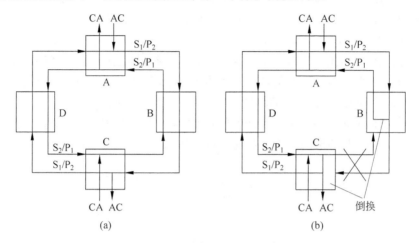

图 7.21　二纤双向复用段倒换环

② 工作原理

在正常状态,利用 S_1 与 S_2 工作通道传送业务,业务信号 AC 在发送端 A 馈入 S_1/P_2 光纤的工作通道 S_1,沿顺时针方向到达 C 节点。同理,业务信号 CA 在发送端 C 馈入 S_2/P_1 光纤的工作通道 S_2,沿逆时针方向到达 A 节点。P_1 与 P_2 通道可传送额外业务。

在故障状态,假定 B 和 C 节点间的两根光纤同时被切断。与故障点相邻的两个节点 B 和 C 的倒换开关根据 APS 协议执行环回功能。节点 A 和 D 完成正常的桥接作用。

3) DXC 网形网保护

(1) 保护的构成

如图 7.22 所示,设有 A、B、C、D 和 E 5 个节点,各节点放置 DXC 设备。网络节点间构成互连网孔形拓扑。一个节点有许多条大容量光纤链路进出,有的忙有的闲。利用 DXC 的交叉连接特性,当某处光缆阻断时,可以很快地找到"空闲"的路由来替换故障路由。

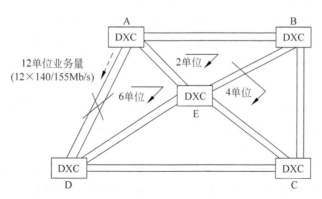

图 7.22　DXC 的保护结构

（2）工作原理

在正常状态,如图 7.22 所示,各节点互连,设 A 和 D 节点间传送的业务量是 12 个单位,1 个单位是指 140/155Mb/s,即 A 与 D 之间传送 12 个四次群或 12 个 STM-1 信号。

在故障状态,设 A 和 D 节点间的光纤被切断,则 A 和 D 节点间 12 个单位的业务量不能直接由 A 到 D 的光纤进行传送。假定找到了 3 条替代路由,第 1 条路由是从 A 经 E 到 D,它分担 6 个业务量;第 2 条路由是从 A 经 B 到 E 到 D,它分担 2 个单位的业务量;第 3 条路由是从 A 经 B 经 C 到 D,它分担 4 个单位的业务量。

此外,可利用上述环形网和 DXC 保护相结合,如图 7.23 所示。此时,自愈环主要起保护作用,DXC4/1 起环形网间连接和通道调度作用。

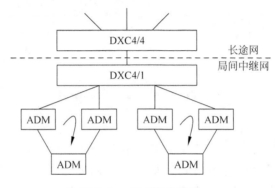

图 7.23　混合保护结构

7.2.3　SDH 网络的整体层次结构

我国的 SDH 网络结构分为四层:一级干线网、二级干线网、本地中继网和用户接入网,如图 7.24 所示。

最高层面为长途一级干线网,主要的省会城市及业务量较大的汇接节点城市装有 DXC16/16(或 DXC64/64),其间由高速光纤链路 STM-16/STM-64 组成,形成一个大容量、高可靠的网孔形国家骨干网结构,并辅以少量线形网。

第二层面为二级干线网,主要汇接节点装有 DXC16/16 或 DXC4/4,其间由 STM-4/STM-16 组成,形成省内网状或环形骨干网并辅以少量线形网结构。由于 DXC4/4 也具有 PDH 体系的 140Mb/s 接口,因而原有的 PDH 140Mb/s 和 565Mb/s 系统也能纳入到 DXC4/4 统一管理的二级干线网中。

第三层面为中继网(即长途端局与市局之间以及市话局之间的部分),可以按区域划分为若干个环,由 ADM 组成速率为 STM-1/STM-4 的自愈环,也可以是路由备用方式的两节点环。环间由 DXC4/1 来沟通,完成业务量疏导和其他管理功能,同时作为长途网与中继网之间以及中继网和用户网之间的网关或接口,还可以作为 PDH 与 SDH 之间的网关。由于 DXC4/1 设备允许所有一、二、三、四次群信号和 STM-1 信号接入和进行交叉连接,因而原来 PDH 系统的 2Mb/s、34Mb/s 和 140Mb/s 信号也能纳入统一管理的中继网中。

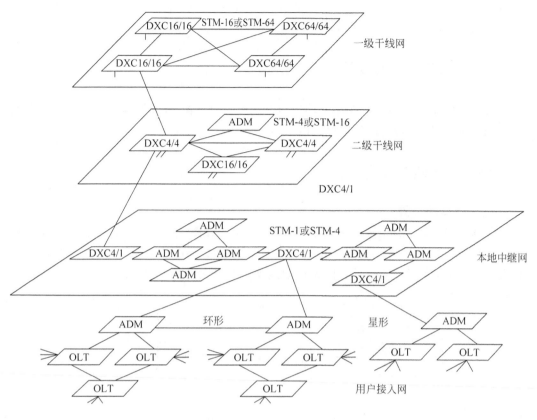

图 7.24　SDH 网络结构

　　最低层面为用户接入网。由于它处于网络的边界处,业务容量要求低,且大部分业务量汇集于一个节点(端局)上,因而通道倒换环和星形网都十分适合于该应用环境,所需设备除 ADM 外还有光线路终端(OLT)。速率为 STM-1/STM-4,接口可以为 STM-1 光/电接口,PDH 体系的 2Mb/s、34Mb/s 和 140Mb/s 接口,普通电话用户接口,小交换机接口,2B+D 或 30B+D 接口,城域网接口等。

　　用户接入网是 SDH 网中最庞大、最复杂的部分,它占整个通信网投资的 50% 以上,用户网的光纤化是一个逐步的过程。我们所说的光纤到路边(FTTC)、光纤到大楼(FTTB)、光纤到家庭(FTTH)就是这个过程的不同阶段。目前在我国推广光纤用户接入网时必须考虑采用一体化的 SDH/CATV 网,不但要开通电信业务,还要提供 CATV 服务,这比较符合我国国情。

7.3　标准化的物理接口

　　SDH 的物理接口由 ITU-T 的 G. 957 建议规范。从 SDH 速率等级的情况可以看到,SDH 的速率相对于 PDH 的速率要高得多,其第一级为 STM-1,速率为 155.520Mb/s。

因而在 SDH 中,除了对 STM-1 定义了两种物理接口,即光接口和电接口外,对应于其他速率等级的接口全部采用光接口。

7.3.1　SDH 的电接口

SDH 的电接口与在 G.703 中为 E4 定义的电接口一样,比特流采用 CMI 编码,并利用 75Ω 同轴电缆进行传输,线路接口电平为 1V。

7.3.2　光接口分类

1. 光接口的位置

普通 SDH 设备的光接口位置如图 7.25 所示。在图 7.25 中,S 点是紧挨着发送机(TX)的活动连接器(C_{TX})后的参考点,R 点是紧挨着接收机(RX)的活动连接器(C_{RX})前的参考点。需要注意的是,不要把光纤配线架上的活动连接器上的端口认定为 S 点或 R 点。

图 7.25　普通 SDH 设备的光接口位置

2. 光接口的分类

光接口是 SDH 光缆数字线路系统最具特色的部分,由于它实现了标准化,使得不同网元可以经光路直接相连,节约了不必要的光/电转换,避免了信号因此而带来的损伤(如脉冲变形等),节约了网络运行成本。

根据系统内是否有光放大器以及线路速率是否达到 STM-64,可以将 SDH 系统的光接口分为两类:第一类是不包括任何光放大且速率低于 STM-64;第二类是包括光放大器且速率达到 STM-64。

为了简化横向系统的兼容开发,可以将众多不同应用场合的光接口划分为三类:局内通信光接口、短距离局间通信光接口和长距离通信光接口。不同的应用场合用不同的代码表示,如表 7.3 所示(其中,黑体字符对应第一类系统,其余对应第二类系统)。

代码的第一位字母表示应用场合:I 表示局内通信,S 表示短距离局间通信,L 表示长距离局间通信,V 表示甚长距离局间通信;U 表示超长距离局间通信。字母横杠后的第一位表示 STM 的速率等级。例如,"1"表示 STM-1,"16"表示 STM-16。第二位数字(即小数点后的第一个数字)表示工作的波长窗口和所用光纤类型:"1"和空白表示工作窗口为 1310nm,所用光纤为 G.652 光纤;"2"表示工作窗口为 1550nm,所用光纤为 G.652 或 G.654 光纤;"3"表示工作窗口为 1550nm,所用光纤为 G.653 光纤。

表 7.3　光接口的分类

波长/nm	光纤类型	目标距离/km	STM-1	STM-4	STM-16	目标距离/km	STM-64
1310	G.652	≤2	I-1	I-4	I-16		—
1310	G.652	~15	S-1.1	S-4.1	S-17.1	~20	S-64.1
1550	G.652	~15	S-1.2	S-4.2	S-17.2	~40	S-64.2
1550	G.653					~40	S-64.3
1310	G.652	~40	L-1.1	L-4.1	L-17.1	~40	L-64.1
1550	G.652	~80	L-1.2	L-4.2	L-17.2	~80	L-64.2
1550	G.653	~80	L-1.3	L-4.3	L-17.3	~80	L-64.3
1310	G.652	~80	—	V-4.1	V-17.1	~80	V-64.1
1550	G.652	~120		V-4.2	V-17.2	~120	V-64.2
1550	G.653	~120		V-4.3	V-17.3	~120	V-64.3
1550	G.652	~160		U-4.2	U-17.2	—	—
1550	G.653	~160		U-4.3	U-17.3	—	—

3. 光接口参数

光接口的参数可以分为三大类：参考点 S 处的光发送机光参数、参考点 R 处的光接收机光参数和 S-R 点之间的光参数。在规范参数的指标时，均规范为最坏值，即在极端的(最坏的)光通道衰减和色散条件下，仍然要满足每个再生段(光缆段)的误码率不大于 1×10^{-10} 的要求。

(1) S 点的光发送机参数

包括光源的最大均方根谱宽，最大 −20dB 谱宽和最小边模抑制比，平均发送光功率，消光比和眼图模框。

① 最大均方根谱宽(σ)

发光二极管(LED)和多纵模(MLM)激光器的光谱宽度用在标准工作条件下的最大均方根(RMS)宽度来规定。由这两种器件的光谱分布可以算出标准差 σ，σ 值就是 RMS 宽度。在测试 RMS 宽度时，所要考虑的纵模数的多少有不同说法。G.957 提出，其幅度低于主模不超过 20dB 的所有边模都应计算在内，而有的文献建议这个数值应为 30dB。

② 最大 −20dB 谱宽

单纵模(SLM)激光器的主要能量集中在主模，它的光谱宽度是按主模的最大峰值功率跌落到 −20dB 时的最大带宽来定义的。

③ 最小边模抑制比(SMSR)

指主纵模的平均光功率 P_1 与最显著的边模的平均光功率 P_2 之比的最小值，即

$$\mathrm{SMSR}=10\lg(P_1/P_2)$$

SMSR 的值应不小于 30dB。

④ 平均发送光功率

当传送的数据信号是伪随机序列时，"1"和"0"码大致各占一半。在这种情况下，发送机耦合到光纤 S 点的光功率定义为平均发送光功率。

⑤ 消光比(EX)

数字信号全为"1"时的平均发光功率 P_1 与数字信号全为"0"时的平均发光功率 P_0 之比的对数定义为消光比(EX),即

$$EX=10\lg(P_1/P_0)$$

ITU-T 规定在长距离传输时,消光比为 10dB(除了 L-17.2),其他情况下为 8.2dB。

⑥ 眼模框图

为了防止接收机灵敏度过分劣化,对发送信号的波形要加以控制,用在 S 点发送眼图模框来规范光发送信号的脉冲。眼图模框包含脉冲的上升时间、下降时间、脉冲过冲、脉冲下冲及振荡等特性。

(2) R 点的光接收机参数

包括接收机灵敏度、过载功率、光通道功率代价和反射系数。

① 接收机灵敏度

在误码率 BER＝10^{-10} 情况下,在 R 点,接收机平均接收光功率的最小值定义为接收机灵敏度。对于采用光放大器的光接口,定义在 BER＝10^{-12} 的情况下,在 R 点,接收机平均接收光功率的最小值为接收机灵敏度。通常情况下,对设备灵敏度的实测值要比指标的最小要求值(即最坏值)大 3dB 左右(灵敏度余度)。

② 接收机过载功率

在误码率 BER＝10^{-10} 的情况下,在 R 点接收到的平均功率的最大允许值定义为接收机过载功率。对于采用光放大器的光接口,定义在 BER＝10^{-12} 的情况下,在 R 点接收到的平均光功率的最大允许值为接收机过载功率。

③ 光通道功率代价

光通道功率代价是指由于反射、符号间干扰、模式分配噪声和激光器啁啾声所引起的劣化的总和。接收机所能容忍的光通道功率代价一般应用时要求不超过 1dB;对于 L-17.2,允许达 2dB。

④ 接收机反射系数

接收机反射系数用 R 点上测得的接收机折返到光纤上的光功率来规定,返回的光功率为 5%,相应的反射系数为－27dB。

(3) S-R 点间的光通道参数规范

包括光通道衰减范围、最大色散、回波损耗与反射系数。

7.4　定时与同步

7.4.1　同步方式

目前,各国通信网中交换节点时钟的同步主要采用两种基本方式:主从同步方式和相互同步方式。我国和大多数国家采用主从同步方式。

1. 主从同步方式

主从同步指网内设一个时钟主局,配有高精度时钟,网内各局均受控于该主局(即跟踪主局时钟,以主局时钟为定时基准),并且逐级下控,直到网络中的末端网元——终端局。目前 ITU-T 规定同步时钟系统采用 4 级结构,不同级别的时钟和稳定度不同,需采用不同种类的时钟,如图 7.26 所示。

(1) 基准主时钟(PRC)。为了保证其稳定性和精度,一般采用铯原子钟,其长期频率偏移不超过 1×10^{-11} 的指标,同时由于采用多重备用和自动切换技术,使系统的可靠性指标达到很高的水平,由 G.811 建议规范。

(2) 转接局从时钟。由设置在交换中心的受控铷时钟或具有高稳定性能的石英晶体时钟构成,并通过同步链路直接与基准时钟相连,从而保持同步,由 G.812(T)建议规范。

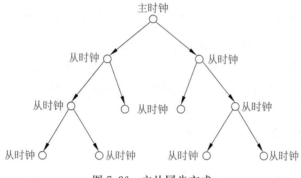

图 7.26　主从同步方式

(3) 端局从时钟。由设置在端局的具有保持功能的高稳定性晶体时钟构成,频率偏移大于第 2 级时钟,各网络节点通过同步链路与第 2 级时钟或同级时钟保持同步,由 G.812(L)建议规范。

(4) SDH 网元时钟(SEC)。是设置在 SDH 终端设备内的具有保持功能的晶体或设置在 PDH 终端设备和 SDH 再生器内的一般石英晶体时钟,通过同步链路受到第 3 级时钟控制同步,最大频率偏移达到 4.6×10^{-6},由 G.813 建议规范。

我国分别在北京和武汉建立两个基准时钟,将全国分为两大同步区。同时,武汉的基准时钟随时跟踪北京的基准时钟信号,使两大同步区彼此同步,并互为备用,从而确保网络的正常工作。

2. 相互同步方式

图 7.27 所示为相互同步方式。这种同步方式在网中不设主时钟,由网内各交换节点的时钟相互控制,最后都调整到一个稳定的、统一的系统频率上,实现全网的同步工作。网频率为各交换节点时钟频率的加权平均值。

相互同步方式的特点是由于各个时钟频率的变化可能相互抵消,因此网频率的稳定性比网内各交换节点时钟的稳定性更高,并且这种同步方式对同步分配链路的失效不甚敏感,适于网孔形结构,对节点时钟要求较低,设备便宜。但是其网络稳定性不如主从方式,系统稳态频率不确定,且易受外界因素影响。

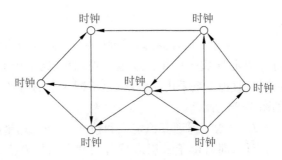

图 7.27　相互同步方式

7.4.2　主从同步网中从时钟的工作模式

在主从同步的数字网中,从站(下级站)的时钟通常有 3 种工作(运行)模式。

1. 正常工作模式——跟踪锁定上级时钟模式

正常工作模式是指在实际业务条件下的工作,此时从时钟同步于输入的基准时钟信号。通常,输入基准时钟信号可以跟踪至网络中的主时钟,但也可能是从另一个更高等级、暂时处于保持模式工作的 G.812 从时钟中获取定时。与从时钟工作的其他两种模式相比,这种从时钟工作模式的精度最高。

2. 保持模式

当所有定时基准丢失后,从时钟进入保持模式。此时,从时钟利用定时基准信号丢失前所存储的最后频率信息作为定时基准,同时振荡器的固有频率慢慢地漂移,以保证从时钟频率在长时间内与基准频率只有很小的频率偏差,使滑动损伤仍然在允许的指标范围内。这种工作模式的时钟精度仅次于正常工作模式的时钟精度。

3. 自由运行模式——自由振荡模式

当从时钟丢失所有外部基准定时,也失去了定时基准记忆;或处于保持模式太长,从时钟内部振荡器就会工作于自由振荡方式。这种模式的时钟精度最低,只有在万不得已的时候才采用。

7.4.3　SDH 的引入对网同步的要求

数字网的同步性能对网络能否正常工作至关重要,SDH 网的引入对网的同步提出了最高的要求。当网络工作在正常模式时,各网元同步于一个基准时钟,网元节点时钟间只存在相位差而不会出现频率差,因此只会出现偶然的指针调整事件(网同步时,指针调整不常发生)。当某网元节点丢失同步基准时钟而进入保持模式或自由振荡模式时,该网元节点的本地时钟与网络时钟将会出现频率差,导致指针连续调整,影响网络业务的正常传输。

SDH 网与 PDH 网会长期共存,SDH/PDH 边界出现的抖动和漂移主要来自指针调整和净负荷映射过程。在 SDH/PDH 边界节点上,指针调整的频度与这种网关节点的同步性能密切相关。如果执行异步映射功能的 SDH 输入网关丢失同步,则该节点时钟的频偏和频移将导致整个 SDH 网络的指针持续调整,恶化同步性能;如果丢失同步的网络节点是 SDH 网络连接的最后一个网络单元,则 SDH 网络输出仍有指针调整会影响同步性能;如果丢失同步的是中间的网络节点,只要输入网关仍然处于与基准时钟的同步状态,则紧随故障节点的仍处于同步状态的网络单元或输出网关可以校正中间网络节点的指针移动,而不会在最后的输出网关产生净指针移动,不会影响同步性能。

7.4.4　SDH 网的同步方式

1. SDH 网同步原则

我国数字同步网采用分级的主从同步方式,即用单一基准时钟经同步分配网的同步链路控制全网同步。在数字网中传送时钟基准应注意以下几个问题。

（1）在同步时钟传送时不应存在环路。

如图 7.28 所示,若 NE2 跟踪 NE1 的时钟,NE3 跟踪 NE2 的时钟,NE1 跟踪 NE3 的时钟,同步时钟的传送链路组成了一个环路,若某一个网元时钟劣化,就会使整个环路上网元的同步性能连锁性地劣化。

（2）尽量减少定时传递链路的长度,避免由于链路太长影响传输的时钟信号的质量。

（3）从站时钟要从高一级设备或同一级设备获得基准。

（4）应从分散路由获得主、备用时钟基准,以防止当主用时钟传递链路中断后,导致时钟基准丢失的情况。

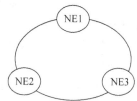

图 7.28　网络图

（5）选择可用性高的传输系统来传递时钟基准。

2. SDH 网元时钟源的种类

SDH 网元时钟源有以下类型。

（1）外部时钟源:由同步设备定时物理接口(SETPI)功能块提供输入接口。

（2）线路时钟源:由 SDH 物理接口(SPI)功能块从 STM-N 线路信号中提取。

（3）支路时钟源:由 PDH 物理接口(PPI)功能块从 PDH 支路信号中提取。不过,该时钟一般不用,因为 SDH/PDH 网边界处的指针调整会影响时钟质量。

（4）设备内置时钟源:由同步设备时钟源(SETS)功能块提供。

同时,SDH 网元通过 SETPI 功能块向外提供时钟源输出接口。

3. SDH 网络常见的定时方式

SDH 网络是整个数字网的一部分,它的定时基准应是这个数字网统一的定时基准。通常,某一地区的 SDH 网络以该地区高级别局的转接时钟为基准定时源。但这个 SDH 网是如何跟踪基准时钟并保持网络同步呢? 首先,在该 SDH 网中要有一个 SDH 网元时钟主站(即该 SDH 网络中的时钟主站),网上其他网元的时钟以此网元时钟为基准(即其他网元跟踪该主站网元的时钟)。至于主站的时钟,因为 SDH 网是数字网的一部分,网上同步时钟应为该地区的时钟基准,该 SDH 网上的主站一般设在本地区时钟级别较高的局,SDH 主站所用的时钟就是该转接局时钟。在前面介绍设备逻辑组成时,讲过设备有 SETPI 功能块,该功能块的作用就是提供设备时钟的输入/输出口。主站 SDH 网元的 SETS 功能块通过该时钟输入口提取转接局时钟,以此作为本站和 SDH 网络的定时基准。若局时钟不从 SETPI 功能块提供的时钟输入口输入 SDH 主站网元,那么此 SDH 网元可从本局上/下的 PDH 业务中提取时钟信息(依靠 PPI 功能块的功能)作为本 SDH 网络的定时基准。

SDH 网上的其他 SDH 网元要跟踪这个主站 SDH 网时钟有两种方法,第一是通过 SETPI 提供的时钟输出口将本网元时钟输出给其他 SDH 网元。但 SETPI 提供的接口是 PDH 接口,因此一般不采用这种方式(因为指针调整时间较多)。最常用的方法是将本 SDH 主站的时钟放在 SDH 网上传输的 STM-N 信号中,其他 SDH 网元通过设备的 SPI 功能块来提取 STM-N 信号中的时钟信息,并进行跟踪锁定,这与主从同步方式一致。下面以几个典型的例子来说明这种时钟跟踪方式。

图 7.29 所示为一个链形网的拓扑图。其中,B 站为此 SDH 网的时钟主站,B 网元的外时钟(局时钟)作为本站和此 SDH 网的定时基准。在 B 网元将业务复用进 STM-N 帧时,时钟信息自然而然地附在 STM-N 信号上。这时,A 网元的定时时钟可从线路 w 侧端口的接收信号 STM-N 中提取(通过 SPI),以此作为本网元的本地时钟;C 网元可从东向(e)侧端口的接收信号 STM-N 中提取(通过 SPI),以此作为本网元的本地时钟,同时将时钟信息附在 STM-N 信号上往下级网元传输;D 网元通过从西向(w)线路端口的接收信号 STM-N 中提取的时钟信息完成与主站网元 B 的同步。这样通过一级一级的主从同步方式,实现 SDH 网所有网元的同步。

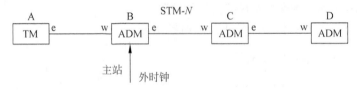

图 7.29　链形网网络图

当从站网元 A、C、D 丢失从上级网元来的时钟基准后,进入保持工作模式,经过一段时间后进入自由运行模式,此时网络上网元的时钟性能劣化。

注意,不管上一级网元处于什么工作模式,下一级网元一般仍处于正常工作模式,跟踪上一级网元附在 STM-N 信号中的时钟。因此,若网元 B 时钟性能劣化,会使整个 SDH 网络时钟性能产生连锁反应,所有网上网元的同步性能均劣化(对应于整个数字网而言,因为此时本 SDH 网上的从站网元还处于时钟跟踪状态)。

当链路很长时,主站网元的时钟传到从站网元可能要转接多次和传输较长距离。为了保证从站接收时钟信号的质量,可在此 SDH 网上设置两个主站,在网上提供两个定时基准。每个基准分别由网上一部分网元跟踪,减少了时钟信号传输距离和转移次数。不过要注意的是,这两个时钟基准要保持同步及相同的质量等级。

图 7.30 所示为一个环形网的拓扑图。环中 NE1 为时钟主站,它以外部时钟源(局时钟)为本站和此 SDH 网的时钟基准,其他网元跟踪这个基准时钟,以此作为本地时钟的基准。在从站时钟的跟踪方式上与链形网基本相似,只不过此时从站可以从两个线路端

口西向(w)/东向(e)(ADM 有两个线路端口)的接收信号 STM-N 中提取出时钟信息。考虑到转接次数和传输距离对时钟信号的影响,从站网元最好从最短的路由和最少的转接次数的端口方向提取。例如,NE5 网元跟踪西向线路端口的时钟,NE3 跟踪东向线路端口的时钟就较合适。

如图 7.31 所示,NE5 为时钟主站,它以外部时钟源(局时钟)作为本网元和 SDH 网上所有其他网元的定时基准。NE5 是环带的一个链,这个链带在网元 NE4 的低速支路上($M<N$)。NE1、NE2 和 NE3 通过东向(e)/西向(w)的线路端口跟踪、锁定网元 NE4 的时钟,而网元 NE4 的时钟跟踪主站 NE5 传来的时钟(放在 STM-M 信号中),即网元 NE4 通过支路光板的 SPI 模块提取 NE5 通过链传来的 STM-M 信号的时钟信息,并以此传给同步环上的下级网元(从站)。

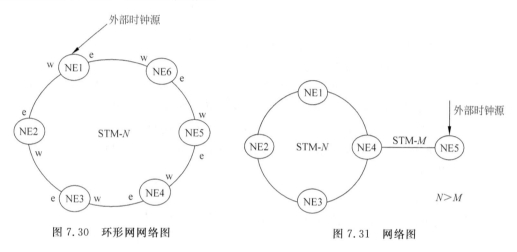

图 7.30　环形网网络图　　　　　　　　　图 7.31　网络图

7.4.5　S1 字节和 SDH 网络时钟保护倒换原理

1. S1 字节工作原理

ITU-T 定义的 S1 字节是用来传递时钟源的质量信息的。它利用段开销字节 S1 字节的高 4 位来表示 16 种同步时钟源质量信息。表 7.4 给出了 ITU-T 已定义的同步状态信息编码。利用这一信息,遵循一定的倒换协议,就可实现同步网中同步时钟的自动保护倒换功能。

表 7.4　同步状态信息编码

S1(b5～b8)	S1 字节	SDH 同步质量等级描述
0000	0x00	同步质量不可知(现存同步网)
0001	0x01	保留
0010	0x02	G.811 时钟信号
0011	0x03	保留
0100	0x04	G.812 转接局时钟信号
0101	0x05	保留

续表

S1(b5～b8)	S1 字节	SDH 同步质量等级描述
0110	0x06	保留
0111	0x07	保留
1000	0x08	G.812 本地局时钟信号
1001	0x09	保留
1010	0x0A	保留
1011	0x0B	同步设备定时源(SETS)信号
1100	0x0C	保留
1101	0x0D	保留
1110	0x0E	保留
1111	0x0F	同步信号不可用

在 SDH 光同步传输系统中,时钟的自动保护倒换遵循以下协议。

(1) 规定一同步时钟源的质量阈值。网元首先从满足质量阈值的时钟基准源中选择一个级别最高的时钟源作为同步源,并将此同步源的质量信息(即 S1 字节)传递给下游网元。

(2) 没有满足质量阈值的时钟基准源从当前可用的时钟源中选择一个级别最高的时钟源作为同步源,并将此同步源的质量信息(即 S1 字节)传递给下游网元。

(3) 若网元 B 当前跟踪的时钟同步源是网元 A 的时钟,则网元 B 的时钟对于网元 A 来说为不可用同步源。

2. 工作实例

下面以具体的例子来说明同步时钟自动保护倒换的实现。

在如图 7.32 所示的传输网中,大楼综合定时源(BITS)时钟信号通过网元 1 和网元 4 的外时钟接入口接入。这两个外接 BITS 时钟互为主备,满足 G.812 本地时钟基准源质量要求。在正常工作的时候,整个传输网的时钟同步于网元 1 的外接 BITS 时钟基准源。

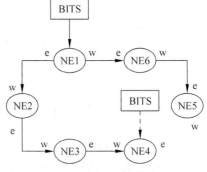

图 7.32　正常状态下的时钟跟踪

设置同步源时钟质量阈值为"不劣于 G.812 本地时钟"。各个网元的同步源及时钟源级别配置如表 7.5 所示。

表 7.5　各网元同步源及时钟源级别配置

网　元	同　步　源	时钟源级别
NE1	外部时钟源	外部时钟源、西向时钟源、东向时钟源、内置时钟源
NE2	西向时钟源	西向时钟源、东向时钟源、内置时钟源
NE3	西向时钟源	西向时钟源、东向时钟源、内置时钟源
NE4	西向时钟源	西向时钟源、东向时钟源、外部时钟源、内置时钟源
NE5	东向时钟源	东向时钟源、西向时钟源、内置时钟源
NE6	东向时钟源	东向时钟源、西向时钟源、内置时钟源

　　另外,对于网元 1 和网元 4,还需设置外接 BITS 时钟 S1 字节所在的时隙(由 BITS 提供者给出)。

　　在正常工作的情况下,当网元 2 和网元 3 间的光纤发生中断时,将发生同步时钟的自动保护倒换。遵循上述倒换协议,由于网元 4 跟踪的是网元 3 的时钟,因此网元 4 发送给网元 3 的时钟质量信息为"时钟源不可用",即 S1 字节为 0x0F,所以当网元 3 检测到西向同步时钟源丢失时,网元 3 不能使用东向的时钟源作为本站的同步源,而只能使用本站的内置时钟源作为时钟基准源,并通过 S1 字节将这一信息传递给网元 4,即网元 3 传递给网元 4 的 S1 字节为 0x0B,表示"同步设备定时源(SETS)时钟信号"。网元 4 接收到这一信息后,发现所跟踪的同步源质量降低了(原来为"G.812 本地局时钟",即 S1 字节为 0x08),不满足所设定的同步源质量阈值的要求,则网元 4 需要重新选取符合质量要求的时钟基准源。网元 4 可用的时钟源有 4 个:西向时钟源、东向时钟源、外接 BITS 时钟源和内置时钟源。显然,此时只有东向时钟源和外接 BITS 时钟源满足质量阈值的要求。由于网元 4 中配置东向时钟源的级别比外接 BITS 时钟源的级别高,所以网元 4 最终选取东向时钟源作为本站的同步源。网元 4 跟踪的同步源由西向倒换到东向后,网元 3 东向的时钟源变为可用。显然,此时在网元 3 可用的时钟源中,东向时钟源的质量满足质量阈值的要求,且级别是最高的,因此网元 3 将选取东向时钟源作为本站的同步源。最终,整个传输网的时钟跟踪情况将如图 7.33 所示。

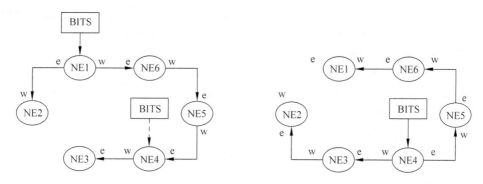

图 7.33　网元 2 和网元 3 间的光纤损坏后的时钟跟踪　图 7.34　网元 1 外接 BITS 失效时的时钟跟踪

　　若在正常工作的情况下,网元 1 的外接 BITS 时钟出现了故障,则依据倒换协议,按照上述分析方法可知,传输网最终的时钟跟踪情况将如图 7.34 所示。

　　若网元 1 和网元 4 的外接 BITS 时钟都出现了故障,则此时每个网元所有可用的时钟源均不满足基准源的质量阈值。根据倒换协议,各网元将从可用的时钟源中选择级别最高的一个时钟源作为同步源。假设所有 BITS 出故障前,网中各个网元的时钟同步于网元 4 的时钟,则所有 BITS 出故障后,通过分析不难看出,网中各个网元的时钟仍将同步于网元 4 的时钟,如图 7.35 所示。只不过,此时整个传输网的同步源时钟质量由原来的

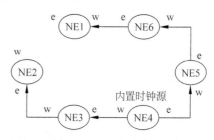

图 7.35　两个外接 BITS 均失效
的时钟跟踪

G.812 本地时钟降为同步设备的定时源时钟,但整个网仍同步于同一个基准源。

由此可见,采用了时钟的自动保护倒换后,同步网的可靠性和同步性能都大大提高了。

7.5　传输性能

传输系统的性能对整个通信网的通信质量起着至关重要的作用。对于 SDH 传送网络来说,传输性能主要包括误码性能、抖动性能和漂移性能。

7.5.1　误码性能

1. 误码的概念和产生

误码是指经接收、判决、再生后,数字码流中的某些比特发生了差错,使传输的信息质量产生损伤。传统上常用长期平均误比特率(BER,又称误码率)来衡量信息传输质量,即以某一特定观测时间内的错误比特数与传输比特总数之比作为误码率。不同的业务种类对误码率的要求也不一样。

误码对传输系统的性能影响非常大,轻则使系统稳定性下降,重则导致传输中断(当误码率为 10^{-3} 以上时)。从网络性能角度出发,可将误码分成两大类:内部机理产生的误码和脉冲干扰产生的误码。内部机理产生的误码又包括由各种噪声源产生的误码,定位抖动产生的误码,复用器、交叉连接设备和交换机产生的误码,以及由光纤色散产生的码间干扰引起的误码。此类误码会由系统长时间的误码性能反映出来。脉冲干扰产生的误码则属于各种外界因素产生的误码,它是由突发脉冲诸如电磁干扰、设备故障、电源瞬态干扰等原因产生的误码。此类误码具有突发性和大量性,往往是系统在突然间出现大量误码,可通过系统的短期误码性能反映出来。

2. 误码性能的度量

传统的误码性能的度量(G.821)是度量 64Kb/s 的通道在 27500km 全程端到端连接的数字参考电路的误码性能,是以比特的错误情况为基础的。当传输网的传输速率越来越高时,以比特为单位衡量系统的误码性能有其局限性,这是因为在 SDH 网络中,数据传输是以块的形式进行的,其长度不等,可以是几十比特,也可能长达数千比特,但无论其长短,只要出现误码,即使仅 1 比特的错误,该数据块也必须重发。因此,目前高比特率(≥2Mb/s)通道的误码性能参数主要依据 ITU-T G.826 建议,是以块为单位进行度量的(B1、B2、B3 监测的均是误码块),由此产生出以“块”为基础的一组参数,如下所述。

(1) 误块

当块中的比特发生传输差错时,称此块为误块。

(2) 误块秒(ES)和误块秒比(ESR)

当某 1 秒中发现一个或多个误码块时,称该秒为误块秒。在规定的测量时间段内出现的误块秒总数与总的可用时间的比值称为误块秒比。

（3）严重误块秒（SES）和严重误块秒比（SESR）

某 1 秒内包含有不少于 30％的误块，或者至少出现一个严重扰动期（SDP）时，认为该秒为严重误块秒。其中，严重扰动期指在测量时，在最小等效于 4 个连续块时间，或者 1ms（取二者中较长时间段）时间段内所有连续块的误码率$\geqslant 10^{-2}$，或者出现信号丢失。

在测量时间段内出现的 SES 总数与总的可用时间之比称为严重误块秒比（SESR）。SESR 指标可以反映系统的抗干扰能力。它通常与环境条件和系统自身的抗干扰能力有关，而与速率关系不大，所以不同速率的 SESR 指标相同。

（4）背景误块（BBE）和背景误块比（BBER）

扣除不可用时间和 SES 期间出现的误块称为背景误块（BBE）。BBE 数与在一段测量时间内扣除不可用时间和 SES 期间内所有块数后的总块数之比称为背景误块比。

若这段测量时间较长，那么 BBER 反映的是设备内部产生的误码情况，与设备采用器件的性能稳定性有关。

3. 数字段相关的误码指标

ITU-T 将数字链路等效为全长 27500km 的假设数字参考链路，并为链路的每一段分配最高误码性能指标，以便使主链路各段的误码情况在不高于该标准的条件下连成串之后能满足数字信号端到端（27500km）正常传输的要求。

所谓的数字参考链路，是指为进行系统性能研究，ITU-T（原 CCITT）建议中提出了一个数字传输参考模型，称为假设参考连接（HRX），如图 7.36 所示。最长的 HRX 是根据综合业务数字网（ISDN）的性能要求和 64Kb/s 信号的全数字连接来考虑的。假设在两个用户之间的通信可能要经过全部线路和各种串联设备组成的数字网，而且任何参数的总性能逐级分配后应符合用户的要求。最长的标准数字 HRX 为 27500km，它由各级交换中心和许多假设参考数字链路（HRDL）组成。标准数字 HRX 的总性能指标按比例分配给 HRDL，使系统设计大大简化。

图 7.36　数字传输参考链路模型

建议的 HRDL 长度为 2500km，但由于各国国土面积不同，采用的 HRDL 长度也不同。例如，我国采用 5000km，美国和加拿大采用 6400km，日本采用 2500km。HRDL 由许多假设参考数字段（HRDS）组成，在建议中用于长途传输的 HRDS 长度为 280km，用于市话中继的 HRDS 长度为 50km。我国用于长途传输的 HRDS 长度为 420km（一级干线）和 280km（二级干线）两种。假设参考数字段的性能指标从假设参考数字链路的指标分配中得到，并再度分配给线路和设备。

表 7.6~表 7.9 分别给出了高比特率全程 27500km 通道的端到端误码性能规范要求以及 420km、280km 和 50km 在假设参考数字段（HRDS）应满足的误码性能指标。

表 7.6　高比特率全程 27500km 通道的端到端误码性能规范要求

速率/(Mb/s)	2.048	8.448	34.368	139.264/155.5620	622.080	2448.320
ESR	0.04	0.05	0.075	0.16	待定	待定
SESR	0.002	0.002	0.002	0.002	0.002	0.002
BBER	2×10^{-4}	2×10^{-4}	2×10^{-4}	2×10^{-4}	2×10^{-4}	10^{-4}

表 7.7　420km HRDS 误码性能指标

速率/(Mb/s)	2.048	34.368	139.264/155.5620	622.080	2448.320
ESR	9.24×10^{-4}	1.733×10^{-3}	3.696×10^{-3}	待定	待定
SESR	4.62×10^{-5}	4.62×10^{-5}	4.62×10^{-5}	4.62×10^{-5}	4.62×10^{-5}
BBER	4.62×10^{-6}	4.62×10^{-6}	4.62×10^{-6}	2.31×10^{-6}	2.31×10^{-6}

表 7.8　280km HRDS 误码性能指标

速率/(Mb/s)	2.048	34.368	139.264/155.5620	622.080	2448.320
ESR	7.16×10^{-4}	1.155×10^{-3}	2.464×10^{-3}	待定	待定
SESR	3.08×10^{-5}	3.08×10^{-5}	3.08×10^{-5}	3.08×10^{-5}	3.08×10^{-5}
BBER	3.08×10^{-6}	3.08×10^{-6}	3.08×10^{-6}	1.54×10^{-6}	1.54×10^{-6}

表 7.9　50km HRDS 误码性能指标

速率/(Mb/s)	2.048	34.368	139.264/155.5620	622.080	2448.320
ESR	1.1×10^{-4}	2.063×10^{-3}	4.4×10^{-4}	待定	待定
SESR	5.5×10^{-6}	5.5×10^{-6}	5.5×10^{-6}	5.5×10^{-6}	5.5×10^{-6}
BBER	5.5×10^{-7}	5.5×10^{-7}	5.5×10^{-7}	2.75×10^{-7}	2.75×10^{-7}

4. 误码减少策略

（1）内部误码的减小

改善收信机的信噪比是降低系统内部误码的主要途径。另外，适当选择发送机的消光比，改善接收机的均衡特性，减少定位抖动都有助于改善内部误码性能。在再生段的平均误码率低于 10^{-14} 数量级以下，可认为处于"无误码"运行状态。

（2）外部干扰误码的减少

要减少外部干扰误码，基本对策是加强所有设备的抗电磁干扰和静电放电能力。此外，在系统设计规划时留有充足的冗余度也是一种简单可行的对策。

5. 可用性参数

（1）不可用时间

传输系统的任何一个传输方向的数字信号在连续 10 秒期间内每秒的误码率均劣于 10^{-3}，从这 10 秒的第一秒钟起就认为进入了不可用时间。

（2）可用时间

当数字信号在连续 10 秒期间内每秒的误码率均优于 10^{-3}，那么从这 10 秒钟的第一秒起就认为进入了可用时间。

（3）可用性

可用时间占全部总时间的百分比称为可用性。为保证系统的正常使用，系统要满足一定的可用性指标，如表 7.10 所示。

表 7.10　假设参考数字段可用性目标

长度/km	可用性	不可用性	不可用时间/(分/年)
420	99.977%	2.3×10^{-4}	120
280	99.985%	1.5×10^{-4}	78
50	99.99%	1×10^{-4}	52

7.5.2　抖动性能

1. 抖动的概念和产生

抖动（Jitter）也称为定时抖动，是 SDH 光传送网的重要传输特性之一，定义为数字信号的特定时刻（例如最佳抽样时刻）相对于其理想参考时间位置的短时间偏离。所谓短时间偏离，是指变化频率高于 10Hz 的相位变化。将低于 10Hz 的相位变化称为漂移（Wander）。SDH 引入了两种新的抖动，即映射/去映射抖动和指针调整抖动。

抖动常用抖动幅度和抖动频率两个参量描述。

（1）抖动幅度

抖动幅度是指数字信号的特定时刻相对于其理想参考时间位置偏离的时间范围，单位为 UI，$1UI=1/f_b$，其中 f_b 为数码率。例如，对于 2.048Mb/s 的信号，其抖动幅度的单位为 $1UI=1/2.048Mb/s=488ns$；对于 139.264Mb/s 的信号，其抖动幅度的单位为 $1UI=1/139.264Mb/s=7.18ns$。

（2）抖动频率

抖动频率是指偏差的出现频率，单位为 Hz。抖动会引起抖动噪声，产生滑动损伤，严重的将引起误码，更严重的会造成系统失步。系统的频率越高，抖动的影响越大。

在 SDH 网中，除了具有其他传输网的共同抖动源——各种噪声源、定时滤波器失谐和再生器固有缺陷（码间干扰、限幅器门限漂移）等，还有以下两个 SDH 网特有的抖动源。

（1）在将支路信号装入虚容器 VC 时，加入了固定塞入比特和控制塞入比特，分接时需要移去这些比特，这将导致时钟缺口，经滤波后产生残余抖动——脉冲塞入抖动。

（2）指针调整抖动。这种抖动是由指针进行正/负调整和去调整时产生的。

对于脉冲塞入抖动，与 PDH 系统的正码脉冲调整产生的情况类似，可采用措施使它降低到可接受的程度；而指针调整（以字节为单位，隔 3 帧调整一次）产生的抖动由于频率低、幅度大，很难用一般方法滤除，必须采用新型的去抖动电路。尤其是在 SDH/PDH 的边界处，必须降低输出的 PDH 支路信号的结合抖动幅度，以满足 PDH 网络的指标要求。

2. 抖动性能规范

（1）输入抖动容限

光纤通信系统各次群的输入接口必须容许输入信号含有一定的抖动,系统容许的输入信号的最大抖动范围称为输入抖动容限,超过这个范围,系统将不再有正常的指标。根据 ITU-T 建议,PDH 各次群输入接口的输入抖动容限必须在如图 7.37 所示的曲线之上。表 7.11 给出了图中各量的对应值。对于 SDH 系统,STM-N 光接口输入抖动和漂移容限要求如图 7.38 和表 7.12 所示。

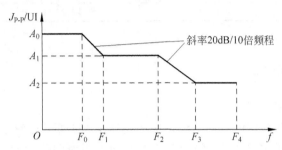

$J_{\text{P-P}}$：抖动峰-峰值

UI：表示单位时隙,为传输速率的倒数

图 7.37　PDH 输入抖动容限

表 7.11　PDH 输入抖动容限要求

码速/ (Kb/s)	$J_{\text{P-P}}$/UI			抖动频率 f/Hz					伪随机测试系列
	A_0	A_1	A_2	F_0	F_1	F_2	F_3	F_4	
2048	37.9	1.5	0.2	1.5×10^{-5}	20	2.4k	18k	100k	$2^{15}-1$
8448	152	1.5	0.2	1.2×10^{-5}	20	400	3k	400k	$2^{15}-1$
34368	—	1.5	0.15	—	100	1k	10k	800k	$2^{23}-1$
139264	—	1.5	0.075	—	200	5k	10k	3500k	$2^{23}-1$

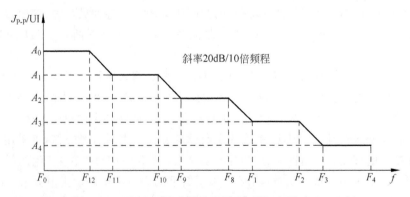

图 7.38　STM-N 输入抖动和漂移下限（参照 G.825）

表 7.12 STM-N 光接口输入抖动和漂移容限要求(参照 G.825)

STM-N 等级		STM-1(电)	STM-1(光)	STM-4	STM-16
$J_{\text{P-P}}$/UI	A_0(18μs)	2800	2800	11200	44790
	A_1(2μs)	311	311	1244	4977
	A_2(0.25μs)	39	39	156	622
	A_3	1.5	1.5	1.5	1.5
	A_4	0.075	0.15	0.15	0.15
频率/Hz	F_0	12m	12m	12m	12m
	F_{12}	178m	178m	178m	178m
	F_{11}	1.6m	1.6m	1.6m	1.6m
	F_{10}	15.6m	15.6m	15.6m	15.6m
	F_9	0.125	0.125	0.125	0.125
	F_8	19.3	19.3	19.65	12.1
	F_1	500	500	1000	5000
	F_2	3.25k	7.5k	25k	100k
	F_3	7.5k	7.5k	250k	1000k
	F_4	1.3M	1.3M	5M	20M

输入抖动容限分为 PDH 输入口(支路口)的和 STM-N 输入口(线路口)的两种输入抖动容限。对于 PDH 输入口,是在使设备不产生误码的情况下,该输入口所能承受的最大输入抖动值。由于 PDH 网和 SDH 网长期共存,传输网中有 SDH 网元上 PDH 业务的需要,要满足这个需求,必须使该 SDH 网元的支路输入口能包容 PDH 支路信号的最大抖动,即该支路口的抖动容限能承受得了 PDH 信号的抖动。

线路口(STM-N 输入口)输入抖动容限是使光设备产生 1dB 光功率代价的正弦峰-峰抖动值。这个参数用来规范当 SDH 网元互连在一起传输 STM-N 信号时,本级网元的输入抖动容限应能包容上级网元产生的输出抖动。

(2) 输出抖动容限

当系统无输入抖动时,输出口的信号抖动称为输出抖动。根据 ITU-T 建议和我国国标,在全程网(或一个数字段)用带通滤波器对 PDH 各次群的输出口进行测试,输出抖动不应超过表 7.13 给出的容限值,SDH 设备的各 STM-N 口的固有抖动不应超过表 7.14 给出的容限值。

表 7.13 PDH 各次群的输出抖动容限

标称速率 /(Kb/s)	低频限制($F_1 \sim F_4$) $J_{\text{P-P}}$/UI		高频限制($F_3 \sim F_4$) $J_{\text{P-P}}$/UI		测试滤波器带宽(低频截止频率为 F_1 或 F_3,高频截止频率为 F_4)		
	数字段	全程	数字段	全程	F_1/Hz	F_3/Hz	F_4/Hz
2048	0.75	1.5	0.2	0.2	20	18	100
8448	0.75	1.5	0.2	0.2	20	3	400
34368	0.75	1.5	0.15	0.15	100	10	800
139264	0.75	1.5	0.075	0.075	200	10	3500

表 7.14　STM-N 接口抖动容限（参照 G.813）

接口	STM-1		STM-4		STM-16	
测试滤波器	500Hz～1.3MHz	65kHz～1.3MHz	1000Hz～5MHz	250kHz～5MHz	5000Hz～20MHz	1～20MHz
J_{P-P}/UI	0.50	0.10	0.50	0.10	0.50	0.10

与输入抖动容限类似，也分为 PDH 支路口和 STM-N 线路口。定义为在设备输入无抖动的情况下，由端口输出的最大抖动。

SDH 设备的 PDH 支路端口的输出抖动应保证在 SDH 网元下 PDH 业务时，所输出的抖动能使接收此 PDH 信号的设备所承受。STM-N 线路端口的输出抖动应保证接收此 STM-N 信号的 SDH 网元能承受。

（3）映射和结合抖动

在 PDH/SDH 网络边界处，由于指针调整和映射会产生 SDH 的特有抖动。为了规范这种抖动，采用了映射抖动和结合抖动来描述抖动情况。

映射抖动指在 SDH 设备的 PDH 支路端口处输入不同频偏的 PDH 信号，在 STM-N 信号未发生指针调整时，设备的 PDH 支路端口处输出 PDH 支路信号的最大抖动。

结合抖动是指在 SDH 设备线路端口处输入符合 G.783 规范的指针测试序列信号，此时 SDH 设备发生指针调整。适当改变输入信号频偏，则在设备的 PDH 支路端口处测得的输出信号的最大抖动就是设备的结合抖动。

（4）抖动转移函数——抖动转移特性

抖动转移函数定义为设备输出的 STM-N 信号的抖动与设备输入的 STM-N 信号的抖动的比值随频率（指抖动的频率）的变化关系。抖动转移特性用来验证系统对高低频抖动的适应能力。图 7.39 给出了对 SDH 再生器抖动传递特性的要求。对于 STM-16，$f_0 = 30$kHz，$p = 0.1$dB。

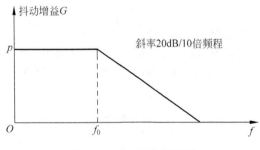

图 7.39　抖动转移特性

3. 减少抖动的策略

（1）线路系统的抖动减少

线路系统抖动是 SDH 网的主要抖动源。减少线路系统抖动的基本对策是减少单个再生器的抖动（输出抖动），控制抖动转移特性（加大输出信号对输入信号的抖动抑制能力），改善抖动积累的方式（采用扰码器，使传输信息随机化，各个再生器产生的系统抖动分量相关性减弱，改善抖动积累特性）。

（2）PDH 支路口输出抖动的减少

由于 SDH 采用的指针调整可能会引起很大的相位跃变（因为指针调整是以字节为单位的）和伴随产生的抖动及漂移，因而在 SDH/PDH 网边界处，支路口采用解同步器来减少其抖动和漂移幅度。解同步器有缓存和相位平滑作用。

7.5.3　漂移性能

漂移（Wander）是指数字信号的特定时刻（例如最佳抽样时刻）相对于其理想参考时间位置的长时间偏移。所谓长时间，是指变化频率低于 10Hz 的相位变化。它与抖动相比，无论是从产生机理、本身特性以及对网络的影响均不相同。引起漂移的主要因素有以下几个方面。

（1）指针调整引起抖动和漂移

在 SDH 中，由于引入了指针调整技术对频率和相位进行校准，而指针调整是按字节进行的，由此产生的相位跃变在 SDH/PDH 边界将产生很大的抖动和漂移。

（2）时钟系统引起漂移

在 SDH 网中，通常采用主从同步方式，每一级时钟都与其上一级时钟同步，最终跟踪基准主时钟。由于时钟电路老化和受环境温度等因素影响，将引入一定的漂移。

（3）传输系统引入的漂移

传输系统引入的漂移主要指光缆线路和设备中激光器产生的延时受环境温度变化影响而产生的缓慢变化（即漂移）。随光缆线路长度和激光器数量的增加以及环境温度变化的加剧，引起的漂移因积累变得越来越大。

综上所述，由指针调整引起的抖动和漂移可通过合适的设计控制到较低水平。至于时钟电路引起的漂移，前 CCITT 标准 G.811 和 G.812 做了明确的规定，规定基准主时钟最大长期绝对漂移为 $3\mu s$，转接局和端局的从时钟的最大长期相对漂移为 $1\mu s$。我国对此也有严格的规范要求。环境温度变化引起的漂移会导致光缆传输特性发生变化，引起传输信号延时的缓慢变化。这种传输损伤靠光缆线路系统本身是无法彻底解决的。

小结

同步设备参考逻辑功能框图可以分解成单元功能（EF）、复合功能（CF）、网络功能（NF）。由若干个 EF 和 CF 可以构成一个 NF。信号复用过程和逻辑功能框图有一定的对应关系。SDH 传送网由各种网元构成，网元的基本类型有 TM、ADM、REG 和 SDXC 等。

自愈网不需人为干预，网络自身具备发现故障路由、替代传输故障路由并重新确立通信的功能。当前广泛研究的 3 种自愈技术是线路保护倒换、ADM 自愈环和 DXC 网状自愈网。我国的 SDH 网络结构分为 4 个层面，从最高到最低，依次为一级干线网、二级干线网、中继网和用户接入网。接口有光接口和电接口。

网同步是数字网所特有的问题。目前,同步方式主要有主从同步方式和相互同步方式两种。我国数字同步网采用"多基准时钟,分区等级主从同步"的方式。SDH 网络的定时基准应是这个数字网的统一的定时基准。一般来说,某一地区的 SDH 网络以该地区高级别局的转接时钟为基准定时源。SDH 传送网络的传输性能主要包括误码性能、抖动性能和漂移性能。

习题与思考题

7.1　单元功能由哪些部分组成? 各部分的作用是什么?

7.2　SDH 传输网由哪些基本的网元构成? 每种网元的功能是什么?

7.3　自愈网的含义是什么? 自愈网的类型有哪几种?

7.4　试画出二纤单向通道倒换环和二纤双向复用段保护环的原理图,并说明其工作原理。

7.5　我国的 SDH 网络结构分为哪四级?

7.6　试说明 I-4、S-4.2 和 L-17.1 的含义。

7.7　数字网的常见同步方式有哪些?

7.8　一个 SDH 网元可选的时钟来源有哪些?

7.9　在主从同步方式中,节点从时钟的工作模式有哪些?

7.10　SDH 传送网络的传输性能主要包括哪些? 每种性能的含义是什么?

7.11　误块秒、误块秒比、严重误块秒、严重误块秒比、背景误块和背景误块比的含义分别是什么?

7.12　抖动和漂移的区别是什么?

第 8 章

光传输系统的操作与维护

内容提要:
- SDH 光传输设备系统结构
- SDH 的网管系统
- SDH 的网管系统的功能
- SDH 设备安装调试流程
- SDH 设备调测

8.1　SDH 光传输设备系统结构

SDH 光传输设备有许多种类,而且不同厂家的同类设备在具体结构和外观上有一定的差异,但它们在总体结构上是类似的,其系统框图如图 8.1 所示。

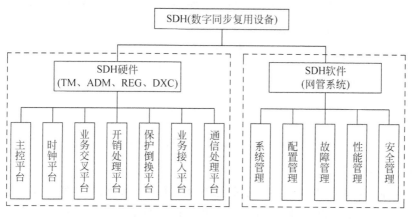

图 8.1　SDH 系统框图

SDH 光传输设备的系统结构可分为硬件和软件两大部分。其硬件包括机柜、子架及机盘,软件为网管系统。

SDH 的机柜通常宽 600mm,深 300mm,高有 2000mm、2200mm 和 2600mm 三种规格。SDH 的子架安装在机柜内。SDH 子架通常采用 19 英寸标准机架结构,高 2000/2200 的机柜只能安装 1 个子架,高为 2600 的机柜可安装 1~2 个子架。

SDH 子架通过背板的印制电路和机框,为各种机盘的插装和连接提供插装位置和连接通路,使各种机盘通过不同的组合实现 TM、ADM、REG 及 DXC 四种 SDH 设备功能。

　　SDH 网管软件主要对 SDH 硬件系统和传输网络进行管理和监视,协调传输网络的正常运行。

8.2　SDH 的硬件系统

8.2.1　系统功能框图

　　SDH 的硬件系统一般可分为业务交叉单元、系统时钟单元、业务接口单元、网元控制单元、公务和辅助接口单元。各功能单元通过业务总线、控制总线等相互连接,组成一个完整的系统。

　　SDH 硬件系统功能框图如图 8.2 所示。在 SDH 硬件系统中,各种 SDH 接口和 PDH 接口经过接口匹配、复用和解复用等过程转换为统一的业务总线,在交叉矩阵内完成各个方向的业务交叉。

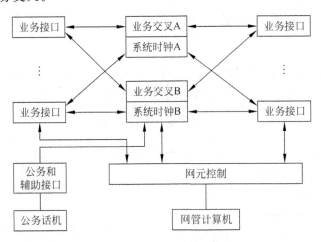

图 8.2　SDH 硬件系统功能框图

1. 系统时钟单元

　　系统时钟单元为设备提供系统时钟,实现网络同步。系统时钟的来源包括外部定时基准(BITS)、线路或支路时钟以及内时钟,并可在定时基准故障的情况下进入保持或自由振荡模式。时钟单元依据定时基准的状态信息实现定时基准的自动倒换。

2. 网元控制单元

　　网元控制单元完成网元设备的配置和管理,通过 ECC 通道实现网元之间信息的收/发并传递控制管理信息。网元控制单元可提供与后台网管的多种接口,通过此单元对传输网络进行集中网管。

3. 业务交叉单元

　　业务交叉单元主要完成 VC-4 与 TU-12 等级别的交叉连接。通过采用适当的交叉单元,可构成不同类型的网元设备。

4. 业务接口单元

业务接口单元包括光接口单元/电接口单元以及数据接口单元。其中,光接口单元实现设备的光线路的连接,包括 STM-1、STM-4、STM-16 等多种接口速率;电接口单元实现设备的局内连接,包括 STM-1 电接口以及 E1、E3、E4 等 PDH 电接口;数据接口单元包括 10M/100M 数据接口板、1000M 数据接口板等接口。

5. 公务与辅助接口单元

公务与辅助接口单元利用 SDH 中的空闲开销字节,在传输净负荷数据的同时,提供公务语音通道、若干辅助数字数据通道或模拟(音频)通道以及 IP 接口。

除上述功能单元外,SDH 硬件系统还可增加如 EDFA(掺铒光纤放大器)等相对独立的扩展功能单元。扩展功能单元可与 SDH 设备共用同一个网管。

8.2.2　硬件单板联系

SDH 设备一般采用块化的结构,硬件系统的功能可通过不同机盘即单板的组合来实现,这些单板包括交叉板、时钟板、业务板、主控板、公务板以及其他扩展板。各单板之间的联系如图 8.3 所示。

SDH 交叉板完成业务交叉单元的功能;时钟板为系统提供精确的时钟源;主控板完成网元控制单元的功能;业务接口板和用户数据板实现业务接口单元的功能;公务板完成公务与辅助接口单元的功能;扩展板实现 SDH 的其他扩展功能。

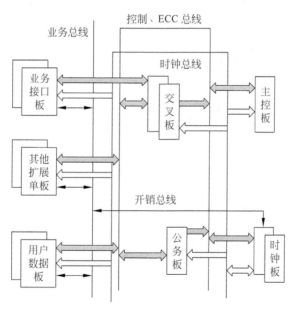

图 8.3　SDH 单板之间的联系

8.2.3　单板结构排列图

SDH 硬件单板排列如图 8.4 所示。从图中可看出,SDH 系统是一个双层子架结构,由接口区、单板区、走线区及风扇插箱、防尘网区组成。

其中,接口区用于网络管理/时钟/电源等的接入与输出,包括网管接口、告警指示单元接口、风扇监控接口、外电源分配箱接口等。

单板区可分为固定功能单板区和业务单板区。固定功能单板区的板位固定,不可与其他功能单板混插。固定单板主要有主控板(NCP)、公务板(OW)、交叉板(CS,该板有两个板位,为系统提供"1+1"的热备份)、时钟板(SC,该板有两个板位,为系统提供"1+1"的热备份)。业务单板区共有 12 个板位,对称分布于 CS 板和 SC 板两边的业务接口所在的板位,这 12 个板位的业务板可实现混插。此外,业务功能板区还可插入非业务接口板 OA 板等。

图 8.4　SDH 硬件单板排列图

走线区为系统提供光纤/电缆的走线通道。风扇插箱/防尘网区位于子架的最下端,它们均可更换和拆卸。

8.3　SDH 的网管系统

8.3.1　网管软件层次结构

SDH 网管系统的软件层次结构如图 8.5 所示。由图中可以看出,SDH 网管系统在层次上可分为三层,由下往上分别为设备层 MCU、网元层 Agent、网元/子网管理层 Manager。

在图 8.5 中,网元/子网管理层由用户界面 GUI、管理者 Manager 和数据库三部分组成。该层的核心是 Manager(或服务器 Server)。一个 Manager 可管理一个或多个子网,也可接入多个 GUI(或客户端 Client),一个 GUI 也可以登录到多个 Manager。

网元 Agent 可以被一个或多个 Manager 管理,但只有一个 Manager 具有修改网元配置的权限。每个 Agent 都具有自动的路由功能,可通过 ECC(嵌入控制通路)通道传递网管信息。

SDH 可以向网络管理层提供 Corba 接口,网管软件各层的接口定义如下。

(1) Qx 接口:网元与网元/子网管理系统之间基于 TCP/IP 协议的接口。

（2）S 接口：网元层与设备层的接口。

（3）F 接口：界面 GUI 与 Manager 之间基于 TCP/IP 协议的接口。

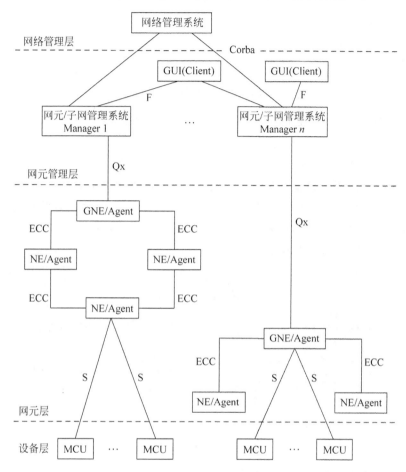

图 8.5　SDH 网管系统的软件层次结构

8.3.2　网管的组网方式

1. 单 GUI 单 Manager

单 GUI 单 Manager 组网方式是最基本、最普遍的网管方式，GUI 与 Manager 既可以在同一台计算机上运行，也可以分开在不同的计算机上运行，其结构如图 8.6 所示。

2. 多 GUI 单 Manager

一个 Manager 可以同时接受多个 GUI 的登录，高层网管也像一般的 GUI 一样接入 Manager。此结构一般应用于用户需要多个操作终端（客户端）或显示终端的情况，而且客户端可能分布在不同的地域，因此有些 GUI 需要远程登录到 Manager，其结构如图 8.7 所示。

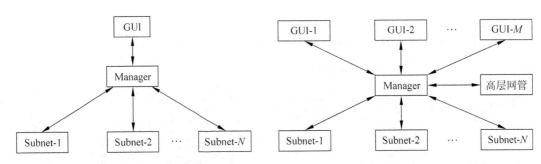

图 8.6　单 GUI 单 Manager 网管　　　　　　图 8.7　多 GUI 单 Manager 网管

3. 单 GUI 多 Manager

一个 GUI 可以同时登录到多个 Manager 上,并在界面上统一显示这些 Manager 所管理的子网/网元信息。当用户需要在某个网管中心对一些分散的网管系统(如各本地网)进行统一的监视/管理时,可采用这种方式。一般网管中心的 GUI 都需要远程接入各 Manager,其结构如图 8.8 所示。

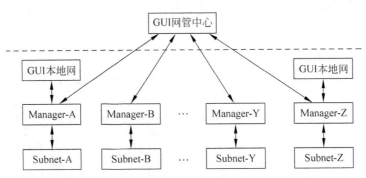

图 8.8　单 GUI 多 Manager 网管

4. 单子网多 Manager(主副网管)

主副网管主要用来进行网管的保护和备份管理,其结构如图 8.9 所示。图中虚线框内为某一子网,正常情况下,由主网管对各网元进行配置和管理;副网管只处于监视状态,不能对网元进行配置操作。当出现括号内的情况时(即当传输网络处于异常状态,主网管与网元已无法建立连接;主网管已发生故障;人工干预倒换),副网管将取代主网管并具有主网管的所有功能,对网元进行配置和管理。

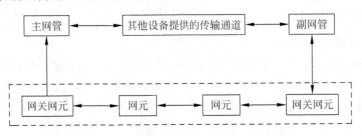

图 8.9　单子网多 Manager(主副网管)

5. 远程网管

在以上几种网管结构中,当 GUI 与 Manager、Manager 与 Manager(主副网管)或 Manager 与 Agent 因不在同一地点而需要通过路由器或网桥远程接入时,称为远程网管。远程网管并不是一种单独的组网方式,只是前述几种组网方式在远程接入情况下的实现。

8.3.3　网管的运行环境

SDH 网管的运行环境主要是指网管正常运行所要求的硬件和软件。SDH 网管的硬件环境和软件环境分别如表 8.1 和表 8.2 所示。

表 8.1　SDH 网管 PC 平台的硬件环境

硬件指标	硬 件 要 求	硬件指标	硬 件 要 求
主机	PⅢ 800 或更高(配置网卡、光驱)	硬盘	20GB 以上
内存	512MB 以上	显示器	17in 以上

表 8.2　SDH 网管 PC 平台的软件环境

软 件 指 标	软 件 要 求
操作系统	Windows 2000(GUI、Manager 和数据库装在同一台机器上)
数据库	Sybase
硬盘可用空间	9GB 以上

8.4　SDH 网管系统的功能

一般说来,SDH 网管系统的管理功能可划分为系统管理、配置管理、告警管理、性能管理、安全管理、维护管理六大功能。下面将逐一介绍。

要进入网管操作系统,首先要进行系统登录。进入网管操作系统的过程称为登录。登录过程主要完成网管计算机与网络的连接,进行口令核对,以防止非法用户进入系统。

登录的具体操作是:开启网管计算机,单击 SDH 应用程序图标,弹出"登录"对话框(如图 8.10 所示)。操作者需输入用户标识、口令,选择登录方式、欲查看的子网、查看的网元等项目,最后单击"登录"按钮,进入操作系统。

需要着重说明的是,在登录界面的"采集选择"项中,如选择"本地网元",则只能查看与 SDH 网管计算机直接连接的网元。因此,如要查看某一个子网或整个 SDH 网络,应选择"所有网元"。

经过登录后,就可进入 SDH 网管的主界面。SDH 网管的主界面除了显示配置管理、告警管理、性能监视、维护管理、安全管理等主要操作菜单以外,还有背景地图、网元图标、子网连线、子架图等。通过鼠标和键盘操作可方便地实现各项功能。主界面的结构如图 8.11 所示,图中所示是某大型电灌工程 SDH 传输的拓扑图。

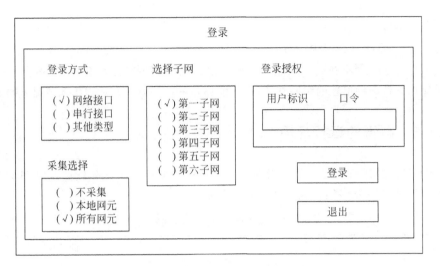

图 8.10 "登录"对话框

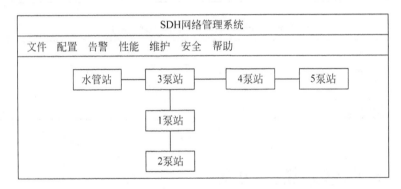

图 8.11 SDH 网管主界面示意图

8.4.1 系统管理

系统管理是保证网络管理系统软件正常运行的辅助管理功能的集合,它协同配置管理模块来保证整个软件系统的正常运行。

8.4.2 配置管理

配置管理是 SDH 网管最重要的功能之一,主要用于对网元和网络的配置进行管理。网元配置是指对单个 SDH 设备进行配置;网络配置是指对网管系统所管辖的各 SDH 子网间进行配置。

配置管理的具体操作如下:登录进入主界面后,单击主界面工具栏中的"配置",弹出如图 8.12 所示的配置管理下拉菜单。

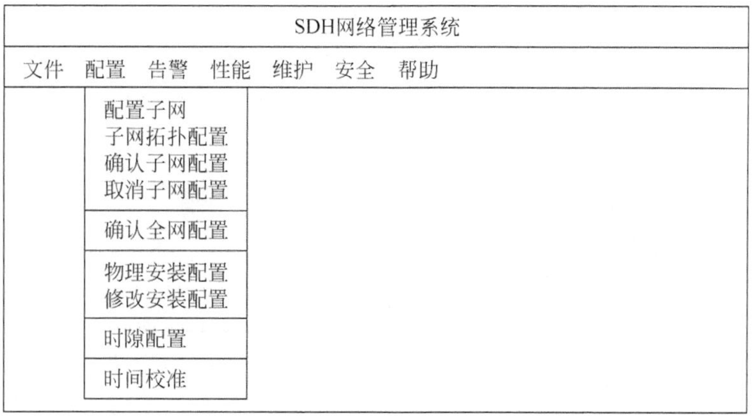

图 8.12 SDH 网管配置管理菜单示意图

1. 配置子网

配置子网选项用于创建子网及网元的定位。单击此项后,弹出如图 8.13 所示的对话框。

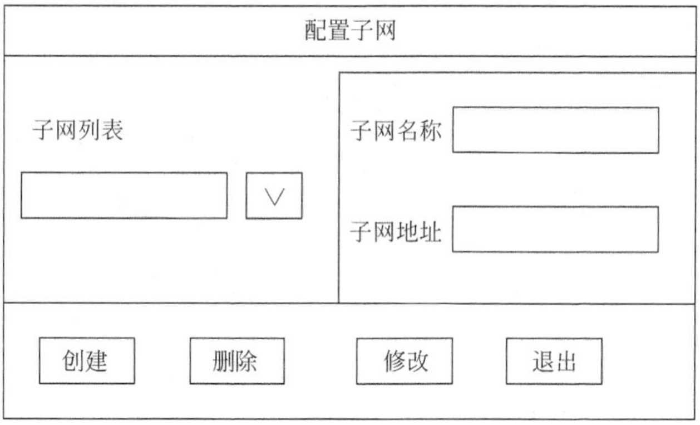

图 8.13 配置子网对话框示意图

在此对话框中,子网列表显示了已有的子网名称,可通过其右侧的下拉键"∨"来查看;如要创建新子网,需先输入子网名称、子网地址,单击"创建"按钮,再单击"退出"按钮;如要删除子网,先在子网列表中找出要删除的子网,然后填入子网名称、子网地址,单击"删除"按钮后退出;如要修改子网配置,在子网列表中找出要修改的子网名,然后在子网名称和子网地址栏输入新名称和地址,再依次单击"修改"和"退出"按钮。

2. 子网拓扑配置

选择配置菜单的"子网拓扑配置"选项后,会扩展出创建网元、移动网元、删除网元、连接网元、删除连接 5 个分项,如图 8.14 所示。

(1) 创建网元

此选项主要用于网络初始化时创建网元或在已有子网中增加新网元。如选择此项,将弹出如图 8.15 所示的对话框,操作人员要在此对话框中填入隶属子网号、网元地址、

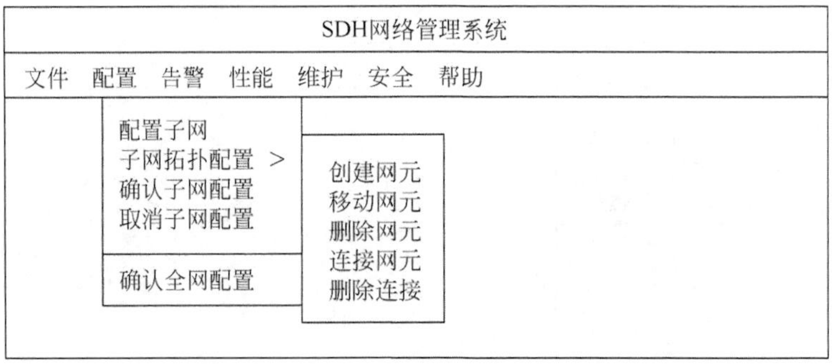

图 8.14　子网拓扑配置及其扩展选项

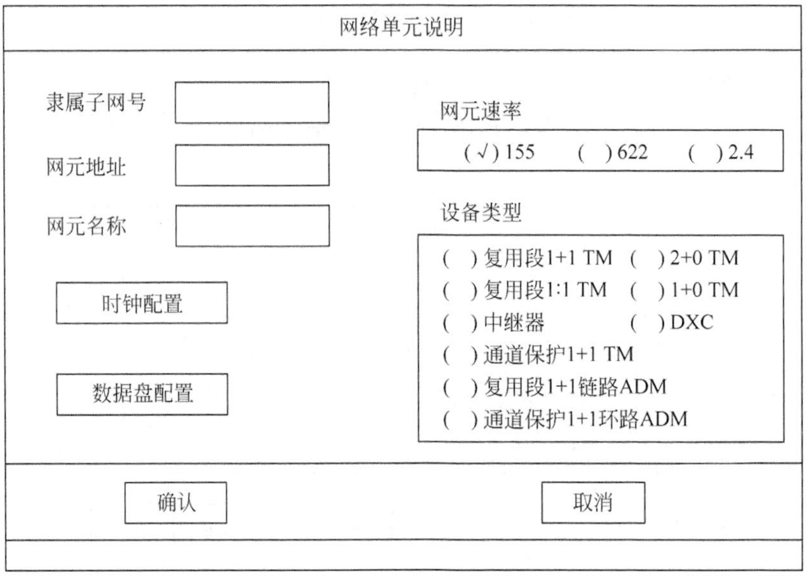

图 8.15　"创建网元"选项的对话框

网元名称,还要选择网元的属性,即网元设备类型、速率、时钟配置、数据盘配置等。配置完成后单击"确认"按钮。

（2）移动网元

选择"配置/子网拓扑配置/移动网元",可在如图 8.11 所示的 SDH 网管主界面上用鼠标左键移动网元图标。

（3）删除网元

选择"配置/子网拓扑配置/删除网元",然后在如图 8.11 所示的 SDH 网管主界面上用鼠标左键单击某一网元,即可删除该网元。如果该网元与其他网元之间有连接线,必须先删除连接线,否则,该网元无法删除。

（4）连接网元

选择"配置/子网拓扑配置/连接网元",可在如图 8.11 所示的 SDH 网管主界面上用鼠标右键单击需要连接的两个网元图标,完成网元的连接。

（5）删除连接

选择"配置/子网拓扑配置/删除连接"，然后在如图 8.11 所示的 SDH 网管主界面上用鼠标右键单击欲被删除连接的两个网元，即可删除网元的连接。

3. 确认子网配置

在子网配置完成后，应单击"配置/确认子网配置"，确认此前的配置，并将配置信息发送到子网配置库向全网发送。

4. 取消子网配置

若选择"配置/取消子网配置"，可取消刚完成的配置，维持网络以前的设置。

5. 确认全网配置

子网配置确认后，应选择"配置/确认全网配置"，对全网的配置进行确认，并转入监控状态。

6. 物理安装配置

物理安装配置主要是对各网元的 SDH 设备子架进行机盘配置。选择"配置/物理安装配置"后，可在如图 8.11 所示的 SDH 网管主界面上双击欲配置站点的图标，打开图标并显示 SDH 子架的插盘位置。用鼠标右键单击插盘位置，弹出如图 8.16 所示的"子架安装配置"对话框。对话框左边是可安装机盘的类型，右边是该子架完成配置后的插盘状态。配置完机盘后单击"确认"按钮确认配置。

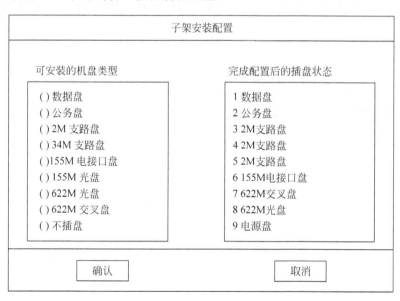

图 8.16   物理安装配置对话框

7. 修改安装配置

单击如图 8.11 所示 SDH 网管主界面上的图标，打开子架，选择"配置/修改安装配置"即可进行网元机盘配置的修改。这时也会弹出如图 8.16 所示的对话框，重复步骤 6。注意，修改配置后要单击"确认"按钮。

8. 时隙配置

时隙配置是"配置"菜单中最重要的选项,它主要完成网元光收/发盘上的时隙与支路盘上时隙的连接,以及路由的选择(即时隙起止站点,甚至经过站点的选择)。时隙配置分为"交叉连接"和"清除时隙"两个选项,其具体操作如下:

(1) 交叉连接

单击如图 8.11 所示 SDH 网管主界面上的两个欲配置时隙的图标,选择"配置/时隙配置/交叉连接",弹出如图 8.17 所示的对话框,填写如下信息。

连接方向——选择单向还是双向,一般选择双向。

源网元——填写时隙起始网元站名。

宿网元——填写时隙终止网元站名。

级别——填写配置时隙的虚容器级别。

源/宿端口——如是新安装的 SDH 设备,网管系统会自动分配源端口和宿端口;对于已使用的设备,网管系统把已用端口的字迹标注为灰色,而未用端口的字迹仍为黑色。如要增加电路,可在源端口和宿端口的内容框中按下拉键,人工选定端口,也可由网管自动选定。

源/宿通道——在通道的内容框中,左框显示高次虚容器的位置,如 VC4-2(因为对于 622M 以上的 SDH 来说,将拥有多个 VC-4);右框显示低次支路的位置,如 1-3-3,即 VC4-2 中的第 1 个 TUG3 的第 3 个 TGU2 的第 3 条 TU12 支路。

配置完成后单击"确认"按钮确认配置,网管系统会存储配置并发送到子网的各网元。

(2) 清除时隙

单击如图 8.11 所示 SDH 网管主界面上两个欲清除时隙的图标,选择"配置/时隙配置/清除时隙",弹出如图 8.17 所示的对话框。这时要填写欲清除时隙的站名、源端口和宿端口、源通道和宿通道,然后依次单击"清除"和"确认"按钮清除所选的已配置时隙。

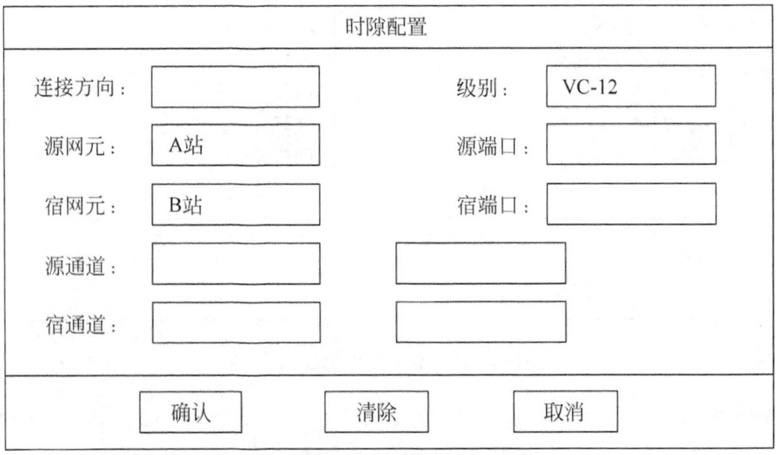

图 8.17 "时隙配置"对话框

9. 时间校准

在网管操作系统中,可修改系统时间。选择"配置/时间校准",弹出如图 8.18 所示的对话框,在内容框中填写相关的数据后单击"确认"按钮即可。

时间校准

图 8.18　"时间校准"对话框

8.4.3　告警管理

告警管理主要用于对告警信息的产生和消失进行检测、定位、汇报、显示。告警管理菜单如图 8.19 所示。

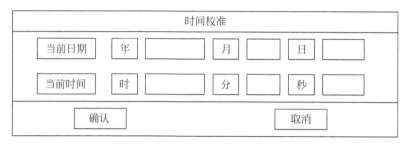

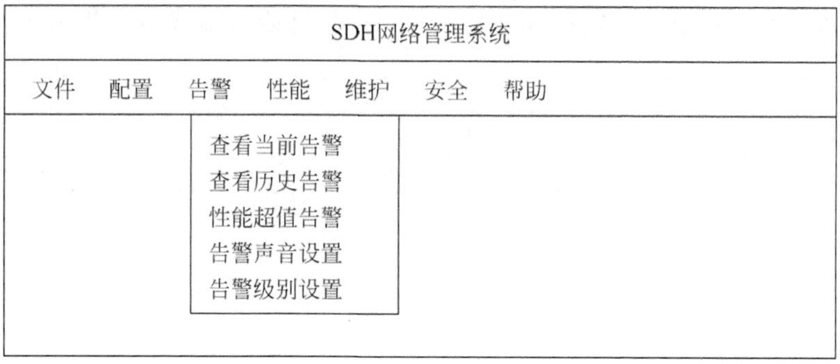

图 8.19　告警管理

1. 查看当前告警

选择"告警/查看当前告警"选项,将弹出如图 8.20 所示的对话框,填入子网选择、网元选择、告警级别选择、告警类型选择的数据后,会在对话框虚线所标识的区域显示告警信息。如要查看某一块机盘的告警信息,还要填入"单盘选择"即机盘的类型;单击"告警确认",可使主控台的告警声停止。如告警源已消除,还应将所有告警信息按鼠标左键选定后,单击"删除告警",则告警信息被删除。

2. 查看历史告警

选择"告警/查看历史告警",弹出"查看历史告警"对话框,其结构与"查看当前告警"对话框一样,只不过"查看历史告警"对话框中是曾经出现过的告警的历史记录,可用于查看网络以前的告警,包括已消除的告警。

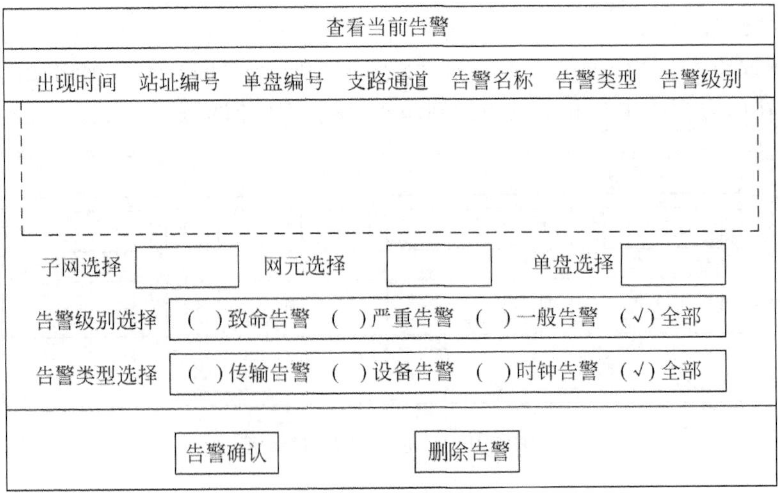

图 8.20　"查看当前告警"对话框

3. 性能超值告警

性能超值告警是告警管理的重要功能。网管系统如检测到性能值超过用户所给定的门限值,就会产生性能超值告警。选择"告警/性能超值告警",弹出如图 8.21 所示的对话框,填入子网选择、网元选择、单盘选择后,会在对话框虚线所标识的区域显示性能超值告警。

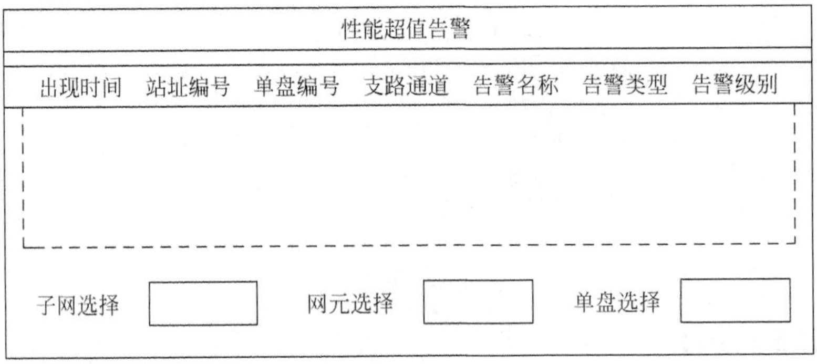

图 8.21　"性能超值告警"对话框

4. 告警声音设置

选择"告警/告警声音设置"后,有"打开告警声音"和"关闭告警声音"两个扩展选项。如选择前者,一旦有告警出现,网管主控台的蜂鸣器就会发出告警声;如选择"关闭告警声音",一旦有告警出现,网管主控台的蜂鸣器也不会发出声响。

5. 告警级别设置

选择"告警/告警级别设置",弹出如图 8.22 所示的对话框。从对话框的"告警选择"中逐个选择告警名称,再选择该告警欲确定的级别,单击"确认"按钮完成设置,最后关闭该对话框。

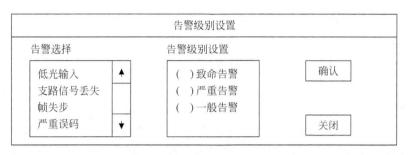

图 8.22　"告警级别设置"对话框

8.4.4　性能管理

性能管理主要用于对 SDH 网络和子网设备进行性能监控管理,它可以查看系统运行的一些重要参数,为系统评估、故障定位、查找误码源位置提供依据。性能管理包括"查看当前性能"和"查看历史性能"两个扩展项。如选择"性能/查看当前性能",弹出如图 8.23 所示的对话框,选择子网、网元、单盘后,会显示相应的性能。如选择"性能/查看历史性能",弹出"查看历史性能"对话框,其结构与"查看当前性能"对话框的结构非常相似,只是多了"起始时间"和"终止时间"两个内容框,这里不再详述。

查看当前性能				
	指针调整	码违例	误码秒	不可用秒
再生段	0	134	134	151
复用段	0	114	114	151
通道1	8	126	126	151
通道2	0	0	0	0
通道3	0	0	0	0
子网选择　　　网元选择　　　单盘选择				

图 8.23　"查看当前性能"对话框

8.4.5　安全管理

安全管理是为了保证操作系统的可靠性,通过口令对操作系统的使用者进行权限控制。用户口令按操作权限分为高级口令、中级口令和低级口令,在"安全管理"菜单中可对口令进行修改、增加和删除。

单击"安全",其下拉菜单显示增加用户标识口令、删除用户标识口令、更改用户口令、查看用户高级口令、查看用户中级口令、查看用户低级口令、浏览命令历史数据、更新命令历史数据等选项。下面以常用的增加用户标识口令、删除用户标识口令、更改用户口令、浏览历史命令数据、更新历史命令数据等选项为例,介绍安全管理的具体操作。

1. 增加用户标识口令

此选项在操作系统中用于增加新用户和新用户的各级口令,只限于高级用户使用。

选择"安全/增加用户标识口令",弹出如图 8.24 所示的对话框。在对话框中,首先要选取子网,然后输入用户识别标识、高级口令、中级口令、低级口令和说明信息,用户识别标识和口令的字符数应为 3～6 个;单击对话框中的"确认"按钮对所做操作进行确认,系统会给出提示信息,要求将各级口令再输入一次以进行证实,这时出现类似如图 8.24 所示的对话框,标题为"第二次口令输入",再次输入各级口令并确认。

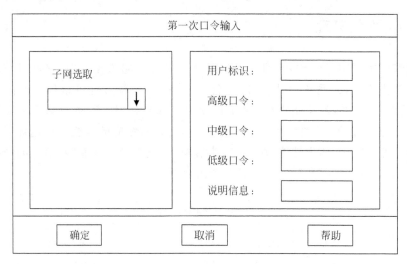

图 8.24 "增加用户标识口令"对话框

如第二次口令输入与第一次口令输入相符合,系统会给出提示信息,最后一次询问是否确认输入的口令,确认新用户的增加;如第二次口令输入与第一次口令输入不符合,系统会给出输入出错提示,让用户再次输入口令。若第三次口令输入正确,则按原步骤完成新用户的增加,否则新用户增加失败。

2. 删除用户标识

此选项在操作系统中用于删除用户识别标识,只限于高级用户使用。

选择"安全/删除用户标识",弹出如图 8.25 所示的"删除用户标识"对话框,选择要删除用户标识的子网、网元和要删除的用户标识并确认,也可单击"取消"按钮取消操作。

3. 更改用户口令

此选项在操作中用于更改已有用户口令,此操作只限于高级用户使用。

选择"安全/更改用户口令",弹出如图 8.26 所示的"更改用户口令"对话框,选择要删除用户标识的子网、网元并填入更改后的用户标识和口令。此时,操作系统会提示并要求再次输入更改后的用户标识和口令以便证实,再次输入更改后的用户标识和口令,最后进行确认即可完成操作,也可单击"取消"按钮取消操作。

```
┌──────────────────────────────────────────────────────────┐
│                        删除用户标识                          │
├──────────────────────────────────────────────────────────┤
│   子网列表              网元列表              标识选择          │
│                                                            │
│  ┌──────────┬─┐     ┌──────────┬─┐     ┌──────────┬─┐      │
│  │          │↓│     │          │↓│     │          │↓│      │
│  └──────────┴─┘     └──────────┴─┘     └──────────┴─┘      │
├──────────────────────────────────────────────────────────┤
│   ┌──────┐            ┌──────┐            ┌──────┐         │
│   │ 确定 │            │ 取消 │            │ 帮助 │         │
│   └──────┘            └──────┘            └──────┘         │
└──────────────────────────────────────────────────────────┘
```

图 8.25　"删除用户标识"对话框

```
┌──────────────────────────────────────────────────────────┐
│                        更改用户口令                          │
├──────────────────────────────────────────────────────────┤
│                用户标识：┌──────────────┐                   │
│   子网列表                └──────────────┘                   │
│  ┌──────┬─┐   高级口令： 从 ┌────────┐ 改为 ┌────────┐       │
│  │      │↓│                └────────┘      └────────┘       │
│  └──────┴─┘   中级口令： 从 ┌────────┐ 改为 ┌────────┐       │
│   网元选择                  └────────┘      └────────┘       │
│  ┌──────┬─┐   低级口令： 从 ┌────────┐ 改为 ┌────────┐       │
│  │      │↓│                └────────┘      └────────┘       │
│  └──────┴─┘                                                │
├──────────────────────────────────────────────────────────┤
│ ┌──────┐            ┌──────┐            ┌──────┐           │
│ │ 确认 │            │ 取消 │            │ 帮助 │           │
│ └──────┘            └──────┘            └──────┘           │
└──────────────────────────────────────────────────────────┘
```

图 8.26　"更改用户口令"对话框

4. 浏览历史命令数据

此选项在操作中用于浏览历史命令数据，只限于高级用户使用。

选择"安全/浏览命令历史数据"，弹出如图 8.27 所示的"浏览历史命令"对话框，选择欲浏览的子网、网元、起止时间，单击"确认"按钮，会在窗口中显示如图 8.28 所示的内容，可打印该内容。浏览完毕后可单击"关闭"按钮结束操作。

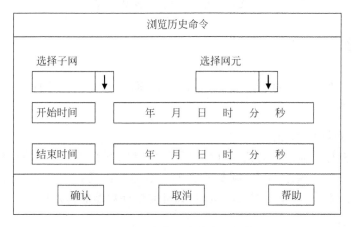

图 8.27　"浏览历史命令"对话框

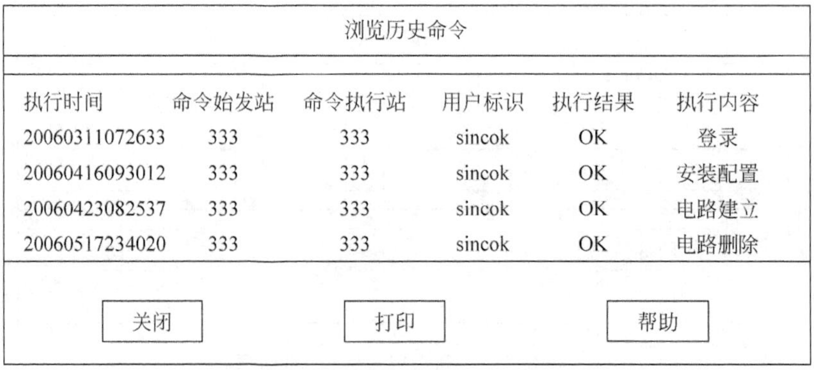

浏览历史命令
执行时间 命令始发站 命令执行站 用户标识 执行结果 执行内容
20060311072633 333 333 sincok OK 登录
20060416093012 333 333 sincok OK 安装配置
20060423082537 333 333 sincok OK 电路建立
20060517234020 333 333 sincok OK 电路删除
关闭
打印
帮助

图 8.28 “浏览历史命令”显示框

5. 更新命令历史数据

此选项在操作中用于更新命令历史数据以便浏览，各级用户均可使用。

选择“安全/更新命令历史数据”，弹出如图 8.29 所示的对话框，选择子网和站名，输入时间区段，最后单击“确认”按钮完成操作。

更新命令历史数据
选择子网
选择网元
开始时间
年 月 日 时 分 秒
结束时间
年 月 日 时 分 秒
确认
取消
帮助

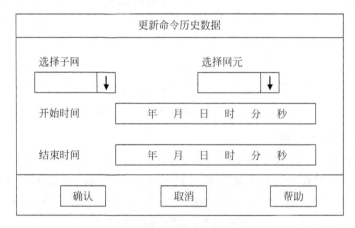

图 8.29 “更新命令历史数据”对话框

8.4.6 维护管理

维护管理主要为用户进行维护、操作提供方便，包括初始化性能计数器、单盘复位、环回控制等选项。

1. 初始化性能计数器

初始化性能计数器又称为性能计数器复位，是将 MCP 和 MCU 的计数器数据清除，以便重新开始计数。选择“维护/初始化性能计数器”，出现如图 8.30 所示的对话框，输入子网号、站号、盘号，再单击“操作”按钮，即可完成计数器的初始化。

2. 单盘复位

单盘复位即复位单盘上的 CPU，使机盘处于上电初始化状态。此操作可在出现较小

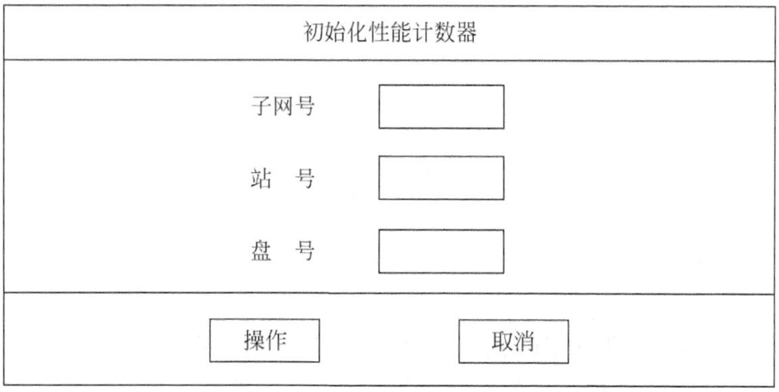

初始化性能计数器

子网号

站　号

盘　号

操作　　　　　取消

图 8.30　"初始化性能计数器"对话框

故障(如小误码、不严重的失步)时进行,一般可消除或缓解这些故障的影响。

选择"维护/单盘复位"选项,弹出类似图 8.30 所示的对话框,只不过对话框的名称为"单盘复位"。选择子网号、站号、盘号,再单击"操作"按钮完成单盘复位。

3. 环回控制

环回控制是维护管理中最重要的操作,通过环回控制可以判断故障点在本地网元还是远端网元。选择"维护/环回控制"选项,弹出如图 8.31 所示的对话框,选择子网号、站号、盘号、支路号,再选择环回的方式(线路环回或终端环回),最后单击"确认"按钮;如要取消环回,选择子网号、站号、盘号、支路号后选择"不环回",再单击"确认"按钮。

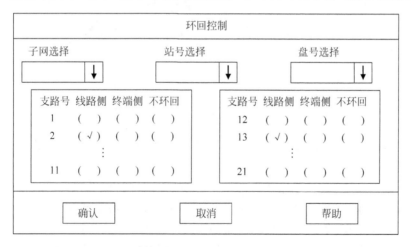

图 8.31　"环回控制"对话框

8.5　SDH 设备的安装、调试流程

SDH 设备的安装遵循"安装准备、硬件安装、软件安装、单点调试、系统联调"的流程,如图 8.32 所示。下面逐一说明 SDH 设备安装、调试的流程。

图 8.32　SDH 设备的安装调试流程

8.5.1　安装准备

在设备安装之前,要进行安装前的准备。安装准备工作可按照如图 8.33 所示的流程并结合厂家的操作规范和用户的实际情况进行,具体要做好以下 4 项工作。

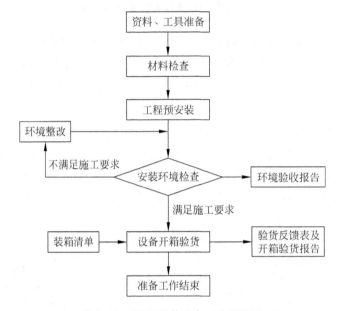

图 8.33　SDH 安装准备工作流程图

(1) 与用户一道清点所接收设备的包装箱标签所标明的设备型号、数量是否与合同规定的一致。

(2) 设备清点结束后,应向用户了解各站点的工程准备情况,如电源是否到位、接地电阻是否达到要求(保护地接地电阻要小于 4Ω)、各站间光缆是否熔接好、各站间光缆的损耗是否有异常情况(如某一芯损耗超标、某一芯已折断)等。

(3) 到达每个站点后,应与用户随工程人员一同开箱,再次清点本站点设备的型号、数量是否与装箱清单一致,设备有无损坏、受潮、进水。如清点正常,则双方工程人员应在装箱清单上签名认同;如设备的型号、数量与装箱清单有差异或不符合合同要求,厂方工程人员要尽快与生产厂家联系。

(4) 如设备清点正常,就应该确定设备安装位置。如已有本次工程的设计图,可按设计图标明的位置来安装。此外,设备安装位置要尽量避开灰尘较大、空气潮湿、阳光直射、环境温度过高或过低的地方,设备与墙壁的距离要考虑到设备的散热,并要求设备机柜的正门、侧门、后门都能方便地打开,以利于工作人员进行维护操作。

8.5.2　硬件安装

SDH 的硬件安装主要有机柜安装、子架安装、电源连接与接地、同轴电缆的制作、机盘插装与加电、光纤连接等步骤。安装流程如图 8.34 所示。

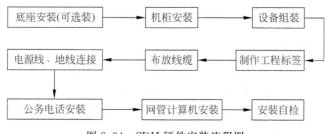

图 8.34　SDH 硬件安装流程图

1. 机柜安装

SDH 设备通常安装在带有侧板和前后门的机架(机柜)上,因此,SDH 安装的第一步就是机柜安装。机柜的安装主要分以下几种情况。

(1) 机柜安装在水泥地面上

若机柜安装在水泥地面上,而且要从机柜的底部接入光缆、电缆以及电源线,最好先在地面上用膨胀螺钉平行固定两根槽钢,再用普通螺钉将机柜固定在槽钢上,如图 8.35(a)所示;若光缆、电缆以及电源线是从机柜的顶部接入,可直接用膨胀螺钉将机柜底部固定在水泥地面上。

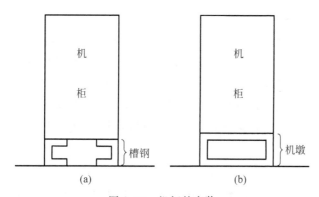

图 8.35　机柜的安装

(2) 机柜安装在木地板上

若机柜安装在木地板上,可分为下进线和上进线两种情况,安装方法与在水泥地面上类似,不同之处在于下进线时,两根槽钢是用木螺钉固定在木地板上;而上进线时,机柜也要用木螺钉才能固定在木地板上。

(3) 机柜在悬浮地板场合的安装

若机柜要在已安装了悬浮地板(如防静电地板)的机房进行安装,应先用尺寸合适的角钢加工一个机墩,机墩的高度等于从水泥地面到悬浮地板表面的高度。在机墩上、下层的角钢上分别打 4 个孔,机墩下层角钢上的 4 个孔通过膨胀螺钉与水泥地面固定,机墩上层角钢上的 4 个孔用于机柜的固定,如图 8.35(b)所示。

需要注意的是,如安装现场已有其他设备,新安装的机柜的前门应与其他设备的前面在同一平面上。

2. 子架安装

机柜安装完毕后,需用普通或专用螺钉将子架固定在机柜里,完成子架的安装。

3. 电源连接与接地

用厂家规定颜色和规格的电源线完成电源柜到 SDH 子架电源的连接,一般红色电源线接电源柜和 SDH 子架电源的正极(在负电源系统中又称为工作地),蓝色电源线接电源柜和 SDH 子架电源的负极。注意,连接电源时,应把电源柜与接负极端子的保险断开,以防止因误操作引起设备的损坏。

此外,用黄绿相间的导线完成 SDH 子架保护地、SDH 子架所在的机柜、与该 SDH 连接的数字分配架(DDF)与机房保护地线排的连接,机房保护地线排的对地电阻要小于 2Ω。

4. 同轴电缆的制作

SDH 的电信号是通过同轴电缆传输的,因此,安装 SDH 设备需要进行同轴电缆的制作。制作同轴电缆时,首先要量出 SDH 设备到 DDF 或交换机及其他接口设备的距离,裁出比此距离稍长的数根同轴电缆。注意,每根电缆的两端要贴上同样的标记,以免混淆。最后把每根同轴电缆的芯、皮剥开,与同轴头进行焊接和屏蔽层压接,完成同轴电缆的制作。

5. 机盘插装与加电

同轴电缆制作完毕后,应按配置插装机盘。这时最好先把机盘放到插槽位置但不完全推入插牢,检查 SDH 子架电源线是否接错,并用万用表确认电源线没有短路,然后打开电源柜负极的保险,完成盒式 SDH 的加电。如是子架式 SDH 设备,需再次用万用表确认 SDH 子架电源的电压值也正常,然后先把 SDH 的电源盘推入插牢,如电源盘正常,需关闭电源柜保险,将剩余机盘都推入子架插牢,再打开电源柜保险,完成子架式 SDH 的机盘插装与加电。

6. 光纤连接

机盘插装与加电完成以后,需用光纤跳线把 SDH 的收/发光口与光缆终端盒或光分配架(ODF)连接起来。注意,不要把眼睛正对着 SDH 的光口或光纤跳线的头部,以免强光灼伤眼睛。

8.5.3 软件安装

SDH 软件主要是用随设备一同发来的网管安装盘来安装,不同的软件版本有不同的安装流程。SDH 设备的软件安装流程如图 8.36 所示。

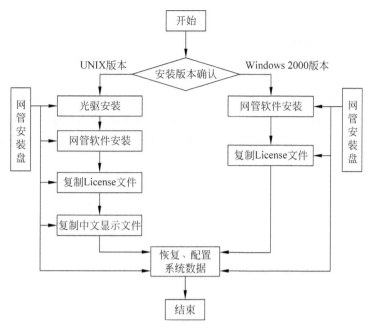

图 8.36　SDH 设备的软件安装流程图

8.5.4　单点调试流程

加电和软件安装完成后,可进行单点调试。单点调试的主要内容有工作电压是否符合要求(用万用表测量正、负极电压是否在 48～52V 之间)、机盘有无异常告警灯亮、检查站号和公务号码是否设置正确、SDH 光口的发光功率及灵敏度和抖动等指标是否与产品出厂测试报告或产品说明书的标注一致(请参见第 9 章的相关测试)。

8.5.5　系统联调

如各站设备都安装、加电、单点调试完毕,可在本 SDH 网络的网管控制中心通过网管对全系统进行联调。此时需进入网管系统,完成网元的创建、网元的连接、网元的配置、时隙的分配、时钟的设置。然后,用误码仪从主站对远端各站进行误码测试,检查所配置的电路时隙是否正确。如不正确,需对故障站点或整个网络的时隙重新配置。此外,还应检查网络的公务电话是否正常工作,每个站点是否都能通过公务电话进行指定呼叫联络。

8.6　SDH 设备调测

SDH 设备的安装和单点调试完成后,就应该连通各网元的光路,对整个子网进行系统调测。系统调测正常以后,才能移交给用户投入试运行。下面将介绍 SDH 的系统调测流程。

8.6.1　系统调测流程

　　SDH 设备的系统调测流程如图 8.37 所示。SDH 设备加电检查完成后,应当进行系统调测,包括指标测试、自环测试、网管测试、系统功能测试和系统性能测试等。其中,指标测试和自环测试属于单站设备的测试,只有单站设备测试通过后,才能连通子网的各网元设备进行全网测试。在测试过程中,应记录相关的测试数据,以备今后查询。

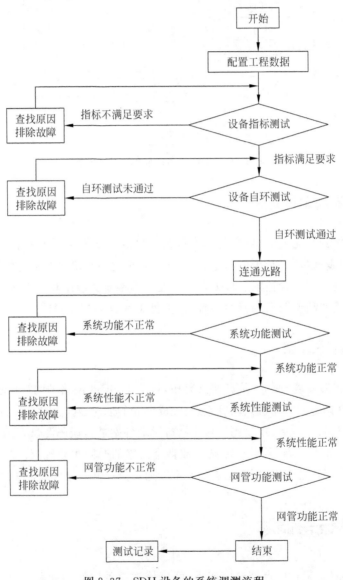

图 8.37　SDH 设备的系统调测流程

8.6.2　配置并连接网元

为使 SDH 设备按照工程组网的要求工作,需要对各站设备进行数据配置,即通过网管软件完成网络数据的配置、网元初始参数的配置并下载网元配置数据到设备主控板中。

1. 网络数据配置

一般情况下,在随设备提供的网管软件安装盘中都包含有根据合同配置的网络数据,只需利用网管软件中的恢复功能将系统配置数据恢复即可。若工程配置变更或进行设备测试,需要重新配置数据。

2. 配置网元初始参数

对于未经配置的 SDH 设备,需要对网元 NCP(主控板)进行配置,将网元初始参数写入网元 NCP 板的数据库芯片中。只有经过配置的网元才能够与网管计算机连接起来,进行配置和管理操作。

8.6.3　光口测试

光口测试主要包括平均发送光功率、接收灵敏度、接收动态范围、各站点平均收光功率等指标。

1. 平均发送光功率

(1) 基本概念

平均发送光功率定义为当发送伪随机序列信号时,在发送点所测得的平均光功率。

(2) 测试配置

测试仪表为 SDH 传输分析仪和光功率计,其测试连接如图 8.38 所示。

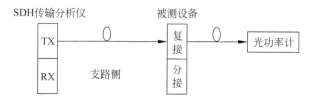

图 8.38　平均发送光功率测试连接图

(3) 测试步骤

按图 8.38 所示连接好电路,光功率计的测试波长设置在 SDH 设备的发送波长上。待 SDH 设备输出光功率稳定后,用光纤跳线将被测光口与光功率计连接起来,就可从光功率计的显示屏上读出 SDH 的平均发送光功率。

(4) 指标要求

SDH 设备各种光接口平均发送光功率的指标要求如表 8.3 所示。

表 8.3　SDH 设备各种光接口平均发送光功率的指标要求

要求指标　　　光接口类型	S-1. x	L-1. x	L-4. x	S-16. x	L-16. x
平均发送光功率/dBm	−15～−18	−5～0	−3～2	−5～0	−2～3

（5）操作注意事项

① 该项测试一定要清洁光纤的光接头，并保证连接良好。

② 如有需要，可用光纤连接器和测试光纤的衰减值对光功率计测得的平均发送光功率进行修正。

③ 如对测试精度要求较高，可通过多次测试取平均值，再用光纤连接器和测试光纤的衰减值对平均值进行修正。

2. 接收灵敏度和过载光功率

（1）基本概念

SDH 光接口的接收灵敏度是指在保证一定误码率的前提下，SDH 设备正常工作时，光接收口所接收到的最低光功率，其单位为 dBm。

SDH 光接口的过载光功率是指在保证一定误码率的前提下，SDH 设备正常工作时，光接收口所能承受的最大光功率，其单位为 dBm。

SDH 光接口的动态范围是指在保证一定误码率的前提下，SDH 设备正常工作时，光接收口能够接收最小光功率和最大光功率的能力，其单位为 dB。

（2）测试配置

测试仪表为 SDH 传输分析仪、可变光衰减器和光功率计，其测试连接图如图 8.39 所示。

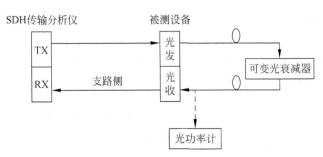

图 8.39　SDH 光口接收灵敏度和过载光功率测试连接图

（3）测试步骤

① 将 SDH 传输分析仪接入被测设备的某一支路，选择适当的伪随机码作为测试信号，将可变光衰减器置于 10dB，此时应无误码。

② 逐渐增加可变光衰减器的衰减量，直到出现误码，但不超过规定的 1×10^{-10}。

③ 当误码率达到规定值时，将被测设备接收光口的光纤跳线拔出，接到光功率计的测试接口上。此时测得的光功率就是 SDH 光接口的接收灵敏度。

④ 恢复到步骤①。

⑤ 逐渐减小可变光衰减器的衰减量,直到出现误码,但不超过规定的 1×10^{-10}。

⑥ 当误码率达到规定值时,将被测设备接收光口的光纤跳线拔出,接到光功率计的测试接口上。此时测得的光功率就是 SDH 光接口的过载光功率。

(4) 指标要求

SDH 设备各种光接口的接收灵敏度和过载光功率的要求如表 8.4 所示。

表 8.4　SDH 设备各种光接口的接收灵敏度和过载光功率的要求

要求指标　　光接口类型	S-1.x	L-1.x	L-4.x	L-16.1	L-16.2
接收灵敏度/dBm	−28	−34	−28	−27	−28
过载光功率/dBm	−8	−10	−8	−9	−9

3. 平均收光功率

(1) 基本概念

平均收光功率是指上(下)游站点发送过来的,在本站接收到的伪随机数据序列的平均光功率。

(2) 测试配置

测试仪表为光功率计。测试时,只要把欲测试的上(下)游站点光缆线路的尾纤接到光功率计的测试端口,打开光功率计的电源,设置好测试波长,即可从光功率计的显示屏上读出平均收光功率。

(3) 指标要求

平均收光功率应大于 SDH 设备相应型号光板的光接收灵敏度,但要小于相应型号光板的过载光功率。

(4) 操作注意事项

测试前用脱脂棉蘸纯酒精将光缆线路的尾纤擦拭干净,待酒精干后,再进行测试。

4. 光输入口允许频偏和输出口 AIS 信号比特率

(1) 基本概念

输入口允许频偏是指当 SDH 光输入口接收到频率偏差在规定范围内的信号时,输入口仍能正常工作(通常以误码率不大于 1×10^{-10} 来判断),一般以 ±ppm 来表示。

输出口 AIS 信号比特率是指在 SDH 光输入口出现信号丢失等故障的情况下,应从输出口向下游发出 AIS 信号,且其速率偏差在一定的容限范围内。

(2) 测试配置

测试仪表为 SDH 传输分析仪、15dB 固定光衰减器,其测试连接如图 8.40 所示。

图 8.40　输入口频偏和输出口 AIS 信号比特率测试连接图

（3）测试步骤

① SDH 传输分析仪按被测接口速率等级发送光信号，测试图案为 $2^{23}-1$，被测设备将信号从内部环回。测试仪接收端接收环回的测试信号并检查误码。当频偏为零时，应无误码。

② 从 SDH 传输分析仪的相关菜单上增加正频偏，直到产生误码；再减少频偏，直到误码刚好消失，记录此时的正频偏值。

③ 从 SDH 传输分析仪的相关菜单上增加负频偏，直到产生误码；再减少频偏，直到误码刚好消失，记录此时的负频偏值。

④ 将 SDH 传输分析仪的发送信号断开，在 SDH 传输分析仪的接收端口应能收到 AIS 信号，从测试仪上可直接读出 AIS 信号的比特率。

（4）指标要求

SDH 设备光输入口允许频偏大于 ±20ppm。SDH 设备光输出口 AIS 速率偏差要求在 ±20ppm 以内。

8.6.4　电接口测试

SDH 电接口的主要指标有输入口允许频偏和输出口信号（包括 AIS 信号）比特率容差。

（1）基本概念

输入口允许频偏是指当 SDH 电接口的输入口接收到频率偏差在规定范围内的信号时，输入口仍能正常工作（通常以误码率不大于 1×10^{-10} 来判断），一般以 ±ppm 来表示。

输出口信号（包括 AIS 信号）比特率容差是指 SDH 电接口的实际数字信号的比特率与规定的标称比特率的差异程度，应不超过各级接口允许的偏差范围，即容差。

（2）测试配置

测试仪表为 SDH 传输分析仪、频率计、15dB 固定光衰减器，其测试连接图如图 8.41 所示。

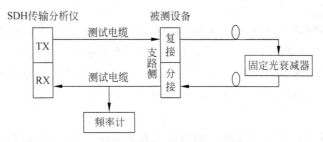

图 8.41　电接口比特率容差连接图

（3）测试步骤

① 按图 8.41 所示连接仪表与被测设备，逐个测试各支路口（2M、34M、140M 和 155M）。

② 按输入口速率等级，调节 SDH 传输分析仪输出信号的频偏至相应规范值。仪表接收侧应无误码。

③ 增加仪表输出信号的正频偏,直到产生误码,再减少频偏,直到误码刚好消失,记录此时的正频偏值。

④ 增加仪表输出信号的负频偏,直到产生误码,再减少频偏,直到误码刚好消失,记录此时的负频偏值。

⑤ 用数字频率计测出各支路的信号比特率,核对其数值是否满足规定的容差范围。

⑥ 断开 SDH 传输分析仪的发送电缆,在传输分析仪的接收端应能收到 AIS 信号,从测试仪上可直接读出 AIS 信号的比特率。

（4）指标要求

SDH 设备电接口的输入口允许频偏和输出口信号（包括 AIS 信号）比特率容差的标称指标如表 8.5 所示。

表 8.5　输入口允许频偏和输出口信号（包括 AIS 信号）比特率容差的标称指标

指标 接口速率/(Mb/s)	输入允许频偏/ppm	输出口比特率容差/ppm
2	＞±50	＜±50
34	＞±20	＜±20
140	＞±15	＜±15
155	＞±20	＜±20

（5）操作注意事项

一般情况下,设备的输入频偏都能满足指标,如设备难以达到指标,检查外时钟或仪表的内时钟准确度是否优于 1×10^{-7}。

8.6.5　抖动测试

SDH 的抖动指标主要有 STM-N 输出抖动、PDH 支路映射抖动、PDH 支路结合抖动等。抖动测试的具体操作请参见第 9 章的相关内容。

8.6.6　时钟性能测试

（1）基本概念

时钟性能测试是指自由振荡时的输出频率精度的测试。

（2）测试配置

测试仪表为数字频率计,其测试连接图如图 8.42 所示。

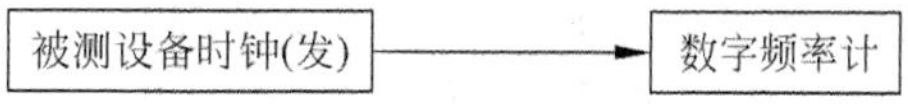

被测设备时钟(发) ——→ 数字频率计

图 8.42　时钟性能测试连接图

（3）测试步骤

按图 8.42 所示连接仪表与被测设备,用软件或硬件方法设定 SDH 设备的时钟工作于自由振荡方式,由数字频率计读出被测设备时钟盘的输出频率,数小时后再测试一次,每次结果应满足标称频率的要求,测试时间持续 24 小时。

（4）指标要求

在自由运行状态下，SDH 终端设备时钟盘的输出频率偏差应不大于 4.6ppm；对于 SDH 中继设备，其时钟盘的输出频率偏差应不大于 20ppm。

8.6.7　设备自环测试

用尾纤将相应的光接口自环，选取一个 2M 支路连接误码仪进行测试，测试时间不短于 10 分钟，测试时间内应无误码。进行自环时，应选用适当的光衰减器（固定的或可变的都可以），防止光接收口因过载而误码或损坏光接收模块。

8.6.8　连通光路

各站加电自环测试后，应选取本站的收光尾纤测试本站的接收光功率。如收光功率太低或收无光，应对尾纤、光缆衰减进行检测，查找原因并进行处理；如收光功率过强，可在线路中加入固定光衰减器。收光功率正常后，将尾纤接入相应的光板接口，连通光路。

8.6.9　公务电话和业务检查

系统光路连通后，应首先检查公务电话功能是否正常，检测项目有选呼和群呼的测试。正常的公务功能标志着整个光路的传输基本正常，同时便于系统调试时各局站间进行联络。

在主站选取一条业务支路，将对端站点相应的支路进行环回。主站接入误码仪，对选取的支路进行误码测试。每站任选一条业务支路进行这样的误码传输，测试时间为 10 分钟左右。如无误码，则换下一站点。所有站点均测试正常后，在每个站点选取一个或几个支路电接口串联起来，在主站接入误码仪进行 24 小时误码测试（测试要求误码率不大于 1×10^{-10}）。建议同时进行抖动输出指标检查。

8.6.10　保护功能和同步检查

业务检查完成后，应对热备份机盘的自动切换功能以及网络中业务的倒换功能进行检测，确认保护操作能准确无误地进行，业务能够快速恢复，DCC 通道可以自动恢复，倒换后系统的误码等指标应满足要求。测试的方式一般采用抽拔机盘、尾纤，插入误码等方式。

为观察整个子网的同步情况，首先应检查全网的时钟配置，然后通过网管界面检查指针调整是否频繁，如没有指针调整或很长时间才有一个指针调整，表示全网时钟已同步。

8.6.11　性能及网管功能检查

通过网管对各站点上报的性能数据进行查询,如有性能异常数据上报,应确认其告警级别,分析故障原因,尽快加以解决。

对网管软件的各项功能进行操作,确保操作功能正常并能监控各网元。如有个别操作功能无法实现,应及时查找原因并加以解决。

小结

SDH 光传输设备系统结构可分为硬件和软件两大部分,其硬件包括机柜/子架及机盘,软件为 SDH 网管系统。SDH 设备的安装调试流程为安装准备、硬件安装、软件安装、单点调试、系统联调。SDH 设备的安装和单点调试完成后,应该连通各网元的光路,对整个系统进行设备调测。SDH 的硬件系统一般可分为业务交叉单元、系统时钟单元、业务接口单元、网元控制单元、公务和辅助接口单元,各功能单元通过业务总线、控制总线等相互连接组成一个完整的系统。SDH 光传输设备的网管软件在层次上可分为三层,由下往上分别为设备层 MCU、网元层 Agent、网元/子网管理层 Manager。SDH 网管系统可划分为系统管理、配置管理、告警管理、性能管理、安全管理、维护管理六大管理功能。

习题与思考题

8.1　SDH 光传输系统的结构可分为哪两大部分? 各部分分别是什么?

8.2　SDH 设备调测的主要内容有哪些?

8.3　SDH 设备的光口测试包括哪些内容?

8.4　SDH 设备的自环测试该如何进行? 进行该测试时,选用的光衰减器有什么作用?

8.5　系统光路连通后,为什么首先检查 SDH 设备的公务电话功能?

8.6　业务检查完成后,紧接着应进行 SDH 设备哪项功能的检查? 此项检查如何操作?

8.7　SDH 的硬件系统一般包括哪些功能单元? 各功能单元是通过什么连接的?

8.8　各单板之间有什么联系?

8.9　SDH 光传输设备的网管软件在层次上可分为几层? 各层的相互关系如何?

8.10　SDH 光传输设备网管组网方式主要有哪 4 种?

8.11　SDH 光传输设备的远程网管的定义是什么? 它与主要的组网方式有何关系?

8.12　SDH 网管系统的管理功能有哪 6 项?

8.13　网管功能在主界面上是以什么方式来体现的?

8.14　如何进入网管软件的主界面? 主界面上主要有哪些内容?

第 9 章

光纤通信常用仪表及应用

内容提要：

- 光时域反射仪的原理及使用方法
- 光功率计的构造及使用
- 误码测试仪的构造及使用
- SDH/PDH 传输分析仪的原理及使用

为了在光纤通信设备的生产和日常维护中及时发现设备故障,在光缆的生产、架设和维护中及时判断故障点,需要采用一些光纤通信的专用仪表进行测试。由于光纤通信载体和媒质的特殊性,使这些仪表具有精密、昂贵等特点。认真学习光纤通信常用仪表的特性及操作,既可以在光纤通信系统的生产和维护中熟练地使用仪表以便及时发现故障,又可以有效避免对这些精密仪表的损伤,其意义相当重要。下面将对光纤通信中常用的光时域反射仪(OTDR)、光功率计、误码测试仪、数字传输分析仪、光谱分析仪的特性和一些基本操作进行介绍。

9.1 光时域反射仪(OTDR)

光时域反射仪(OTDR)又称为后向散射仪或光脉冲测试仪,可用来测试光纤故障点、光纤的平均衰减系数、接头损耗、沿光纤长度衰减系数的变化等指标,是光纤光缆生产、施工及维护不可缺少的重要仪表。

9.1.1 OTDR 的工作原理

OTDR 的工作原理与光学雷达相似,当在光纤输入端注入一个强光脉冲并沿光纤传输时,由于光纤内部存在微小的不均匀而产生瑞利散射,从而产生反射光,该反射光经定向耦合器后由检测器收集并转换成微弱的电信号,最后对这些微弱的电信号进行放大,经过相应处理后,用显示器将测试数据显示出来。OTDR 的原理框图如图 9.1 所示。

9.1.2 OTDR 的使用方法

1. OTDR 面板及功能键说明

OTDR 的面板如图 9.2 所示。图中:

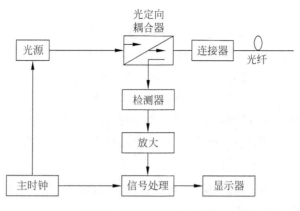

图 9.1　OTDR 的原理框图

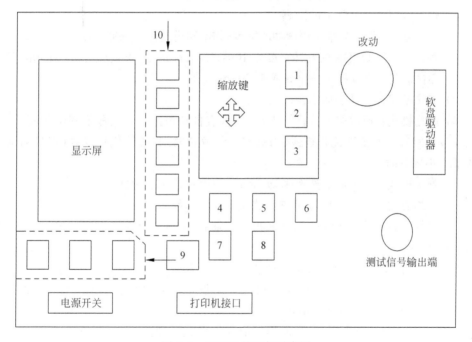

图 9.2　OTDR 的面板示意图

（1）1 号键是游标键，使游标在 A—B—C—AB—A 间滚动激活。

（2）2 号键是局部键，激活以游标为中心的区域，对曲线进行放大。如游标 AB 被激活，显示区域为 AB 之间的区域。

（3）3 号键为全景键，显示整条测试曲线。

（4）4 号键为存储键，将 OTDR 测试的曲线存储到指定的磁盘中。

（5）5 号键为轨迹/事件键，可将显示的内容改变为轨迹或事件表。

（6）6 号键为开始/停止键，用于仪表测试的开始或停止。

（7）7 号键为打印键，用于控制 OTDR 的打印输出。

（8）8 号键为自动键，可使仪表进入自动模式，连按两次可使 OTDR 的优化模式为标准模式。

(9) 9 号键群为两个聚焦键和一个"帮助"键。

(10) 10 号键群为测量功能键群,每个功能键可激活一系列相对应的测试菜单。测量功能键有 3 层显示方式,习惯上用 1/3、2/3 和 3/3 菜单来表示。这 3 类菜单的选项如下:

① 1/3:由设置、分析、文件、查看和配置选项组成。

② 2/3:由开始位置、区间、脉宽、波长和平均时间选项组成。

③ 3/3:由概览、最优化、折射率(IOR)、垂直偏移等选项组成。

2. 测量参数

OTDR 的测量参数包括起始位置、测试区间、脉冲宽度、测试波长、工作模式、优化模式、测量模式、平均时间等参数。

(1) 起始位置:一般将被测光纤的起始点定为测试的开始位置。

(2) 测试区间:设定测量的距离。

(3) 脉冲宽度:设定测量所用脉冲的宽度,如不知道具体的脉冲宽度,可采用自动测试方式进行测试。一般 OTDR 的脉冲宽度有 10ns、30ns、100ns、300ns、$1\mu s$、$3\mu s$ 和 $10\mu s$ 等。

(4) 测试波长:可选择 1310nm 或 1550nm。

(5) 工作模式:选择手动或自动模式。

(6) 优化模式:根据需要选择标准模式(仪表自动选择模式)、分辨率优化模式(当被测光纤较短时)、动态范围优化模式(当被测光纤较长时)和线性优化模式(当只测试光链路的某一小部分时)。

(7) 测量模式:根据需要选择平均、刷新、回损和连续等模式。

(8) 平均时间:测试平均时间一般设为 1 分钟为好。

(9) 光纤参数:设置光纤的折射率和散射系数,折射率由光缆生产厂家提供,散射系数通常设为 40~50。

(10) 事件门限:设置反射、非反射事件及光纤末端的门限值。

(11) 非反射事件:当事件的插入损耗大于设定值时,仪表才判定为一个非反射事件;小于设定值时,不作为事件出现。

(12) 反射事件:原理同上,一般用反射损耗来表示,通常在 -40dB 左右。

(13) 光纤末端:原理同上,一般设定为 3dB 左右。

(14) 连接器告警级别:主要指仪表输出插头和输出告警级别的设置,一般设定在 -30dB 左右。

3. 测量参数的设定

参数设置方法有两种,一种用 2/3 和 3/3 的相关单项进行设置;另一种方式则选择 3/3 中的概览项统一设置参数,此方式为常用设定方式。统一设置参数概览显示如图 9.3 所示。

参数设置的步骤如下:

(1) 首先选择 3/3 菜单,再选择其中的概览项,在显示屏上将显示如图 9.3 所示的画面。

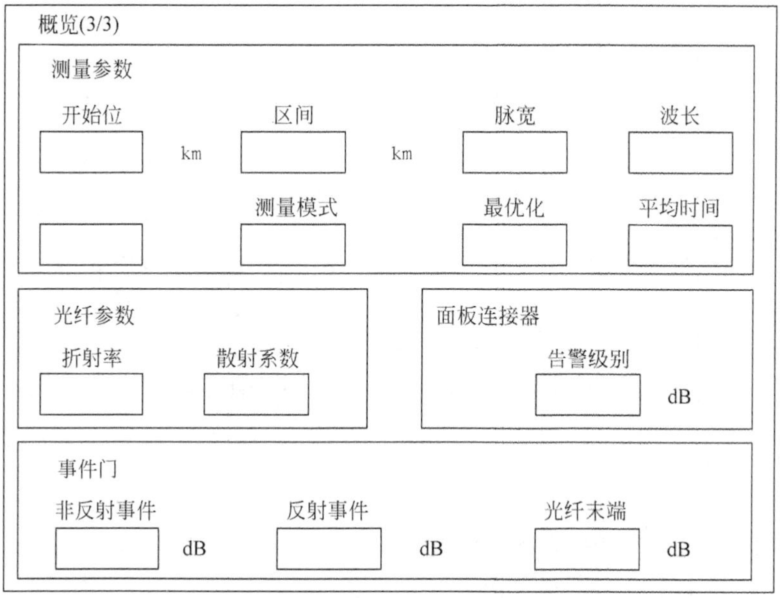

```
概览(3/3)

  测量参数

    开始位          区间              脉宽        波长

    ┌──────┐      ┌──────┐        ┌──────┐   ┌──────┐
    └──────┘ km   └──────┘ km     └──────┘   └──────┘

              测量模式            最优化      平均时间

              ┌──────┐         ┌──────┐   ┌──────┐
              └──────┘         └──────┘   └──────┘

  光纤参数                      面板连接器

    折射率      散射系数                  告警级别

    ┌────┐   ┌────┐                  ┌──────┐
    └────┘   └────┘                  └──────┘ dB

  事件门

    非反射事件          反射事件          光纤末端

    ┌────┐            ┌────┐          ┌────┐
    └────┘ dB         └────┘ dB       └────┘ dB
```

图 9.3　统一设置参数概览示意图

（2）旋转改动旋钮，光标跟随移动，当移动到设置点时按下改动旋钮，再次旋转改动旋钮改变数据，调整好后按下改动旋钮确认输入，该参数设置完毕。按此法设置完所有应设置的参数。

（3）按确认功能键，确认所设参数。此时，概览菜单消失，所设参数被记录，参数设置完成。如按取消功能键，则所设参数作废，仪表将采用最近一次所设置的有效参数。

4. 单盘光缆的测试

（1）测试步骤

① 开机。

② 参数设置（选择 3/3 菜单，按图 9.3 所示设置参数）。

③ 按测试开始键（按下开始键输出指示灯亮，测试结束指示灯熄灭）。

④ 存储测试曲线（起文件名、确认、存储测试结果）。

⑤ 曲线分析。

（2）基本术语

① 非反射事件

光纤的熔接头和微弯都会带来损耗，但不会引起反射，称为非反射事件。非反射事件在 OTDR 的曲线上，以背向散射电平上附加一个突然下降台阶的形式表现出来，其在竖轴上反射损耗的改变即为该事件的损耗大小，如图 9.4 所示。

② 反射事件

活动连接器、机械接头和光纤中的断裂点都会引起损耗和反射，这些反射幅度较大的事件称为反射事件。反射事件的损耗由测试曲线上反射峰的幅度所决定。

③ 光纤末端

如果光纤末端的端面平整，会出现反射峰，否则不会出现反射峰。

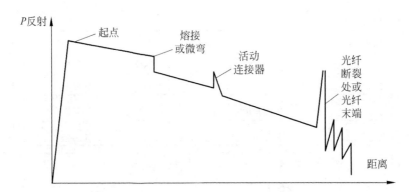

图 9.4　OTDR 测试事件联系及曲线显示

（3）注意事项

① 确定游标

起始游标 A 必须避开仪表输出插头的反射峰尾部，末端游标 B 应在光纤末端反射峰的上升沿起点上，或在下降转折点上。

② 单盘光缆的纤长

单盘光缆的纤长为游标 A 和 B 之间的距离。当不使用尾纤辅助测试时，起始游标置 0km 处。

③ 曲线观察

当曲线中有非反射事件时，为判明这些细微的损耗，可用游标 C 进行观察。具体方法为：把游标 C 移动到需要观察的事件点上，按下"局部键"，显示屏上将显示游标 C 两侧区域内的曲线（局部放大），此时可详细观察事件点及其周围的情况。

④ 损耗测试

平均损耗：单盘光缆的平均损耗可在显示屏下方游标信息栏内找到。

两点间衰减：打开功能键的分析菜单，旋转改动钮中两点的衰减项，按下确认键，再查看游标信息栏内 A 和 B 两点间的损耗，即为两点间衰减。

5. 中继段的测试

（1）测试步骤

与单盘光缆的测试相似。

（2）注意事项

① 光纤尾端定位

在中继段的测试中，光纤尾端反射峰较陡且窄，为准确测量光纤长度和其他指标，需把游标 B 放在背向散射与反射峰上升沿交汇处。具体方法如下：移动游标 B 至反射峰左边大致位置，然后按"局部"键，此时显示屏会显示游标 B 周围放大后的曲线，转动改动旋钮使游标 B 准确移至反射峰上升沿处。

② 整条链路损耗测量

将游标 B 置于光纤尾端，将游标 A 置于光纤的始端，此时在游标信息栏就可得到整条链路的损耗。

③ 光纤衰减

光纤衰减是指光纤的千米损耗。在全景状态下,把显示屏上的"2-pt. att(两点间衰减)"或"2-pt. loss(两点间损耗)"改为"LSA-Att(最小二乘法衰减)",通过游标键的切换,选择同时激活游标 A 和 B,通过改动旋钮来同步移动游标 A 和 B,即在移动过程中,两个游标保持间距不变,这样就可在游标信息栏中读出光纤衰减值来。

④ 反射事件的反射损耗

把游标 C 移动到要分析的反射事件点上,利用改动旋钮顺次激活并放置 3 个辅助标记,在游标信息栏中 C 点的反射损耗即为该反射事件的反射损耗。

对于三个辅助点的设置,第一个点应放在与该事件点尽可能远但又不超过前一事件点的位置上;第二个点放置在该事件刚刚开始处;第三个点放置在该事件的反射峰上。

⑤ 非反射事件的插入损耗

把游标 C 移动到要分析的非反射事件点上,利用改动旋钮顺次激活并放置 4 个辅助标记,在游标信息栏中 C 点的插入损耗值即为该事件的插入损耗。

4 个辅助点的设置:按下改动钮激活第一个辅助点,第一个点应放在与该事件点尽可能远但又不超过前一事件点的位置上,再次按下改动钮进行确认;第二个点放置在该事件的起始点;第三个点放置在所测事件的终止点;第四个点放置在远离所测事件但不超过后一事件处。

9.2　光功率计的使用

9.2.1　光功率计简介

1. 光功率计概述

光功率计是检测光纤通信设备(PDH、SDH 及光纤收发器等)和光缆、光纤故障的常用仪表,主要用于测试光纤通信设备光接口的发送光功率和接收光功率、光缆以及光纤的输入端和输出端光功率。其具体运用如下:

(1)用光功率计测得的光纤通信设备光接口的发送光功率和接收光功率,与光纤通信设备光接口的规定指标相比较,可判断光纤通信设备是否能正常工作,甚至可判断系统不能正常工作是由光纤通信设备故障引起的还是由光缆(或光纤)线路故障引起的。

(2)用光功率计测得的光缆或光纤的输入端光功率(P_{in})和输出端光功率(P_{out}),P_{in}和 P_{out} 的差就是这段光纤通信线路的损耗值。如果知道这段光通信线路的长度和其两端光纤通信设备的工作波长(1310nm 时光纤的损耗系数取 0.4dB/km,1550nm 时光纤的损耗系数取 0.2dB/km),就可计算出这段光通信线路的理论损耗值。若光通信线路的测试损耗值高于理论损耗值太多,可判定这段光纤通信线路的损耗过大,此时应使用光时域反射仪 OTDR 进一步确定线路损耗过大的原因及断路点的具体位置。

由于光功率计体积小、便于携带、价格便宜、使用简便,因此成为在光纤通信系统测试和维护中最基本、使用最广的仪表。

2. 光功率计的构造

光功率计的结构非常简单,其外观和常用按键如图 9.5 所示。在图 9.5 中,各标注点的说明如下:

(1)功率计探头:是光功率计与测试光源的接口,平时戴有一个塑料防尘帽防止灰尘等杂物落入探头的活动连接器内。使用光功率计时,需将塑料防尘帽拧下;测试完成后,应将塑料防尘帽拧上。

(2)功率计电源开关:一般标识为"ON/OFF"。光功率计一般采用电池供电,某些光功率计带有充电器,可对电池充电,或在电池失效时对光功率计供电。

(3)波长选择键:一般标识为"λ",按动此键,可选择测试波长,一般可供选择的测试波长有 850nm、1300nm、1310nm、1480nm 和 1550nm。

图 9.5　光功率计外观简图

(4)光功率计电平显示键:一般标识为"dBm",按动此键,显示屏显示的光功率单位就为"dBm"。此时,测得的光功率的电平值显示在液晶屏的中间,所测光信号的波长值显示在液晶屏的下方,如图 9.6 所示。

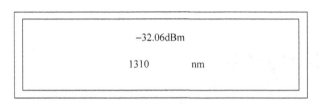

图 9.6　光功率计的电平显示

(5)光功率计功率显示键:一般标识为"WATT",按动此键,显示屏显示的光功率单位就不是电平值,而是常用功率单位,如"mW"、"μW"等。其显示模式与图 9.6 类似,只是将其中的电平单位"dBm"换成了"μW"。

(6)自动清零键:一般标识为"CLEAR",按动此键,可清除前次测量的记录,以便进行下一次测量。

(7)相对测量键:一般标识为"dBrel",按动此键,则仪表进入相对测量状态,此时测试值显示在液晶显示屏的左下方,相对值显示在液晶屏中间,小字符 REL 作为相对测量的状态标志显示在液晶屏的下方,如图 9.7 所示。

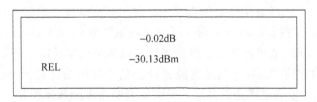

图 9.7　相对测量的显示

9.2.2　光功率计的使用

光功率计主要用于测试光端机的光接口的收/发光功率,测试时要注意以下步骤。

1. 确定光功率计是否完好

这个步骤很容易被大家忽略,这样会造成测试的偏差或错误的判断。正确的方法是:

(1)检查光功率计的电池电量是否充足。如显示屏上有电池的符号如图 9.8 所示,则表明光功率计的电池电量不足,需更换电池或充电。

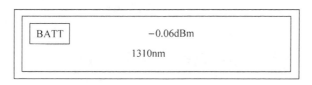

图 9.8　光功率计电池不足时的显示

(2)检查光功率计是否能正常显示测试功率。若打开光功率计后,显示屏能显示波长等数据,证明光功率计显示系统正常;否则,表明光功率计的显示系统有故障。

(3)检查光功率计的探头。首先,检查探头的活动连接器(法兰盘)与仪表的固定是否牢固,其上的固定螺丝是否松动,活动连接器是否清洁;其次,将光功率计探头的防尘帽打开,将光功率计的探头对着较强的阳光或灯光,光功率计应有$-40\sim-60$dBm 的电平值显示,若没有,则光功率计的探头不够灵敏。

2. 用光功率计测试光端机发光功率

用光功率计测试光端机发光功率时,需用一根 1.5～5m 的光跳线,把光端机发光口和光功率计的探头连接起来,如图 9.9 所示;然后打开光功率计的电源开关,选择与光端机发光波长相同的测试波长,按动电平显示键,即可从显示屏上读出光端机发光功率的电平值,这一数值可近似作为光端机输入光缆的光功率。

图 9.9　光功率计测试光端机发光功率连接图

3. 用光功率计测试光缆的输出功率

光端机发出的光信号通过光跳线经发送端光缆的终端盒送入光缆,经光缆传输后在接收端光缆的终端盒输出。测试光缆的输出功率是光纤通信维护的基本操作,其连接方式类似图 9.9,只是将图中的光端机换成光缆终端盒。

4. 注意事项

使用光功率计进行测试时要注意光功率计的量程,如光信号的功率大于光功率计的量程,则仪表不能显示具体的功率值,只有溢出显示,严重的会损坏仪表。光功率计的溢出显示如图 9.10 所示。

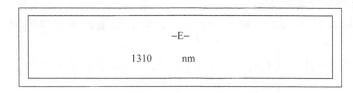

图 9.10　光功率计的溢出显示

9.3　误码测试仪及系统误码性能测试

9.3.1　误码测试仪简介

误码仪是在光纤通信设备生产和维护工作中使用最广泛的专用仪表之一,具有价格低、体积小、操作简单、便于携带等优点,主要用于对 PDH 设备电接口或 SDH 设备的 PDH 接口进行误码测试以及灵敏度等重要性能指标的测试。通过它测得的误码指标,是我们判断光纤通信设备是否合乎质量要求或是否运行正常的重要依据。

误码仪的结构和操作非常简单,掌握它的操作应首先了解它的面板及设置。下面以某典型误码仪为例进行说明。

误码仪面板结构主要有测试告警灯、测试接口、测试操作按键三大部分。

1. 误码仪的测试告警灯

误码仪测试告警灯在仪表面板的分布如图 9.11 所示,无告警时灯不亮,有告警时亮红灯。

2. 测试接口

误码仪的测试接口一般位于仪表的头部,是两个同轴插座,其中有"TX"标志的插座为仪表的发送插座,有"RX"标志的为仪表的接收插座。测试时,用两根与仪表插座相匹配的同轴测试电缆将仪表测试插座与光端机的被测电接口相连。注意,要将仪表的发送端与被测电接口的接收端相连,仪表的接收端与被测电接口的发送端相连,否则仪表会出现"AIS"或"中断"告警。

仪表头部还有一个 V.24 接口,可将测试数据通过其他设备传输,以便进行无人监控。

3. 测试操作按键

测试操作按键有电源开关(Power)、配置键(Set Up)、选择键(Select)、启动/停止键(Start/Stop)、G.821 显示键(G.821)、误码插入键(TX Bit Error)。下面分别介绍。

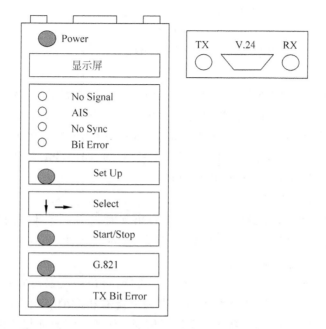

图 9.11 误码仪面板及表头接口示意图

(1) 电源开关(Power)

此键按一次即可打开,再按一次即关闭。若已测试完毕而要关闭仪表,需先按启动/停止键(Start/Stop)停止测试,再按电源开关(Power)关闭仪表电源,否则不能关闭仪表电源。

(2) 配置键(Set Up)与选择键(Select)

当打开仪表电源后,按配置键(Set Up),就可在显示屏中出现需要设置的数据,即时间设置、测试接口速率(2M、34M、140M)选择、测试间隔设置、测试信号的图案选择(一般多进行 2M 测试,此时测试信号的图案选 2^15-1)。这些设置的完成是通过按动选择键(Select)的下移按钮和左移按钮来实现的。

(3) 启动/停止键(Start/Stop)

仪表配置完成后,如仪表与光端机的测试电缆已连接好,按下启动/停止键(Start/Stop)即可进行测试。这时在仪表的显示屏上会显示如图 9.12 所示的信息。

运行时间:XX 天(d)XX小时(h)XX分(m)XX秒(s)

误码个数(BEC): XXXXXXX
误码率(BER): XXXX-10EXXX

图 9.12 误码仪测试的显示信息

当测试过程中没有任何告警时,运行时间会像时钟一样对测试时间计数,此时误码个数为"0",误码率在测试初期为 XXXX-10E8,即 10 的"-8"次方数量级。随着测试时间的积累,误码率逐渐变小,如连续 24 小时无误码,误码率可达到 10E12(10^{-12}),即万亿分之一。当测试中有告警出现时,运行时间会停止计数,误码个数和误码率将会有较大的数值,且仪表的告警灯显示有哪些告警类型。

若测试已开始,再按该键一次,则仪表停止测试。

(4) G.821 显示键(G.821)

如需要得到更详尽的数据,可按 G.821 显示键,这时仪表将测试结果按 G.821 标准显示。若显示屏可能一次不能把数据全显示出来,可按选择键(Select)的下移按钮翻页。G.821 标准显示的内容如下:误码个数(BEC)、误码率(BER)、误码秒(ES)、严重误码秒(SES)、无误码秒(EFS)、劣化分(DM)、不可用秒(US)、误码秒率(ES%)、严重误码秒率(SES%)、劣化分率(DM%)、不可用秒率(US%)。

(5) 误码插入键(TX Bit Error)

测试开始或结束时,怀疑仪表不能在误码出现时正确地计数,进行误码插入操作。若仪表测试显示误码个数为"0",用户质疑误码测试的正确性,此时可按误码插入键(TX Bit Error),显示屏上会出现插入误码的方式:

① Single——选择"Single(单个插入)"方式后,每按一次误码插入键可插入一个误码,这时原本为"0"的误码个数会变为"1",误码率会有相应的变化。这说明一旦有误码出现,仪表是能够正确计数的,测试结果是可信的;如插入误码而仪表没有显示,说明仪表有故障。

② 10E3——选择该方式后,仪表会自动按千分之一的误码率插入误码。这时,显示屏显示的误码个数和误码率都会有相应的变化。

③ 10E6——选择该方式后,仪表会自动按百万分之一的误码率插入误码。这时,显示屏显示的误码个数和误码率都会有相应的变化。

9.3.2　系统误码性能测试

系统误码性能测试主要用于光端机的生产和日常维护,其测试连接如图 9.13 所示。

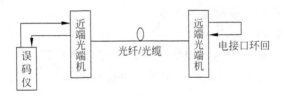

图 9.13　系统误码性能测试接线图

与误码仪用测试电缆直接连接的光端机称为近端光端机,远离误码仪的光端机称为远端光端机。若是生产测试,则两台光端机用光跳线临时连接;若是日常维护,则两台光端机通过光缆、光纤终端盒或光纤配线架、光跳线保持连接。

测试时,误码仪的测试口与光端机的被测电口通过测试电缆连接,远端光端机对应的电接口用环回电缆线进行环回(SDH 或部分 PDH 光端机可通过软件或拨动环回开关使远端光端机的指定电接口环回),然后打开误码仪的电源开关,进行速率、发送信号图案等设置,最后按动启动键,则可进行误码测试。

9.3.3 光端机灵敏度性能测试

灵敏度是 PDH 光端机和 SDH 光端机的重要指标,它是光端机正常工作时所必需的最小接收光功率,是决定中继距离的主要因素之一。光端机灵敏度的测试连接如图 9.14 所示。

光端机灵敏度性能测试的具体操作如下:按图 9.14 所示进行仪表和设备连接,误码仪与光端机的任一电接口用测试电缆连接,光端机光发送口通过光跳线连接到可变光衰耗器的输入口,可变光衰耗器的输出口通过光跳线连接到光端机的收光口。先在可变光衰耗器上加入

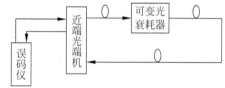

图 9.14 光端机灵敏度测试接线图

10dB 的衰耗,开启仪表和光端机的电源,逐渐增大可变光衰耗器上加入的衰耗,直到误码仪显示的误码率为 $-10E10$ 即 10^{-10} 为止。然后,将光端机收光口的光跳线拔出,用光功率计测试该光跳线输出的光功率,即为光端机的灵敏度,单位为 dBm。

9.4 数字传输分析仪及应用

9.4.1 SDH/PDH 传输分析仪简介

1. SDH/PDH 传输分析仪概述

SDH/PDH 传输分析仪主要用于 SDH 传输设备和 PDH 传输设备的测试分析,能进行 SDH/PDH 设备的误码、抖动、频率偏差等指标的测试,主要用于 SDH 和 SONET 网络的网元安装、维护和生产(PDH 的测试用误码测试仪或普通的传输测试仪即可)。目前,在通信行业中,惠普公司的 HP 37717C SDH/PDH 传输分析仪、安捷伦科技有限公司的 Agilent 37718SDH/PDH 传输分析仪使用较多。下面以安捷伦科技有限公司的 Agilent 37718 为例介绍 SDH/PDH 传输分析仪的使用。

2. Agilent 37718 的面板功能介绍

Agilent 37718 的前面板结构如图 9.15 所示,各数字标识说明如下:

(1) LCD Screen:Agilent 37718 分析仪的 LCD 屏幕,用于显示测量设置和结果等窗口,按从左到右、从上到下的顺序,分Ⅰ、Ⅱ、Ⅲ、Ⅳ四个区,如图 9.16 所示。

这 4 个窗口分别对应 5 个设置显示窗口 TRANSMITTER OUTPUT、RECEIVE INPUT、RESULTS、GRAPH、FUNCTION。其中,GRAPH 和 FUNCTION 两个设置选项共用第Ⅳ个窗口。当按下显示屏右边的功能按钮时,对应的设置窗口即为黑色。

(2) 项目选择按钮:该列按钮对应于光标所指项目的展开后分支,可直接单击选中。

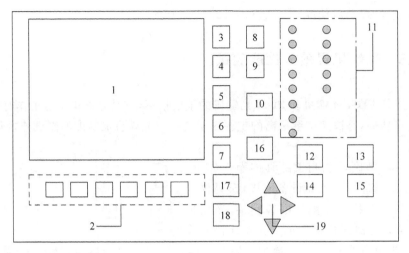

图 9.15　Agilent 37718 的前面板结构示意图

（3）TRANSMITTER：按下此键可以对发送信号进行设置，如图 9.16 所示，此时 I 窗口的 TRANSMITTER 窗口由蓝色变为黑色。

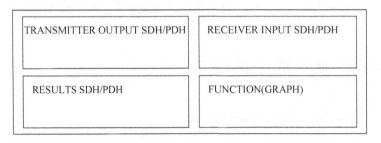

TRANSMITTER OUTPUT SDH/PDH	RECEIVER INPUT SDH/PDH
RESULTS SDH/PDH	FUNCTION(GRAPH)

图 9.16　SDH/PDH 分析仪窗口结构示意图

（4）RECEIVER：按下此键可以对接收信号进行设置，如图 9.16 所示，此时 II 窗口的 RECEIVER 窗口由蓝色变为黑色。

（5）RESULTS：按下此键可以选择测试结果观察窗口，如图 9.16 所示，此时 III 窗口的 RESULTS 窗口由蓝色变为黑色。

（6）GRAPH：按下此键可以选择测试结果历史记录，如图 9.16 所示，此时 GRAPH 窗口显示在 IV 区，同时会有测试结果的历史记录显示。

（7）OTHER：按下此键可以选择仪表设置选项窗口，如图 9.16 所示，此时 FUNCTION 窗口显示在 IV 区，同时会有各种仪表设置选项供选择。

（8）SMART TEST：进入仪表的智能测试模式，仪表提供的简便、快速测试模式。

（9）RUN/STOP：在进行项目测试时，设置完成后按下 RUN/STOP 键开始测试。如果要中止测试，按下 RUN/STOP 键停止测试。

（10）SINGLE：单次测试模式，每按下该按钮一次，仪表执行一次操作后自动停止。

（11）Alarm/Error：接收器的告警/错误，仪表上监测到的各类告警和误码信息就是通过这部分 LED 灯来指示的。

（12）SHOW：按下此键可使 LED 状态在当前告警和历史告警之间切换。

（13）HISTORY：该按钮用来记录历史告警数据。

（14）PAPER FEED：仪表自带打印机送纸按钮。

（15）PRINT NOW：在任何状态下都可使用 PRINT NOW 键进行存盘和打印操作。在 LOGING 选项中设置输出方式，按下 PRINT NOW 键将测试结果保存在指定设备中。

（16）LOCAL：该按键当 Remote LED 灯亮时有效，用于将分析仪设置为本地控制模式。

（17）SET：打开用于数据设定的选择、数码输入、字符串窗口。

（18）CANCEL：关闭用于数据设定的选择、数码输入、字符串窗口。

（19）光标移动键：用于移动屏幕或窗口中的光标。

3. Agilent 37718 的测试端子

Agilent 37718 的测试端子在仪表的侧面，如图 9.17 所示。各测试端子说明如下：

（1）Optics：1310nm/1550nm，52Mb/s～2.5Gb/s 全速率收发光模块。

（2）Analyzer：SDH 或 SONET 模式，52～155Mb/s 速率中电收/发模块，分离的时钟、帧脉冲和误码输出。

（3）Clock：10MHz，2Mb/s 与 1.5Mb/s 以及 64Kb/s 多种外同步时钟输入及 2Mb/s 时钟输出。

（4）PDH and DSH：PDH/T-载波收/发模块。

（5）Jitter：高至 2.5Gb/s 的抖动与漂移发生，自动抖动容限/传递以及外部抖动调制输入。

（6）Processor：中央处理单元模块，上面带有软盘驱动器、RS-232 接口、LAN 接口等。

（7）PSU：电源线接头及开关部分。

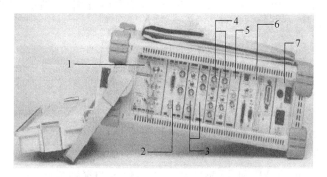

图 9.17　Agilent 37718 的测试端子

4. Agilent 37718 的基本操作

1）开/关机

在向 Agilent 37718 馈电之前，最好先给分析仪接上保护地，再把电源插头接上分析仪的 AC 电源插座。

37718 的电源开关位于分析仪的右侧电源线电源接头的旁边,按下"I"表示电源开启;按下"O"表示电源关闭。

2) 菜单设置方式

37718 的菜单为弹出方式的子菜单,在显示屏上,子菜单的每一行即为一个子项,如Ⅰ、Ⅱ、Ⅲ子菜单中,第一子项就是选择进行 SDH 测试或 PDH 测试。凡是可设置项均显示为白色,不可设置项均显示为黄色。

(1) 基本设置操作

① 移动光标到所要改变的子项上;

② 按下设置键 Set;

③ 弹出该子项的所有可选值,选择希望设置的选项;

④ 按 Set 键,可选项栏关闭,该子项就被设置了;

⑤ 如果想中途取消设置,按 Cancel 按钮。

(2) 通过显示屏下方对应的按钮设置

① 按下光标键,移动光标到指定子项;

② 屏幕下方将出现该子项可设置的各个参数选项;

③ 按下对应参数选项的按钮即完成设置。

3) 启动和关闭测试

最基本的方法是使用 Start/Stop 键来开启和关闭测试。在 Start/Stop 键上的 LED灯指示测试的状态。灯亮起,测试开始;在灯亮的情况下,按下 Start/Stop 键,测试终止。

5. Agilent 37718 菜单介绍

使用 Agilent 37718 仪表可测试 SDH 及 PDH 常见指标。下面分别介绍 TRANSMITTER OUTPUT、RECEIVE INPUT、RESULTS 和 FUNCTION 中各菜单的内容和设置方法。

(1) TRANSMITTER OUTPUT 中的菜单

TRANSMITTER OUTPUT 窗口包含以下菜单。

① 发送窗口的 MAIN SETTINGS 菜单:如图 9.18 所示,该菜单主要对仪表发送信号的各种参数进行设置。右上角选 SDH 时,为 SDH 发送信号参数设置;右上角选 PDH时,为 PDH 发送信号参数设置。它包含以下选项。

SIGNAL:设置发送信号类型。SDH 时可选择 STM-1OPT、STM-4OPT、STM-16OPT等,PDH 时可选择 2M、34M、140M 等。此后的 1310 表示信号波长,然后是激光器的开关状态,最后的 INTERNAL 和 THRO 选项表示仪表的穿通模式设置。选择 THRO 时,仪表为穿通。

CLOCK:设置仪表时钟的跟踪模式,自由振荡或跟踪接收信号时钟。如果仪表和设备时钟不同步,可能会有指针调整上报。

FREQUENCY OFFSET:设置线路信号的频偏(注意,此处是线路频偏,即同步传送模块的频偏,区别于下面的支路频偏)。关闭选择 OFF,打开选择 ON;在打开的情况下,可以通过 Set 键设置线路频偏值。

MAPPING：设置发送信号的映射结构。按 Set 键后可进入信号结构子菜单,按上、下键选择适当的映射方式,再按 Set 键完成设置。

2M OFFSET：该项是在支路中加入频偏即 PDH 支路的频偏,与线路频偏非同一概念。当映射结构为 34M 或 140M 映射时,该处相应变为 34M OFFSET 或 140M OFFSET。

STM-1♯ ? TUG3♯ ? TUG2♯ ? TU12♯ ?：选择仪表发送信号的通道位置,"♯"号后的"?"号为选定数值。如图 9.18 所示,这时选择仪表发送信号的通道位置由 STM-4 的第 3 个 STM-1 的第 1 个 TUG3 中的第 1 个 TUG2 的第 1 个 TU12 构成。

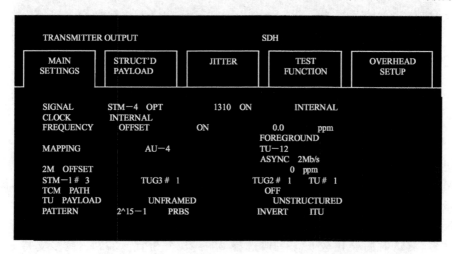

图 9.18　发送窗口的 MAIN SETTINGS 菜单及其选项

TCM PATH：TCM 的通道方式。TCM 是指 SDH 帧结构中的 N1、N2、N3 信息,用来传递各个厂家的接入点识别符。此项功能主要是帮助提供 SDH 汇接通道,进行快速故障和损伤测试。一般情况下,此项功能都是设置为 OFF。

TU PAYLOAD：设置 PDH 信号结构,可选 FRAME 和 UNFRAME,主要是指仪表发送的 PDH 净荷里是否带有 PDH 帧结构。对大多数 SDH 设备来说,对 PDH 的帧结构不作监测,所以一般选 UNFRAME。

PATTERN：发送信号的图案。当支路为 140M 映射时,选择 2^23-1 PRBS;当支路为 34M 映射时,选择 2^21-1 PRBS;当支路为 2M 映射时,选择 2^15-1 PRBS。

② 发送窗口的 STRUCTD PAYLOAD 菜单：该菜单主要对支路净荷的帧结构的参数进行设置,一般在支路信号净荷选择 FRAME 的时候才有效。SDH 的测试一般不涉及 PAYLOAD 净荷,所以 SDH 测试时,支路净荷都选 UNFRAME。

③ 发送窗口的 JITTER 菜单：如图 9.19 所示,该菜单主要对有关抖动和漂移方面的参数进行设置。它包含以下选项。

JITTER/WANDER：可选 JITTER(抖动)或 WANDER(漂移)。

JITTER：选择抖动的测试项目。选择 TOLERANCE,可以测试设备接收机的抖动容限;选择 JITTER FUN,可以测试抖动传递函数。

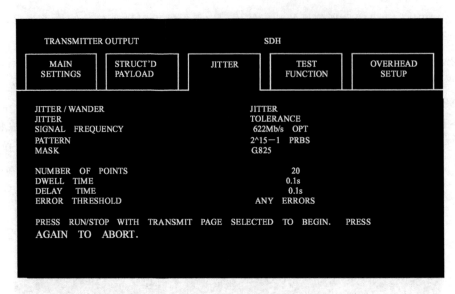

图 9.19　发送窗口的 JITTER 菜单及其选项

SIGNAL FREQUENCY：信号的速率，由 Main Setting 设置决定。

MASK：模板调用，一般测试支路电口抖动容限时选择 G. 823 High Q 模板，测试线路光口抖动容限时选择 G. 825 模板。

NUMBER OF POINTS：选择测试点数目。如果选择太少，会影响测试指标；如果选择太多，测试时间会比较长。一般选择 20～25 个为宜。37718 最多支持 55 个测试点。

DWELL TIME：设置测试点的停留时间。出厂默认为 1s，建议 5s。

DELAY TIME：设置测试点的间隔时间。出厂默认为 1s，建议 1s。

ERROR THRESHOLD：指 DWELL TIME 期间容许出现的误码数。一般选择 ANY ERRORS。

④ 发送窗口的 TEST FUNCTION 菜单：如图 9.20 所示，该菜单主要对仪表提供的一些测试功能（如映射抖动和结合抖动、告警和误码的插入等）进行设置。其中，在 TEST FUNCTION 选项，可选择测试信号的类型为 SDH 或 PDH。当选择的测试信号类型为 SDH 时，后面可选具体测试项目，包括 ERRORS& ALARMS＼ADJUST POINTER＼SEQUENCE APS MESSAGES、DCC INSERT、OVERHEAD BER 等，不同的测试项目将有不同的测试参数。

ERRORS& ALARMS：各类错误和告警的插入。支持的错误包括 A1 A2 FRAME、B1 BIP、B2 BIP、MS-REI、B3 BIP、HP-REI（140M 映射时）和 V5-BIP、LP-REI（2M 映射时）等；支持的告警包括 LOS、LOF、OOF、MS-AIS、MS-RDI、AU-LOP、AU-AIS、HP-RDI 等。

⑤ 发送窗口的 OVERHEAD SETUP 菜单：如图 9.21 所示，该菜单主要对发送信号的开销进行设置。它包含以下选项。

SETUP：可选择设置的开类型，包括 SOH（再生段和复用段开销设置）、POH（通道

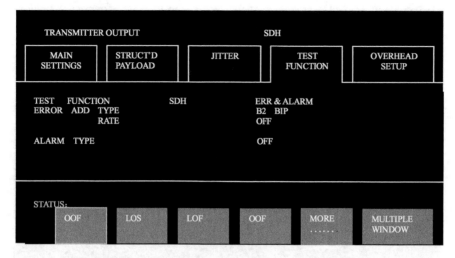

图 9.20　发送窗口的 TEST FUNCTION 菜单及其选项

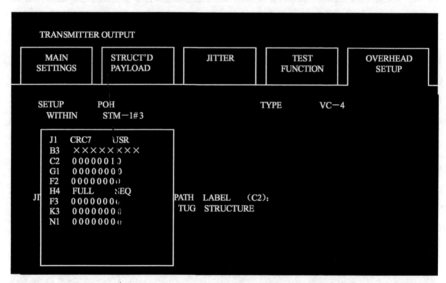

图 9.21　发送窗口的 OVERHEAD SETUP 菜单及其选项

开销设置）、TRACE MESSAGES（J0/J1/J2 追踪字节设置）、LABELS（S1/C2 标记字节设置）、default（所有开销恢复默认值）。

TYPE：可选择 VC4、VC3 和 VC12 级别，相应的开销设置也在高阶和低阶之间切换。例如，VC-4 时可设置 J1、C2；C12 时可设置 V5、J2 等。

（2）RECEIVER INPUT 中的菜单

① 接收窗口的 MAIN SETTINGS 菜单：如图 9.22 所示，该菜单主要对接收信号的各项参数进行设置。右上角选 SDH 时，为 SDH 接收信号参数设置；右上角选 PDH 时，为 PDH 接收信号参数设置。它包含以下选项。

SIGNAL：接收信号类型，如果是 SDH 信号，可以选择 STM-1OPT、STM-4OPT、STM-16OPT 等。

MAPPING：设置接收信号的映射结构。按 Set 键后可进入信号结构子菜单，按上、下键选择适当的映射方式，再按 Set 键完成设置。

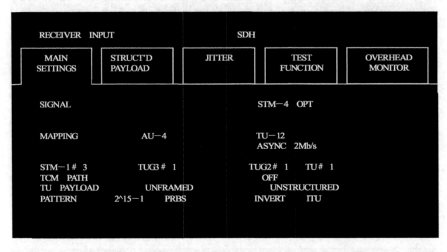

图 9.22   接收窗口的 MAIN SETTINGS 菜单及其选项

STM-1♯ ？TUG3♯ ？TUG2♯ ？TU12♯ ？：选择仪表接收信号的通道位置。

TCM PATH：TCM 功能测试，一般选择 OFF。

TU PAYLOAD：支路净荷帧结构设置，一般选择 UNFRAMED。

PATTERN：发送信号的图案。当支路为 140M 映射时，选择 2^23-1 PRBS；当支路为 34M 映射时，选择 2^21-1 PRBS；当支路为 2M 映射时，选择 2^15-1 PRBS。

② 接收窗口的 STRUCT'D PAYLOAD 菜单：该菜单主要对支路净荷的帧结构的参数进行设置，一般在支路信号净荷选择 FRAME 的时候才有效。SDH 的测试一般不涉及 PAYLOAD 净荷，所以 SDH 测试时，支路净荷都选 UNFRAMED。

③ 接收窗口的 JITTER 菜单：如图 9.23 所示，该菜单主要对接收信号的抖动和漂移功能参数进行设置。接收窗口的 JITTER 菜单包含以下选项。

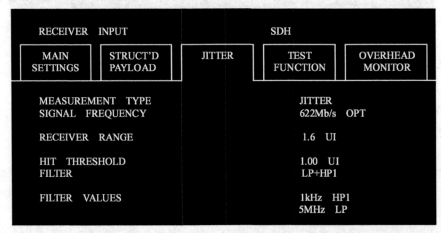

图 9.23   接收窗口的 JITTER 菜单及其选项

MEASUREMENT TYPE：设置测试的类型，可选择 JITTER（抖动）或 WANDER（漂移）。

SIGNAL FREQUENCY：接收信号速率，由 Main Setting 决定。

RECEIVER RANGE：设置仪表的抖动测试范围和精度。16UI 一般在测试有较大的输出抖动时用，对小的输出抖动精度很低。一般情况下，均设置为 1.6 UI。

HIT THRESHOLD：设置抖动测试阈值。一般设置为 1.00 UI。

FILTER：设置滤波器的类型。B1 滤波器对应 LP＋HP1；B2 滤波器对应 LP＋HP2。

FILTER VALUES：显示 B1 和 B2 的频率范围。选择不同的量程或不同的测试模板，将会有不同的频率值。一般按照测试规范设置即可。

④ 接收窗口的 TEST FUNCTION 菜单：该菜单主要对接收信号的测试功能进行设置，其设置与发送窗口的 TEST FUNCTION 菜单类似。

⑤ 接收窗口的 OVERHEAD MONITOR 菜单：如图 9.24 所示，该菜单是开销监控窗口，可以实时监控接收侧信号的开销情况。

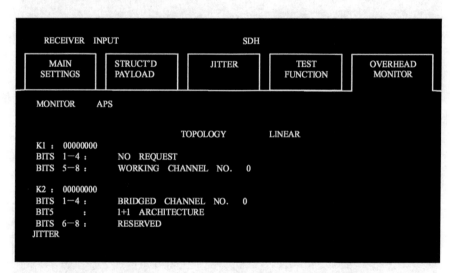

图 9.24　接收窗口的 OVERHEAD MONITOR 菜单及其选项

接收窗口的 OVERHEAD MONITOR 菜单的 MONITOR 选项用于选择监视开销类型，包括 SOH（再生段和复用段开销）、POH（通道开销，分高阶和低阶）、APS（复用段 K 字节监控，分线性和环型）、LABEL（S1/C2 标记字节）和 TRACE MESSAGES（J0/J1/J2 跟踪字节）等。

（3）RESULTS 中的菜单

此窗口是测试结果的显示窗口，在 RESULTS 中可选择多项显示结果，其常用的选项如下：

① SDH RESULTS：如图 9.25 所示，在该项目下，可显示 SDH 相关的测试项目结果，在 ERROR SUMMARY 下有各类型误码的误码值统计，可通过修改"RESULTS TYPE"（结果类型）后的选择项来切换误码块计数方式"counts"和误码率计数方式

"rats"。当测试周期误码时,要求零误码,所以选择 counts 按误码块计数;当测试接口灵敏度或过载点指标时,要求误码率在 $1*10$(Ⅰ类光接口)以下,所以选择 rats 按误码率计数。

```
RESULTS   SDH                      ERROR   SUMMARY
RESULT   TYPE                               COUNTS

FRAME                  0    TC－IEC        N/A
B1  BIP                0    TC－ERR        N/A
B2  BIP                0    OEI           N/A
MS－REI                0    TC－REI        N/A
B3  BIP                0    TU  BIP       ......
HP－REI            ......   LP－REI        ......
BIT                  N/A

AU  POINTER          719    TU  POINTER            13
STM－1#1   SS BITS    10   －>INDICATES  SDH
OPTICAL   POWER      1310  nm          －17.3  dBm
ELAPSED   TIME              00d  00h  00m  01s
```

图 9.25   误码统计的 RESULTS 菜单

② FREQUENCY:接收信号的频偏测试,可自动输出接收信号的频率、频偏绝对值和相对值。

③ OPTICAL POWER:仪表收光功率值和测试最佳收光范围提示,如图 9.26 所示。图中,"－17.0dBm"表示当前输入功率。测量抖动时,要求输入功率在－10~－2dBm之间;测量误码时,要求输入功率范围在－3~－28dBm 之间。

```
RESULTS    SDH                        OPTICAL   POWER
RX  WAVELENGTH                        1310  nm
            OUT  OF  RANGE
            BER  ONLY
            BER  &  JITTER


 OPTICAL  POWER   －17.0  dBm
 ELAPSED  TIME              00d  00h  00m  01s
```

图 9.26   光功率测试的 RESULTS 菜单

④ SERVICE DISRUPT:保护倒换时间测试,如图 9.27 所示,可实时监控所接业务的中断时间。37718 对倒换时间的测试精度可达到 $50\mu s$,分辨率为 $1\mu s$。

(4) FUNCTION 中的菜单

主要是对仪表本身的一些设置项,包括以下菜单。

① LOGGING 菜单:如图 9.28 所示,主要是日志存储的参数设置。该菜单有以下选项。

TEST PERIOD LOGGING:是否是周期性的测试。

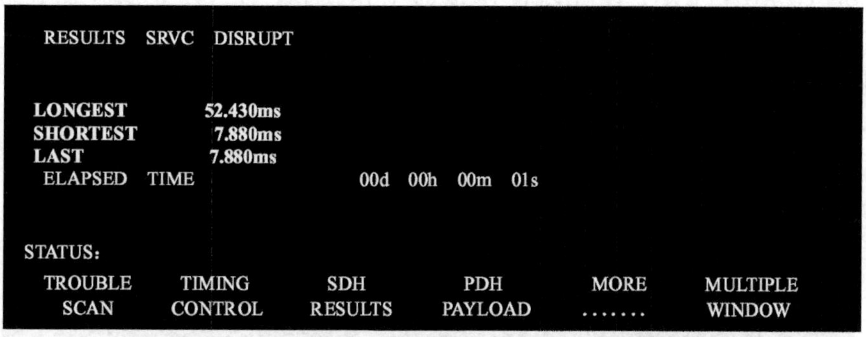

```
RESULTS   SRVC   DISRUPT


LONGEST          52.430ms
SHORTEST         7.880ms
LAST             7.880ms
  ELAPSED   TIME                    00d   00h   00m   01s


STATUS:
    TROUBLE        TIMING        SDH          PDH         MORE       MULTIPLE
     SCAN         CONTROL      RESULTS      PAYLOAD      .......      WINDOW
```

图 9.27　RESULTS 菜单的保护倒换时间测试

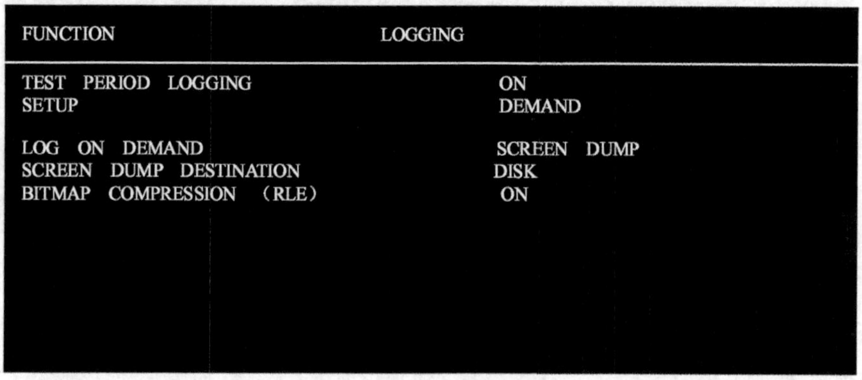

```
FUNCTION                      LOGGING


TEST  PERIOD  LOGGING                    ON
SETUP                                    DEMAND

LOG  ON  DEMAND                          SCREEN   DUMP
SCREEN  DUMP  DESTINATION                DISK
BITMAP  COMPRESSION   (RLE)              ON
```

图 9.28　LOGGING 菜单的设置

SETUP：可选择 LOGGING DEVICE（设置连接设备）、LOGGING CONTENT（设置连接容量）、LOGGING PERIOD（设置连接周期）和 LOGGING DEMAND（设置输出内容）。

② FLOPY DISK 菜单：如图 9.29 所示，主要是存取控制的设置。该菜单有以下选项。

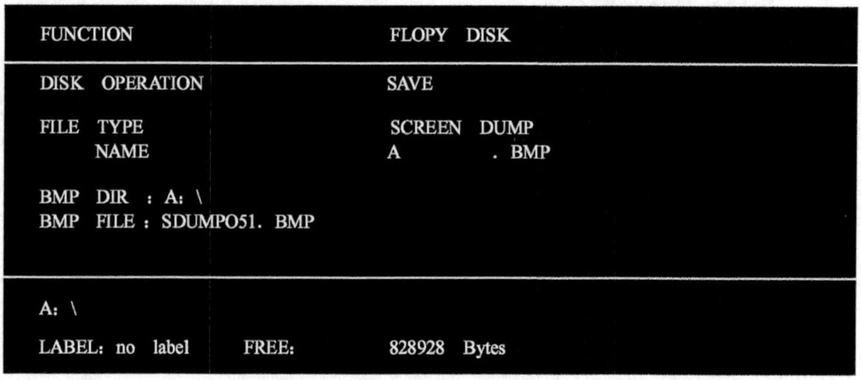

```
FUNCTION                  FLOPY  DISK


DISK  OPERATION           SAVE

FILE  TYPE                SCREEN   DUMP
    NAME                  A           . BMP

BMP  DIR  : A: \
BMP  FILE : SDUMPO51. BMP


A: \

LABEL: no  label     FREE:        828928   Bytes
```

图 9.29　FLOPY DISK 菜单的设置项

DISK OPERATION：设置硬件连接的工作模式。SEVE 表示存储在软盘中；PRINT 表示用仪表自带的打印机打印测试结果。

FILE TYPE：保存的文件类型，SCREEN DMMP 表示拷屏。

NAME：设置存储文件的名称。

设置完毕后，每次按下 Print Now 键即可实时打印结果信息或存为文件了。

③ SETTINGS CONTROL 菜单：如图 9.30 所示，该菜单属仪表控制选项，主要设置仪表的收/发是否一致。

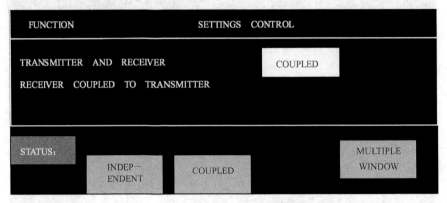

图 9.30　SETTINGS CONTROL 菜单的设置项

SETTINGS CONTROL 菜单中最常用的选项是"TRANSMITTER AND RECEIVER"。若该选项设为"INDEPENDENT"，表示仪表的收/发信号参数需要分别设置；若该选项设为"COUPLED"，表示仪表的收/发信号参数是一致的，只需要设置发送信号的参数，接收信号的参数会自动设置为同发送侧信号参数一样。

9.4.2　SDH/PDH 传输分析仪的抖动测试

1. SDH 的输入抖动容限测试

SDH 的输入抖动容限测试选用的测试仪表为 SDH/PDH 传输分析仪，测试框图如图 9.31 所示，测试的具体步骤如下：

（1）按照输入抖动容限测试框图连接设备和仪表。如要对被测设备的光口进行测试，应将仪表侧面的 SDH 光口测试端子的收/发口用光跳线与光衰减器以及被测设备的光收/发口相接；如要对被测设备的电口如 STM-1 和 STM-4 进行测试，应将仪表侧面的 SDH 电接口测试端子的收/发端子与被测设备电口的收发端子相接，这时不需要光衰减

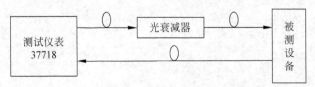

图 9.31　SDH 的输入抖动容限测试连接框图

器,测试连接线要换成同轴电缆测试线。

（2）调整光衰减器,使仪表发出的光信号的功率经光衰减器衰减后满足被测设备正常工作的要求。

（3）设置仪表时钟为内时钟,被测设备跟踪仪表的时钟。

（4）按下"transmitter"按钮,首先在"SDH/PDH"项选择"SDH";接着在"main settings"窗口下设置发送信号速率（STM-1、STM-4、STM-16）。此时不要加入频偏,即"frequency offset"项设置为"off";选择信号通道,如测试 STM-4 时,有 STM-1♯2、TUG3♯1、TUG2♯7 和 TU12♯3。

（5）利用被测设备的硬件或软件对信号通道的末端（在本例中为 TU12♯3）进行环回,即对被测设备的最后一级支路进行环回。

（6）在"transmitter"界面的"jitter"窗口下设置抖动模板,即选择"MASK"项的 G.825 模板或 G.823 High Q 模板;在"jitter"项选择"tolerance"即抖动容限测试。

（7）按下"received"按钮,首先在"SDH/PDH"项选择"SDH";接着在"main settings"窗口下设置接收信号速率（STM-1、STM-4、STM-16）;选择信号通道,接收信号通道要与发送端信号通道一致,如测试 STM-4 时,应为 STM-1♯2、TUG3♯1、TUG2♯7、TU12♯3。

（8）在"received"界面的"jitter"窗口下,将"measurement type"项选择为"jitter",进入抖动测试界面。

（9）在"received"界面的"jitter"窗口下,将"receiver rang"项设为 1.6UI,"hit threshold"项设为 1.00UI,"filter"项设为"LP＋HP1"。

（10）按下"results"按钮,首先在"SDH/PDH"项选择"SDH";接着在"results"选项中选择"jitter",进入抖动测试结果界面,选择"cumulative"项,然后将光标移到"amplitude"项。

（11）按下仪表面板上的"run"按钮,等待 1 分钟左右,就可在结果菜单中显示出在 B1 滤波器类型下的抖动测试结果。由于此例中采用调用模板测试方法,则测试结果类似图 9.32。

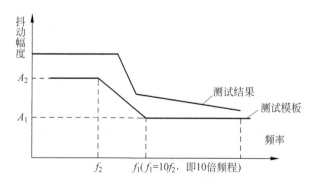

图 9.32　SDH 输入抖动容限测试结果示意图

（12）按下"received"按钮,在"jitter"窗口下将"filter"项修改为"LP＋HP2"。

（13）按下"results"按钮,重复第（10）、（11）步骤,就可在结果菜单中显示出在 B2 滤波器类型下的抖动测试结果。

2. SDH 的输出抖动测试

SDH 的输出抖动测试选用的测试仪表为 SDH/PDH 传输分析仪,测试框图如图 9.33 所示。

图 9.33　输出抖动测试连接框图

由于输出抖动又称为无输入抖动的输出抖动,所以只测试设备的输出接口,其测试方法类似输入抖动容限的测试,连线更简单,测试更简便。具体操作如下:

(1) 与 SDH 的输入抖动容限测试的(1)步相同。

(2) 与 SDH 的输入抖动容限测试的(2)步相同。

(3) 按下“received”按钮,首先在“SDH/PDH”项选择“SDH”;接着在“main settings”窗口下设置接收信号速率(STM-1、STM-4、STM-16);选择信号通道,如测试 STM-4 时,应为 STM-1♯2、TUG3♯1、TUG2♯7、TU12♯3。

(4) 在“received”界面的“jitter”窗口下,将“measurement type”项选择为“jitter”,进入抖动测试界面。

(5) 在“received”界面的“jitter”窗口下,将“receiver rang”项设为 1.00UI,“hit threshold”项设为 1.00UI,“filter”项设为“LP＋HP1”。

(6) 在“received”界面的“jitter”窗口下,若为 STM-4,选取带宽值为 1kHz～5MHz,滤波器类型为 B1。

(7) 按下“results”按钮,首先在“SDH/PDH”项选择“SDH”;接着在“results”选项中选择“jitter”,进入抖动测试结果界面,选择“cumulative”项,然后将光标移到“amplitude”项。

(8) 按下仪表面板上的“run”按钮,等待 1 分钟左右,就可在结果菜单中显示出在 B1 滤波器类型下的抖动测试结果。

(9) 按下“received”按钮,在“jitter”窗口下将“filter”项修改为“LP＋HP2”;若为 STM-4,选取带宽值为 250kHz～5MHz,滤波器类型为 B2。

(10) 按下“results”按钮,重复第(7)、(8)步骤,就可在结果菜单中显示出在 B2 滤波器类型下的抖动测试结果。

3. SDH 的映射抖动测试

SDH 的映射抖动测试选用的测试仪表为 SDH/PDH 传输分析仪,测试框图如图 9.34 所示。

SDH 映射抖动测试的具体操作如下:

(1)～(4)步同于 SDH 输入抖动容限测试的(1)～(4)步。

(5) 在“transmitter”界面的“test function”窗口下,选择“mapping jitter”,即映射抖动测试。

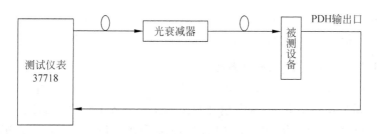

图 9.34 SDH 映射抖动测试框图

（6）按"received"按钮，首先在"SDH/PDH"项选择"PDH"；接着在"main settings"窗口下设置接收信号速率（2Mb/s、34Mb/s、140Mb/s）；选择信号通道，如测试 STM-4，应为 STM-1♯2、TUG3♯1、TUG2♯7、TU12♯3。

（7）在"received"界面的"jitter"窗口下，将"measurement type"项选择为"jitter"，进入抖动测试界面。

（8）在"received"界面的"jitter"窗口下，将"receiver rang"项设为 1.00UI，"hit threshold"项设为 1.00UI，"filter"项设为"HP1"（或 HP2、LP1）。

（9）按下"results"按钮，首先在"SDH/PDH"项选择"PDH"；接着在"results"选项中选择"jitter"，进入抖动测试结果界面，选择"cμmulative"项，然后将光标移到"amplitude"项。

（10）按下仪表面板上的"run"按钮，等待 1 分钟左右，就可在结果菜单中显示出在 HP1 滤波器下的一组映射抖动测试结果。

（11）按下"transmitter"按钮，此时要加入频偏，即"frequency offset"项设置为"±5"（±10，±15，…，±50×10^{-6}）；此界面的其他选项不变。

（12）重复第（10）、（11）步操作，就可得到在 HP1 滤波器下的多组映射抖动测试结果。找出其中最大的映射抖动值，即为在 HP1 滤波器下的最终测试值。

（13）在"received"界面的"jitter"窗口下，将"filter"项设为"HP2"或"LP1"，其他项设置不变，重复第（10）、（11）、（12）步操作，就可得到在 HP2 或 LP1 滤波器下的多组映射抖动测试结果。找出其中最大的映射抖动值，即为在 HP1 或 LP1 滤波器下的最终测试值。

9.4.3 SDH/PDH 传输分析仪的其他运用

SDH/PDH 传输分析仪除了进行 SDH 抖动指标的测试以外，还可进行 SDH 接收灵敏度测试，SDH 接收过载测试，SDH 误码检测，SDH 光输出口或电输出口 AIS 速率、SDH 光输入口或电输入口允许频偏、PDH 抖动指标的测试。

在上述 SDH 接收灵敏度测试、SDH 接收过载测试和 SDH 误码检测中，SDH/PDH 传输分析仪只相当于一台误码仪，测试连接与操作都与误码仪的相关操作类似，只是要在"transmitter"、"received"和"results"界面的"SDH/PDH"项中选择"SDH"，然后在"main settings"窗口下选择 STM-N 的相应速率，关闭抖动"jitter"和频偏，即"frequency offset"项设置为"off"，最后按"run"键使仪表运行，并保证误码值在要求范围内即可。而

PDH 设备现在用得较少。因此,本节主要介绍 SDH 光输出口或电输出口 AIS 速率、SDH 光输入口或电输入口允许频偏的测试。

1. SDH 光(电)输出口 AIS 速率测试

SDH 光(电)输出口 AIS 速率是指在 SDH 设备输入口信号丢失等故障的情况下,应从输出口向下游发出 AIS 信号,AIS 信号的速率偏差必须在规定范围之内。

SDH 光(电)输出口 AIS 速率测试根据测试对象的接口不同,可分为 SDH 光输出口 AIS 速率测试和 SDH 电输出口 AIS 速率测试。其中,SDH 光输出口 AIS 速率测试的对象是设备的光接口,其测试需要使用仪表侧面的光接口测试端子,连线为光跳线,还要光衰减器;而 SDH 电输出口 AIS 速率测试的对象是设备的电接口,其测试需要使用仪表侧面的电接口测试端子,连线为同轴电缆,不需要光衰减器。除此以外,两者的仪表设置和测试操作基本类似。下面以 SDH 光输出口 AIS 速率测试为例介绍 SDH 输出口 AIS 速率测试。

SDH 光输出口 AIS 速率测试的具体操作如下:

(1) 按图 9.35 所示连接设备和仪表。

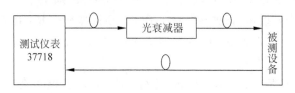

图 9.35   SDH 光输出口 AIS 速率测试

(2) 调整光衰减器,使仪表发出的光信号功率经光衰减器衰减后满足被测设备正常工作的要求。

(3) 设置仪表时钟为内时钟,被测设备跟踪仪表的时钟。

(4) 按下"transmitter"按钮,首先在"SDH/PDH"项选择"SDH";接着在"main settings"窗口下设置发送信号速率(STM-1、STM-4、STM-16),此时不要加入频偏,即"frequency offset"项设置为"off"。

(5) 按下"received"按钮,首先在"SDH/PDH"项选择"SDH";接着在"main settings"窗口下设置接收信号速率(STM-1、STM-4、STM-16)。

(6) 断开输入的光信号(如测试电接口的 AIS 速率,则要断开输入的 STM-N 电信号),SDH/PDH 传输分析仪就可收到 AIS 信号。

(7) 按下"results"按钮,首先在"SDH/PDH"项选择"SDH";接着选择"frequency",在"results"界面下即可显示 AIS 的速率和频率偏差。

(8) SDH 的 AIS 速率偏差指标要求如下:

再生器为 $\pm20\times10^{-6}$(ppm);

保持模式下的复用器为 $\pm0.37\times10^{-6}$(ppm);

自由震荡模式下的复用器为 $\pm4.6\times10^{-6}$(ppm)。

2. SDH 光输入口或电输入口允许频偏测试

SDH 光(电)输入口允许频偏是衡量 SDH 设备对线路频率偏差容忍能力的指标,它主要跟 SDH 设备的锁相能力有关。通常,这个指标为 ± 20ppm,即能容忍接收频率比标准频率偏差百万分之二十。

SDH 光(电)输入口允许频偏测试根据测试对象的接口的不同,可分为 SDH 光输入口允许频偏测试和 SDH 电输入口允许频偏测试。两者的区别与 SDH 光(电)输出口 AIS 速率测试相同。下面以 SDH 光输入口允许频偏测试为例来介绍 SDH 输入口允许频偏测试。

SDH 光(电)输入口允许频偏测试的具体操作如下:

(1)～(5)步同于 SDH 光输出口 AIS 速率测试的(1)～(5)步。

(6) 按下"results"按钮,首先在"SDH/PDH"项选择"SDH";然后在"error summary"的"results type",即结果类型中选择"rats",即按误码率计数。设置完毕后按下"run"按钮进行误码监视。

(7) 按下"transmitter"按钮,在"main settings"窗口下的"frequency offset"项设置频偏"on",数值为"± 20ppm"。

(8) 按下"results"按钮,在此界面上监测是否有误码。如没有误码或误码率在 10^{-10} 以下,证明 SDH 设备的输入口频偏指标符合要求。

小结

本章介绍了要在光纤通信设备的生产和日常维护及时发现故障设备,要在光缆的生产、架设和维护中及时判断故障点,需要采用一些光纤通信的专用仪表进行测试。常用的光纤通信专用仪表光有时域反射仪(OTDR)、光功率计、误码测试仪、数字传输分析仪等。

光时域反射仪(OTDR)又称为后向散射仪或光脉冲测试仪,可用来测试光纤的平均衰减系数、接头损耗、光纤故障点、沿光纤长度衰减系数的变化等指标。光功率计是检测光纤通信设备(PDH、SDH 及光纤收发器等)和光缆、光纤故障的常用仪表,主要用于测试光纤通信设备光接口的发光功率和收光功率、光缆以及光纤的输入端和输出端光功率。误码仪是在光纤通信设备生产和维护工作中使用最广泛的专用仪表之一,主要用于对 PDH 设备电接口或 SDH 设备的 PDH 接口进行误码测试,以及对灵敏度等重要性能指标的测试。SDH/PDH 传输分析仪主要用于 SDH 传输设备和 PDH 传输设备的测试分析,能进行 SDH/PDH 设备的误码、抖动、频率偏差等指标的测试,主要用于 SDH 和 SONET 网络的网元安装、维护和生产。

正确使用 SDH/PDH 传输分析仪,必须掌握 SDH/PDH 传输分析仪各测试端子的具体位置和功能,必须掌握 SDH/PDH 传输分析仪的 4 个主要设置菜单(发送菜单、接收菜单、结果显示菜单、仪表设置选项及历史记录菜单)与其对应的选项。此外,还需掌握抖动的定义,了解 SDH 与 PDH 的抖动指标,对 SDH/PDH 传输分析仪在 SDH 输入抖动容限测试、输出抖动测试、映射抖动测试及其他运用中的具体操作有所了解。

习题与思考题

9.1　本章介绍的光纤通信常用仪表有哪 5 种? 这些仪表有何作用?

9.2　光时域反射仪(OTDR)的原理是什么? 它有何作用?

9.3　在使用 OTDR 对光纤进行的测试中,什么是非反射事件? 非反射事件在 OTDR 的曲线上是如何表现的?

9.4　试绘出使用光功率计测试光端机发光功率的连接图。

9.5　误码仪面板上主要有哪几个测试告警灯? 其告警含义分别是什么? 测试接口的 TX 和 RX 分别表示什么?

9.6　试绘出光端机灵敏度测试接线图并叙述测试的具体操作。

9.7　DH/PDH 传输分析仪主要用于哪些测试? 其显示区分为哪 4 个区?

9.8　SDH/PDH 传输分析仪的发送菜单、接收菜单、结果菜单分别有哪些子菜单?

9.9　什么是 SDH 的输入抖动容限、输出抖动、映射抖动?

9.10　试绘出 SDH 的输入抖动容限测试的接线图并叙述测试的具体操作。

Appendix 附 录

专用词汇及缩略语

A

ADM	分/插复用器	Add/Drop Multiplexer
AF	适配功能	Adapter Function
AGC	自动增益控制	Automatic Gain Control
AIS	告警指示信号	Alarm Indication Signal
AIS	自动识别系统	Automatic Identification System
ANSI	美国国家标准协会	The American National Standards Institute
APC	自动功率控制	Automatic Power Control
APD	雪崩光电二极管	Avalanche Photo Diode
APS	自动保护倒换	Automatic Protection Switching
ASE	自发辐射放大噪声	Amplified Spontaneous Emission
ASK	幅移键控	Amplitude Shift Keying
ATC	自动温度控制	Automatic Temperature Control
ATM	异步转移模式	Asynchronous Transfer Mode
AU	管理单元	Administration Unit
AUG	管理单元组	Administration Unit Group
AU-AIS	管理单元告警指示信号	Administration Unit-Alarm Indication Signal
AU-LOP	管理单元指针丢失	Administration Unit-Loss of Pointer
AU-PTR	管理单元指针	Administration Unit Pointer

B

BA	后置放大器	Booster Amplifier
BBE	背景误块	Background Block Error
BBER	背景误块比	Background Block Error Ratio
BER	误码率	Bit Error Ratio
BIP-n	比特间插奇偶校验 n 位码	Bit Interleaved Parity-n Code
BITS	大楼综合定时源	Building Integrative Timing System

C

C	容器	Container

CCITT	国际电报电话咨询委员会	International Telegraph and Telephone Consultative Committee
CDMA	码分多址	Code Division Multiple Access
CMI	信号反转(码)	Coded Mark Inversion

D

DBR-LD	分布反射激光器	Distributed Bragg Reflector-Laser Diode
DCC	数据通信通路	Data Communication Channel
DCF	色散补偿光纤	Dispersion Compensated Fiber
DFB-LD	分布反馈激光器	Distributed Feedback-Laser Diode
DH	双异质结	Double Heterstructure
DLC	数字环路载波	Digital Loop Carrier
DSF	色散位移光纤	Dispersion Shifted Fiber
DWDM	密集波分复用	Dense Wavelength Division Multiplexing
DXC	数字交叉连接设备	Digital Cross Connect Equipment

E

EAM	电吸收型光调制器	Electro-Absorption Modulator
EB	误块	Errored Block
ECC	嵌入控制通道	Embedded Control Channel
EDFA	掺铒光纤放大器	Erbium Doped Fiber Amplifier
EDF	掺铒光纤	Erbium Doped Fiber
EML	网元管理层	Element Management Level
ES	误块秒	Errored Second
ESR	误块秒比	Errored Second Ratio
ETSI	欧洲电信标准协会	The European Telecommunication Standards Institute

F

FDDI	光纤分布式数据接口	Fiber Distributed Data Interface
F-P	法布里—珀罗腔	Fabry Perot
FSK	频移键控	Frequency Shift Keying
FTTB	光纤到大楼	Fiber To The Building
FTTC	光纤到路边	Fiber To The Curb
FTTH	光纤到户	Fiber To The Home
FTTO	光纤到办公室	Fiber To The Office
FWM	固定无线接入	Four-Wave Mixing

G

GNE	网关网元	Gateway Network Element
GPS	全球定位系统	Global Position System
GVD	群速度色散	Group Velocity Dispersion

H

HDB3	三阶高密度双极性（码）	High Density Bipolar 3
HFC	混合光纤同轴电缆	Hybrid Fiber Coax
HP	高阶通道	High Path
HPOH	高阶通道开销	Higher Path Overhead
HP-RDI	高阶通道远端缺陷指示	High Path-Remote Defect Indication
HP-REI	高阶通道远端差错指示	High Path-Remote Error Indication
HP-TIM	高阶通道踪迹识别符适配	High Path-Trace Identifier Mismatch
HRDS	假设参考数字段	Hypothetical Reference Digital Section

I

IM-DD	强度调制—直接检测	Intension Modulation Direct Detector
IP	互联网协议	Internet Protocol
ISI	码间干扰	Interval Signal Interfering
ISO	国际标准化组织	International Standardization Organization
ISU	综合业务单元	Integrated Service Unit
ITU-T	国际电信联盟—电信标准化部	International Telecommunication Union-Telecommunication Standardization Sector

L

LA	中继放大器（线放）	Line Amplifier
LAN	局域网	Local Area Network
LCN	本地通信网	Local Communication Network
LD	二极管激光器	Laser Diode
LED	发光二极管	Light Emitting Diode
LOF	帧丢失	Loss Of Frame
LOP	指针丢失	Loss Of Pointer
LOS	信号丢失	Loss Of Signal
LPOH	低阶通道开销	Lower Path Overhead
LP-RDI	低阶通道远端缺陷指示	Lower Path-Remote Defect Indication
LP-REI	低阶通道远端差错指示	Lower Path-Remote Error Indication

| LPR | 区域基准钟 | Local Primary Reference Source |
| LP-SLM | 低阶通道信号标记适配 | Lower Path-Signal Label Mismatch |

M

MAN	城域网	Metropolitan Area Network
MCVD	改进型化学汽相差错指示	Modified Chemical Vapor Deposition
MDTFF	多层介质薄膜滤波器	Multilayer Dielectric Thin Film Filter
MLM-LD	多纵模激光器	Multiple Longitudinal Mode-Laser Diode
MPEG	活动图像专家组	Moving Pictures Expert Group
MSR	边模抑制比	Mode-Suppression Ratio
MS-AIS	复用段告警指示信号	Multiplexer Section Alarm Indication Signal
MS-RDI	复用段远端缺陷信息	Multiplexer Section Remote Defect Indication
MS-REI	复用段远端差错信息	Multiplexer Section Remote Error Indication
MSOH	复用段开销	Multiplexer Section Overhead

N

NDF	新数据标志	New Data Flag
NDSF	非零色散位移光纤	None Dispersion Shifted Fiber
NE	网络单元	Network Element
NEL	网元层	Network Element Level
NMC	网络维护中心	Network Maintenance Center
NML	网络管理层	Network Management Level
NNI	网络节点接口	Network Node Interface
NRZ	不归零(码)	Non-Return to Zero

O

OADM	光分插复用器	Optical Add/Drop Multiplexer
OAM	运行、管理和维护	Operation, Administration Maintenance
OC	光载波	Optical Carrier
ODN	光分配网	Optical Distribution Network
OFA	光纤放大器	Optical Fiber Amplifier
OLC	光环路载波	Optical Line Carrier
OLA	光线路放大器	Optical In-Line Amplifier
ONU	光网络单元	Optical Network Unit
OS	操作系统	Operation System
OSC	光监控信道	Optical Supervision Channel
OSI	开放系统互连	Open System Interconnection
OTDR	光时域反射仪	Optical Time Domain Reflectometer

OXC	光交叉连接设备	Optical Cross Connection Equipment

P

PA	前置放大器（功放）	Preamplifier
PCM	脉冲编码调制	Pulse Code Modulation
PD	光电检测器	Photo Detection
PDH	准同步数字体系	Plesiochronous Digital Hierarchy
PIN	光电二极管	Positive Intrinsic Negative Photodiode
PMD	偏振模色散	Polarization Mode Dispersion
POH	通道开销	Path Overhead
PRBS	伪随机二元序列	Pseudo Random Binary Sequence
PRI	基群速率接口	Primary Rate Interface
PSK	相移键控	Phase-Shift Keying
PS	保护倒换	Protection Switching
PVC	聚氯乙烯（材料）	Polyvinylchlorid

Q

QCSE	量子限制 Stark 效应	Quantum Confined Stark Effect

R

RDI	远端缺陷指示	Remote Defect Indication
REG	再生中继器	Regenerator
REI	远端差错指示	Remote Error Indication
RFI	远端失效指示	Remote Failure Indication
RS	再生段	Regeneration Section
RSOH	再生段开销	Regeneration Section Overhead
RZ	归零（码）	Return to Zero

S

SBS	受激布里渊散射	Stimulated Brillouin Scattering
SDH	同步数字体系	Synchronous Digital Hierarchy
SDM	空分多路复用	Space Division Multiplexing
SDXC	同步数字交叉连接设备	Synchronous Digital Cross Connect Equipment
SES	严重误块秒	Severely Errored Second
SESR	严重误块秒比	Severely Errored Second Ratio
SETS	同步设备定时源	Synchronous Equipment Timing Source
SLM	信号标记适配	Signal Label Mismatch
SLM-LD	单纵模激光器	Simple Longitudinal Mode-Laser Diode

SMF	普通单模光纤	Single-Mode Fiber
SMS	SDH 管理子网	SDH Management Sub-network
SML	业务管理层	Service Management Level
SN	业务节点	Service Node
SNR	信噪比	Signal to Noise Ratio
SOA	半导体光放大器	Semiconductor Optical Amplifier
SOH	段开销	Section Overhead
SONET	同步光网络	Synchronous Optical Network
SPM	自相位调制	Self-Phase Modulation
SRS	受激喇曼散射	Stimulated Raman Scattering
SSM	同步状态信息	Synchronization Status Message
STB	机顶盒	Set Top Box
STM	同步传送模式	Synchronous Transport Module
STS	同步传送信号	Synchronous Transport Signal
STL	标准电信实验室	Standard Telegraphy Laboratory

T

TDM	时分多路复用	Time Division Multiplexing
TIM	踪迹识别符失配	Trace Identifier Mismatch
TM	终端复用器	Terminal Multiplexer
TMN	电信管理网	Telecommunication Management Network
TSI	时隙交换	Time Slot Interchange
TU	支路单元	Tributary Unit
TUG	支路单元组	Tributary Unit Group
TU-AIS	支路单元告警指示信号	Tributary Unit-Alarm Indication Signal
TU PTR	支路单元指针	Tributary Unit Pointer

U

UI	单位间隔	Unit Interval

V

VC	虚容器	Virtual Container
VOD	视频点播	Video On Demand
VP	虚通道	Virtual Path
VPI	虚通道标识	Virtual Path Identifier

W

WADM	波长分插复用器	Wavelength Add Drop Multiplex

WAM	无线接入管理器	Wireless Access Manager
WAN	广域网	Wide Area Network
WBA	波长功率放大器	Wavelength Booster Amplifier
WC	波长变换器	Wavelength Converter
WDM	波分多路复用	Wavelength Division Mutliplexing
WLA	波长线路放大器	Wavelength In-Line Amplifier
WLL	无线本地环路	Wireless Local Loop
WP	波长通道	Wavelength Path
WPA	波长前置放大器	Wavelength Pre-Amplifier
WR	波长路由器	Wavelength Router
WRN	波长路由网络	Wavelength Routed Network

参考文献

1　原荣. 光纤通信[M]. 北京：电子工业出版社,2002.

2　李玲,黄永清. 光纤通信基础[M]. 北京：国防工业出版社,2000.

3　张宝富,崔敏,王海潼. 光纤通信[M]. 西安：西安电子科技大学出版社,2004.

4　李履信,沈建华. 光纤通信系统[M]. 北京：机械工业出版社,2003.

5　刘增基,周洋溢,胡辽林等. 光纤通信[M]. 西安：西安电子科技大学出版社,2002.

6　Joseph C. Palais. 光纤通信[M]. 第5版. 王江平等译. 北京：电子工业出版社,2005.

7　孙学康,张金菊. 光纤通信技术[M]. 北京：人民邮电出版社,2004.

8　林达权. 光纤通信[M]. 北京：高等教育出版社,2003.

9　王秉钧,王少勇. 光纤通信系统[M]. 北京：电子工业出版社,2004.

10　徐宝强,杨秀峰等. 光纤通信及网络技术[M]. 北京：北京航空航天大学出版社,2001.

11　吴翼平. 现代光纤通信技术[M].北京：国防工业出版社,2004.

12　乔桂红. 光纤通信[M]. 北京：人民邮电出版社,2005.

13　David Greenfield. 光网络导论[M]. 郑文萧译. 北京：清华大学出版社,2003.

14　Michael Bass. 光纤通信[M]. 胡先志等译. 北京：人民邮电出版社,2004.

15　S. V. Kartalopoupos. 密集波分复用技术导论[M]. 高启祥等译. 北京：人民邮电出版社,2000.

16　马文蔚. 物理学教程[M]. 4版. 北京：高等教育出版社,2002.

17　顾畹仪. 全光通信网[M]. 北京：北京邮电大学出版社,2001.

18　纪越峰. 光波分复用系统[M]. 北京：北京邮电大学出版社,2000.

19　顾生华. 光纤通信技术[M]. 北京：北京邮电大学出版社,2005.

20　李立高. 光缆通信工程[M]. 北京：人民邮电出版社,2004.